高等职业教育系列教材

Hadoop+HBase技术项目教程

主编　张立辉　李明革

参编　刘心美　郭明珠　李　季　张　蕊

机械工业出版社

本书详细介绍了大数据技术中的 Hadoop 集群部署、MapReduce、Hive 和 HBase 等的基本知识和应用，本书采用了大量案例，可以更好地帮助读者学习和理解大数据的核心技术。

本书从实用的角度出发，设计了 9 个项目，从虚拟机安装入手，结合实际工作中的典型项目和案例，全面介绍了 Hadoop 集群部署、HDFS、MapReduce 编程、Hive、HBase 和 Sqoop 的相关知识和基本操作。

本书围绕 Linux 操作系统和 Hadoop 集群部署，按照初学者的思维习惯，循序渐进地设计和安排学习内容，采用将基础知识融入项目教学的方式，在完成项目学习的同时，实现从理论知识到能力的转化，帮助学习者牢固掌握 Hadoop 集群部署等相关知识的实践技能。

本书适合作为职业类院校计算机、大数据等相关专业的教材，也适用于计算机培训班教学，以及有构建大数据知识体系需求的读者学习。

本书配有微课视频，读者扫描书中二维码即可观看；还配有电子课件、源代码、习题答案等教学资源，需要的教师可登录 www.cmpedu.com 免费注册，审核通过后下载，或联系编辑索取（微信：13261377872，电话：010-88379739）。

图书在版编目（CIP）数据

Hadoop+HBase 技术项目教程 / 张立辉，李明革主编. —北京：机械工业出版社，2022.4（2024.8 重印）
高等职业教育系列教材
ISBN 978-7-111-70523-9

Ⅰ. ①H… Ⅱ. ①张… ②李… Ⅲ. ①数据处理软件-高等职业教育-教材 ②分布式数据库-数据库系统-高等职业教育-教材 Ⅳ. ①TP274 ②TP311.133.1

中国版本图书馆 CIP 数据核字（2022）第 062947 号

机械工业出版社（北京市百万庄大街 22 号 邮政编码 100037）
策划编辑：王海霞 责任编辑：王海霞
责任校对：张艳霞 责任印制：单爱军

北京虎彩文化传播有限公司印刷

2024 年 8 月 • 第 1 版 • 第 3 次印刷
184mm×260mm • 14.25 印张 • 351 千字
标准书号：ISBN 978-7-111-70523-9
定价：59.00 元

电话服务
客服电话：010-88361066
010-88379833
010-68326294

网络服务
机 工 官 网：www.cmpbook.com
机 工 官 博：weibo.com/cmp1952
金 书 网：www.golden-book.com
机工教育服务网：www.cmpedu.com

Preface

前 言

古人云“才德全尽谓之圣人，才德兼亡谓之愚人，德胜才谓之君子，才胜德谓之小人”。在新兴的大数据时代，不仅要培养技术人员数据存储和处理的技术要点，更要培养技术人员的数据安全意识。数据安全与隐私保护、数据存储、使用与风险防范等问题已成为研究的焦点。对于每个从事大数据行业相关人员来说，不仅要解决大数据应用过程中的技术难题，更要在技术开发过程中加强信息安全意识、防止安全漏洞，争做技术强人、安全标兵。

为适应大数据、云计算、人工智能等新兴技术的发展，以及企业数字化管理转型的人才需求，编者遵循技术技能人才的成长规律和“立德树人”的育人理念，在充分调研院校教学需求的基础上，结合企业工程师提供的丰富实践经验编写了本书。本书通过“项目实现”与“拓展项目”等内容，实现知识传授与价值引领有机结合，重在培养大数据时代德才兼备的人才。本书以 Hadoop 为核心，以应用项目实例为载体，阐述了大数据处理平台的应用开发技术。

本书共由 9 个项目组成。

项目 1 主要讲解 Hadoop 的安装。通过本项目的学习，读者可以对大数据有初步认识，了解 Hadoop 的起源、特点和生态圈，掌握虚拟机的安装、JDK 安装和配置、Hadoop 的安装等技能。

项目 2 主要讲解 Hadoop 集群部署。通过本项目的学习，读者可以学习到 Linux 环境设置、Hadoop 配置文件，并对 YARN 的基本服务组件和执行过程有初步认识，掌握集群网络配置、配置文件的设置和集群部署等技能。

项目 3 主要讲解用 HDFS 实现电影信息管理。通过本项目的学习，读者可以对 HDFS 的设计原则和核心概念等有初步认识，学习到 HDFS 常用的 Shell 命令和工作机制。

项目 4 主要讲解用 MapReduce 统计网站最大访问次数。通过对本项目的实现，读者可以对 MapReduce 的执行过程有充分的认知，能够学习到 IDEA 的安装及配置、MapReduce 的输入/输出类和典型案例，掌握 MapReduce 程序及其实现思路。

项目 5 主要使用 MapReduce 程序实现课程名称和成绩的二次排序。通过本项目的学习，读者能够对 MapReduce 编程有更深入的理解，掌握 MapReduce 的合并编程、分区编程、连接、排序等高级开发操作。

项目 6 主要使用 Hive 实现购物用户数据清洗。通过本项目的学习，读者可以掌握 Hive 的体系结构和设计特征、Hive 的安装和基本操作，掌握数据导入、分析和导出等操作。

项目 7 是使用 HBase 实现学生成绩管理。通过本项目的学习，读者可以了解 HBase 的体系结构和读写流程，掌握 HBase 的安装、shell 命令操作和 API 操作等实践技能。

项目 8 主要讲解 Sqoop 导入导出。通过本项目的学习，读者可以了解 Sqoop 概述，学习到 Sqoop 的工作原理、安装和基本命令，掌握从 RDBMS 导入到 HDFS、将 MySQL 数据库中的表数据导入到 Hive 和 HBase 等实践操作技能。

项目 9 主要介绍了一个大数据项目案例。通过本项目的学习，加深读者对 HDFS 分布式文件系统和 MapReduce 分布式并行计算框架的理解，熟练掌握和应用，并且体验大数据企业实战项目的开发过程，积累实际项目开发的经验。

本书适用性和可操作性强，针对大数据运维等相关岗位所需技能，结合大数据职业技能大赛的主要知识与技能点，由大数据技术专业一线教师与企业工程师一起设定了本书的 9 个项目及相应的案例。本书适合作为职业类院校计算机、大数据等相关专业的教材，也适用于计算机培训班教学，以及有构建大数据知识体系需求的读者学习。

读者在学习过程中，如果不能完全理解书中所讲的知识点，可以通过微视频进行辅助学习。如果读者在理解知识点的过程中遇到困难，建议不要纠结于某个内容，可以先往后学习。通常来讲，随着对后面知识的不断深入了解，前面看不懂的知识点一般就能理解了。如果读者在动手练习的过程中遇到问题，建议多思考，厘清思路，认真分析问题发生的原因，并在解决问题后多总结。

本书由张立辉、李明革主编，其中项目 1、项目 2、项目 3、项目 8 由张立辉编写，项目 4、项目 5 由郭明珠编写，项目 6、项目 7 由刘心美编写，项目 9 由李明革、李季、张蕊共同编写。

由于编者水平有限，书中难免有不妥或疏漏之处，敬请广大读者批评指正！

编者

目 录 Contents

项目 1　Hadoop 安装

学习目标：

- ✧ 了解大数据的技术架构
- ✧ 了解 Hadoop 生态圈
- ✧ 掌握 Hadoop 核心架构
- ✧ 掌握解压与压缩命令
- ✧ 掌握 Hadoop 的安装

思维导图：

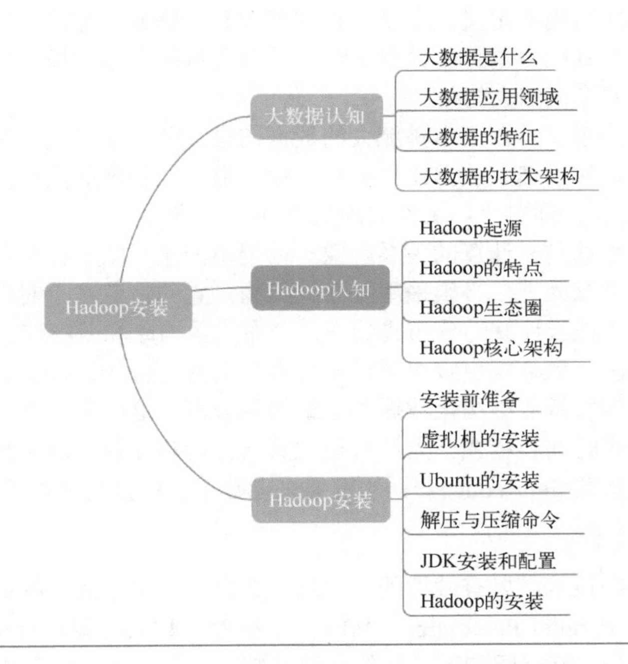

Hadoop 在大数据技术体系中的地位至关重要，Hadoop 是大数据技术的基础，对 Hadoop 基础知识掌握的扎实程度，会决定读者今后在大数据技术道路上能够走多远。

Hadoop 的学习方法很多，网上也有很多学习路线图。本项目以安装部署 Apache Hadoop 2.x 版本为主线，介绍 Hadoop 2.x 的架构组成、各模块协同工作的原理和技术细节。

1.1　大数据认知

1.1.1　大数据是什么

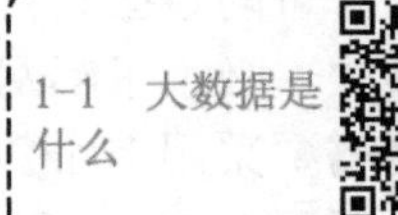

2012 年，国际数据公司（IDC）在其发布的《数字宇宙 2020》

中写道，2011 年全球数据总量已达到 1.87ZB（1ZB=10^{20} 字节），并且还将以每两年翻一番的速度飞快增长。按照这一速度，2020 年的全球数据总量可能会达到 35～40ZB，10 年间将增长 20 倍以上。

大数据将改变人类的生活以及理解世界的方式。那么，究竟什么是大数据呢？

随着科技的进步，人们在信息化的社会里，每时每刻都在创造着大量的数据。数据可能包括财务电子表格、新产品的设计蓝图、客户信息、产品目录和商业机密等，甚至包括人们日常的行程记录，如 QQ、微信等网络社交工具的聊天记录等，这些都是数据，但还不是大数据。

1．大数据就是数据的集合

对于“大数据”（Big Data），研究机构 Gartner 给出了这样的定义：它是需要在新处理模式下才能具有更强的决策力、洞察发现力和流程优化能力来适应海量、高增长率和多样化的信息资产。

麦肯锡全球研究所给出的定义：它是一种规模大到在获取、存储、管理、分析方面大大超出传统数据库软件工具能力范围的数据集合，具有海量的数据规模、快速的数据流转、多样的数据类型和价值密度低四大特征。

大数据技术的战略意义不在于掌握庞大的数据信息，而在于对这些含有意义的数据进行专业化处理。换言之，如果把大数据比作一种产业，那么这种产业实现盈利的关键，在于提高对数据的“加工能力”，通过“加工”实现数据的“增值”。

从技术上看，大数据与云计算的关系就像一枚硬币的正反面一样密不可分。大数据必然无法用单台的计算机进行处理，必须采用分布式架构。它的特色在于对海量数据进行分布式数据挖掘。但它必须依托云计算的分布式处理、分布式数据库和云存储、虚拟化技术。

随着云时代的来临，大数据也吸引了越来越多的关注。分析师团队认为，大数据通常用来形容一个公司创造的大量非结构化数据和半结构化数据，这些数据在下载到关系型数据库用于分析时会花费过多时间和金钱。人们常把大数据分析和云计算联系到一起，因为实时的大型数据采集分析需要像MapReduce一样的框架来向数十、数百甚至数千台计算机分配工作。

2．大数据关键技术

大数据需要特殊的技术，以有效地处理大量的数据。适用于大数据的技术，包括大规模并行处理（Massively Parallel Processing，MPP）数据库、数据挖掘、分布式文件系统、分布式数据库、云计算平台、互联网和可扩展的存储系统。

例如，人们在网购时需要先注册账号才能登录，然后挑选商品、加入购物车、付款、查看货物的物流信息等。整个购物过程中产生的信息在计算机中被称为数据。产生的数据都会存储到购物网站的服务器里。随着用户量的增加，每天都会产生数亿条数据，这些数据被存储到购物网站服务器里。这些数据很庞大，所以被称为大数据。计算机根据用户的基本数据，在后台进行智能分析，就能分析出指定用户的购物喜好、某些产品的销售量等信息。然后根据大数据的分析结果，向用户推送指定商品。这就是大数据时代带来的便利。

由于有海量的数据，存储和分析这些数据最先要解决的就是效率问题。那么如何快速存储和分析海量的数据？目前都采用了什么技术？首先，Java 语言用于大数据开发，是必须掌握的。其次，必须了解网络编程以及 MySQL 等数据库。再次，需要了解集群技术。因为海量的数据需要采用多个数据库（即分布式存储）来进行存储和处理。目前，被广泛采用的解决方案是采用 Hadoop 架构。Hadoop 具有高容错性、高吞吐量来访问应用程序的数据，适合超大数据集的应用程序。虽然 Hadoop 的高吞吐、海量数据处理的能力使人们可以方便地处理海量数据，但 Hadoop 不擅长实时计算，因此，另一项大数据技术 Storm 应运而生。Storm 具有实时的数据处理能力。比如，某用户昨天在淘宝购买了一双鞋，今天又想买一顶帽子。而大数据分析的结果还是昨天的，导致系统不断地向他推荐鞋子，却没有考虑用户今天的需求。如果使用了 Storm 技术，系统就会实时地分析用户的需求，并根据结果向用户推荐帽子。大数据的另一项技术 Apache Spark 是一个围绕速度、易用性和复杂分析构建的大数据处理框架，用于配合 Hadoop 和 Storm 技术处理大数据。通过并行化的计算，加快大数据的处理。

1.1.2　大数据应用领域

1-2　大数据应用领域

提到“大数据”，也许很多人想到的是如图 1-1 所示的场景。

也许有一部分人会联想到如图 1-2 所示的购物网站上的商品推荐页面。

图 1-1　大数据机房

图 1-2　商品推荐页面

随着技术的发展，现在的大数据所涉及的深度和广度远远不止这些内容以及功能，大数据已经在社会实践中发挥着巨大的优势，其利用价值也超出了人们的想象。以下举例说明大数据的应用。

1．根据业务发展挖掘和定位客户

这是大数据目前最广为人知的应用领域。很多企业热衷于从社交媒体数据、浏览器日志、文本等各类数据集中挖掘数据，通过大数据技术创建预测模型，从而更全面地了解客户以及他们的行为、喜好。

利用大数据，美国零售商 Target 公司甚至能推测出客户何时会孕育下一代；电信公司可以更好地预测客户流失；沃尔玛可以更准确地预测产品销售情况；汽车保险公司能更真实地了解客户实际驾驶情况；滑雪场能够利用大数据来追踪和锁定客户。如果你是一名狂热的滑雪者，想象一下，你会收到最喜欢的度假胜地的邀请；或者收到定制化服务的短信提醒；或者被告知最合适的滑行线路……同时收到互动平台（网站、手机 App）记录的每天的数据——多少次滑坡、多少次翻越等，你可以在社交媒体上分享这些信息，与家人和朋友相互评比和竞争。

2．了解和优化业务流程

大数据也越来越多地应用于优化业务流程，比如供应链和配送路径优化。通过定位和识别系统来跟踪货物或运输车辆，并根据实时交通路况数据来优化运输路线。

人力资源业务流程也在使用大数据进行优化。Sociometric Solutions 公司通过在员工的工牌里植入传感器，检测其工作场所及社交活动——员工在哪些工作场所走动，与哪些人员交谈，甚至交流时的语气如何。

如果在手机、钥匙、眼镜等随身物品上粘贴 RFID 标签，一旦丢失便能迅速定位它们。如果未来可以创造出贴在任何东西上的智能标签，它们能告诉你的不仅是物体在哪里，还可以反馈温度、湿度、运动状态等，这将开启一个全新的大数据时代。如果说“大数据”领域寻求的是共性的信息和模式，那么孕育其中的“小数据”则着重关注单个产品。

3．提供个性化服务

大数据不仅适用于公司，它和个体也息息相关。比如，Jawbone 的智能手环可以分析用户的卡路里消耗、活动量和睡眠质量。Jawbone 公司已经能够收集长达 60 年的睡眠数据，从中分析总结出有针对性的意见，反馈给每个用户。从中受益的还有网络平台，大多数婚恋网站都在使用大数据分析工具和算法来为用户匹配最合适的对象。

4．改善医疗保健和公共卫生

大数据分析的能力可以在几分钟内解码整个 DNA 序列，有助于找到新的治疗方法，更好地理解和预测疾病模式。试想一下，当来自所有可穿戴设备收集的数据，都可以应用于数百万人及其各种疾病时，未来的临床试验将不再局限于小样本。

苹果公司的一款名为 ResearchKit 的健康 App 能有效地将手机变成医学研究设备。通过收集用户的相关数据，可以追踪用户一天所走的步数，或者提醒用户化疗后感觉如何，帕金森病进展如何等。研究人员希望这一过程变得更简单、更自动化，吸引更多的参与者，同时提高数据的准确度。

大数据技术也开始用于监测早产儿和患病婴儿的身体状况。通过记录和分析婴儿的每一次心跳和呼吸模式，提前 24 小时预测出身体感染的症状，从而及早干预并拯救那些脆弱的、随时可能有生命危险的婴儿。

更重要的是，大数据分析有助于监测和预测流行性或传染性疾病的暴发，将医疗记录的数据与有些社交媒体的数据结合起来分析。比如，谷歌基于搜索流量预测流感爆发，尽管该预测模型在 2014 年并未奏效——因为搜索“流感症状”并不意味着真正生病了，但是这种大数据分析的影响力越来越为人所知。

5．提高体育运动技能

如今大多数顶尖的体育赛事都采用了大数据分析技术。如用于网球比赛的 IBM SlamTracker 工具，通过视频分析跟踪足球落点或者棒球比赛中每个球员的表现。许多优秀的运动队也在训练之外跟踪运动员的营养和睡眠情况。美国职业橄榄球大联盟（NFL）开发了专门的应用平台，它可以帮助所有球队根据球场上的草地状况、天气状况，以及学习期间球员的个人表现做出最佳决策，以减少球员不必要的受伤。

还有一种智能瑜伽垫，嵌入在瑜伽垫中的传感器能对使用者的姿势进行反馈，为其练习打分，甚至指导其在家练习。

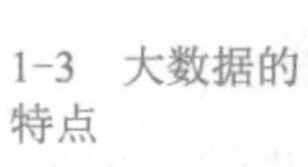

1.1.3 大数据的特点

大数据是数据分析的基础。简单地说，就是从各种类型的数据中快速获得有价值信息的能力，这就是大数据技术。

大数据的四个主要特点可以概括为“4V”，具体如下所述。

1．准确（Veracity）

这是一个在讨论大数据时常被忽略的属性，部分原因是这个属性相对来说比较新，尽管它与其他的属性同样重要。这是一个与数据是否可靠相关的属性，也就是那些在数据科学流程中会被用于决策的数据精确性与信噪比（SIGNAL-NOISE RATIO）有关（而这不同于传统的数据分析流程）。

例如，在大数据中发现哪些数据对商业是真正有效的，这在信息理论中是个十分重要的概念。由于并不是所有的数据源都具有相等的可靠性，在这个过程中，大数据的精确性会趋于变化，如何增加可用数据的精确性是大数据的主要挑战。

2．高速（Velocity）

大数据是在动态变化的，通常处于很高的传输速度之下。它经常被认为是数据流，而数据流通常是很难被归档的(考虑到有限的网络存储空间，单单高速就已经是一个巨大的问题)。这就是为什么只能收集到数据中的某些部分。如果有能力收集数据的全部，长时间存储大量数据也会显得非常昂贵，所以周期性地收集数据并遗弃一部分数据可以节省空间，仅保留数据摘要（如平均值和方差）。

这个问题在未来会显得更为严重，因为越来越多的数据正以越来越快的速度产生。

3．体量（Volume）

大数据由大量数据组成，从几个 TB 到几个 ZB。这些数据可能会分布在许多地方，通常是在一些接入因特网的计算网络中。

一般来说，凡是满足大数据的几个 V 的条件的数据都会因为太大而无法被单独的计算机处理。单单这一个问题就需要一种不同的数据处理思路，这也使得并行计算技术（例如 MapReduce）得以迅速崛起。

4．多样（Variety）

在过去，数据或多或少是同构的，这种特点也使得它更易于管理。这种情况并不出现在大数据中，由于数据的来源各异，因此形式各异。这体现为各种不同的数据结构类型，半结构化以及完全非结构化的数据类型。

结构化数据多被发现在传统数据库中，数据的类型被预定义在定长的列字段中。半结构化数据有一些结构特征，但并不总是保持一致，使得这种类型难以处理。更富于挑战的是非结构化数据（例如纯文本文件）毫无结构特征可言。在大数据中，更常见的是半结构化数据，而且这些数据源的数据格式还各不相同。

1.1.4 大数据的技术架构

大数据技术是一系列技术的总称，它集合了数据采集与传输、数据存储、数据处理与分析、数据挖掘、数据可视化等技术，是一个庞大而复杂的技术体系。

因为大数据的处理流程主要是获取数据、清洗数据、存储数据和数据应用几个环节，所以将大数据技术架构分为数据收集层、数据存储层、数据处理层、数据治理与建模层、数据应用层。

1．数据收集层

大数据收集层主要采用了大数据采集技术，实现对数据的 ETL 操作。ETL 是英文

Extract-Transform-Load 的缩写，数据从数据来源端经过抽取（Extract）、转换（Transform）、加载（Load）到达目的端。用户从数据源抽取出所需的数据，经过数据清洗，最终按照预先定义好的数据模型，将数据加载到数据仓库中，最后对数据仓库中的数据进行数据分析和处理。数据采集是数据分析生命周期的重要一环，它通过传感器数据、社交网络数据、移动互联网数据等方式获得各种类型的结构化、半结构化及非结构化的海量数据。在现实生活中，数据产生的种类很多，并且不同种类的数据产生的方式也不同。大数据采集的数据类型，主要有以下三类。

（1）互联网数据

主要包括互联网平台上的公开信息，主要通过网络爬虫和一些网站平台提供的公共 API（如 Twitter 和新浪微博 API）等方式从网站上获取数据。这样就可以将非结构化数据和半结构化数据的网页数据从网页中提取出来，并将其提取、清洗、转换成结构化的数据，将其存储为统一的本地文件数据。目前，常用的网页爬虫系统有 Apache Nutch、Crawler4j、Scrapy 等框架。

（2）系统日志数据

许多公司的业务平台每天都会产生大量的日志数据。对于这些日志信息，我们可以得出很多有价值的数据。通过对这些日志信息进行日志采集、收集，然后进行数据分析，挖掘公司业务平台日志数据中的潜在价值，为公司决策和公司后台服务器平台性能评估提供可靠的数据保证。系统日志采集系统做的事情就是收集日志数据，提供离线和在线的实时分析。目前，常用的开源日志收集系统有 Flume、Scribe 等。

1-4　大数据的技术架构

（3）数据库数据

有些企业会使用传统的关系型数据库（如 MySQL 和 Oracle 等）来存储数据。除此之外，Redis 和 MongoDB 这样的 NoSQL 数据库也常用于数据的采集。企业每时每刻产生的业务数据，以数据库一行记录形式被直接写入到数据库中。

2. 数据存储层

当大量数据被收集完后，需要对大数据进行存储。数据的存储分为持久化存储和非持久化存储。持久化存储表示把数据存储在磁盘中，关机或断电后，数据依然不会丢失。非持久化存储表示把数据存储在内存中，虽然读写速度快，但是关机或断电后，数据会丢失。

对于持久化存储而言，最关键的概念就是文件系统和数据库系统。常见的包括分布式文件系统 HDFS、对应的分布式非关系型数据库系统 HBase，以及另一个非关系型数据库 MongoDB。

而支持非持久化的系统，包括 Redis、Berkeley DB 和 Memcached，则为前述的存储数据库提供了缓存机制，可以大幅提升系统的响应速度，降低持久化存储的压力。

3. 数据处理层

在数据收集层实现数据收集以后，除了保存原始数据，做好数据备份之外，还需要考虑到利用它们产生更大的价值。那么，首先需要对这些数据进行处理。大数据处理分为两类，即批量处理（离线处理）和实时处理（在线处理）。

在线处理是指对实时响应要求非常高的处理，如数据库的一次查询。而离线处理是指对实时响应没有要求的处理，如批量压缩文档。通过消息机制可以提升处理的及时性。

Hadoop 的 MapReduce 计算是一种理想的离线批处理框架。为了提升效率，下一代管理框架 YARN 和更迅速的计算框架 Spark 最近几年也在逐步成形。在此基础上，人们又提出了 Hive、Pig、Impala 和 Spark SQL 等工具，进一步简化了某些常见的查询。

Spark Streaming 和 Storm 则在映射和归约的思想基础上，提供了流式计算框架，进一步提升处理的实时性。

同时可以利用 ActiveMQ 和 Kafka 这样的消息机制，将数据的变化及时推送到各个数据处理系统进行增量的更新。由于消息机制的实时性更强，通常还会与 Spark Streaming、Storm 这样的流式计算结合起来使用。

4. 数据治理与建模层

数据收集、数据存储和数据处理是大数据架构的基础设置。一般情况下，完成以上三个层次的数据工作，就可以将数据转化为基础数据，为上层的业务应用提供支撑。但是大数据时代，数据类型多样、单位价值稀疏的特点，要求对数据进行治理和融合建模。通过利用 R 语言、Python 等对数据进行 ETL 预处理，然后再根据算法模型、业务模型进行融合建模，从而更好地为业务应用提供优质底层数据。

在对数据进行 ETL 处理和建模后，需要对获取的数据进行进一步管理，可以采用相关的数据管理工具，包括元数据管理工具、数据质量管理工具、数据标准管理工具等，实现数据的全方位管理。

5. 数据应用层

数据应用层是大数据技术和应用的目标。通常包括信息检索、关联分析等功能。Lucene、Solr 和 Elasticsearch 这样的开源项目为信息检索的实现提供了可能。

大数据架构为大数据的业务应用提供了一种通用的架构，还需要根据行业领域、公司技术积累以及业务场景，从业务需求、产品设计、技术选型到实现方案流程上具体问题具体分析。利用大数据可视化技术，进一步形成更为明确的应用，包括基于大数据交易与共享、基于开发平台的大数据应用、基于大数据的工具应用等。

1.2 Hadoop 认知

1.2.1 Hadoop 起源

Hadoop 是适合大数据的分布式存储和计算平台。

Hadoop 不是指具体一个框架或者组件，它是 Apache 软件基金会下用 Java 语言开发的一个开源分布式计算平台。实现在大量计算机组成的集群中对海量数据进行分布式计算，是适合大数据的分布式存储和计算平台。

Hadoop 1.x 中包括两个核心组件：MapReduce 和 HDFS（Hadoop Distributed File System，Hadoop 分布式文件系统）。

其中 HDFS 负责将海量数据进行分布式存储，而 MapReduce 负责提供对数据计算结果的汇总。

Hadoop 起源于 Apache Nutch 项目，始于 2002 年，是 Apache Lucene 的子项目之一。2004 年，Google 在“操作系统设计与实现”（Operating System Design and Implementation，OSDI）会议上公开发表了题为 MapReduce：Simplified Data Processing on Large Clusters（MapReduce：

简化大规模集群上的数据处理）的文章之后，受到启发的 Doug Cutting 等人开始尝试实现 MapReduce 计算框架，并将它与 NDFS（Nutch Distributed File System）结合，用以支持 Nutch 引擎的主要算法。由于 NDFS 和 MapReduce 在 Nutch 引擎中有着良好的应用，所以它们于 2006 年 2 月被分离出来，成为一套完整而独立的软件，并被命名为 Hadoop。到 2008 年初，Hadoop 已成为 Apache 的顶级项目，包含众多子项目，被应用到包括 Yahoo 在内的很多互联网公司。用户可以在不了解分布式底层细节的情况下，开发分布式程序。充分利用集群的威力高速运算和存储。

简而言之，Hadoop 是一个可以更容易开发和运行处理大规模数据的软件平台。

Hadoop 实现了一个分布式文件系统。HDFS 有着高容错性的特点，并且设计用来部署在低廉的硬件上。而且它提供高传输率来访问应用程序的数据，适合那些有着超大数据集的应用程序。HDFS 放宽了（relax）POSIX 的要求，这样可以流的形式访问文件系统中的数据。

Hadoop 起源于 Google 的集群系统。Google 的数据中心使用廉价的 Linux PC 组成集群，在上面运行各种应用。即使是刚刚从事分布式开发的新手也可以迅速使用 Google 的基础设施。核心组件包括以下 3 个。

1．GFS（Google File System，Google 文件系统）

大数据解决本质问题之一，是海量数据如何进行存储。海量的数据并不是传统的 MB 或者 GB 级数据，而是 TB、PB 级的数据概念。这就需要低成本、高效率、高可靠的储存设计。2003 年，Google 发表了 *The Google File System*，阐述了解决海量数据储存的设计思想。在 Apache 下 Lucene 的子项目研究下，实现了海量数据的存储设计：分布式文件系统（也称为分布式存储）。

一个分布式文件系统，隐藏下层负载均衡、冗余复制等细节，对上层程序提供一个统一的文件系统 API 接口。Google 根据自己的需求对它进行了特别优化，包括超大文件的访问，读操作比例远超过写操作，PC 极易发生故障造成节点失效等。GFS 把文件分成 64MB 的块，分布在集群的机器上，并使用 Linux 的文件系统存放。同时每块文件至少有 3 份以上的冗余。中心是一个 Master 节点，根据文件索引找寻文件块。感兴趣的读者可参考 Google 的工程师发布的 GFS 论文。

2．MapReduce

大数据解决本质问题之二，是海量数据如何进行分析与计算。在编程计算里，有并行编程计算框架，这并不是什么新兴的技术。同样，Google 在 2004 年发表了 *MapReduce: Simplified Data Processing on Large Clusters*，阐述了基于分布式储存的海量数据并行计算解决方案。开源社区 Apache 的 Hadoop 项目研究实现了 MapReduce 并行计算框架，将计算与数据在本地进行，将数据分为 Map 和 Reduce 阶段。简言之就是把一个大任务拆分成小任务，再进行汇总。Google 发现大多数分布式运算可以抽象为 MapReduce 操作。Map 是把输入（Input）分解成中间的 Key/Value 对，Reduce 则是把 Key/Value 合成最终输出（Output）。这两个函数由程序员提供给系统，底层设施把 Map 和 Reduce 操作分布在集群上运行，并把结果存储在 GFS 上，如图 1-3 所示。

3．BigTable

大数据解决本质问题之三，是对海量数据进行分析后，如何提高查询和利用数据的效率。这就不得不说到数据库的起源了，数据库的产生就是为了提高查询和利用数据的效率，然而现有的数据库并不能满足基于分布式储存的需求。Google 工程师在 2006 年发表了 *BigTable: A Distributed Storage System for Structured Data*，文中阐述了基于分布式储存的数据库设计思想。就这样，数据库时代从关系型数据库进入了非关系型数据库时代——一张大表（BigTable）设计思想，BigTable 就是把所有的数据保存到一张表中，采用冗余方式（提高效率和可靠性），基于其设计思想，开源实现了基于 HDFS 的非关系型数据库（NoSQL 数据库）HBase。

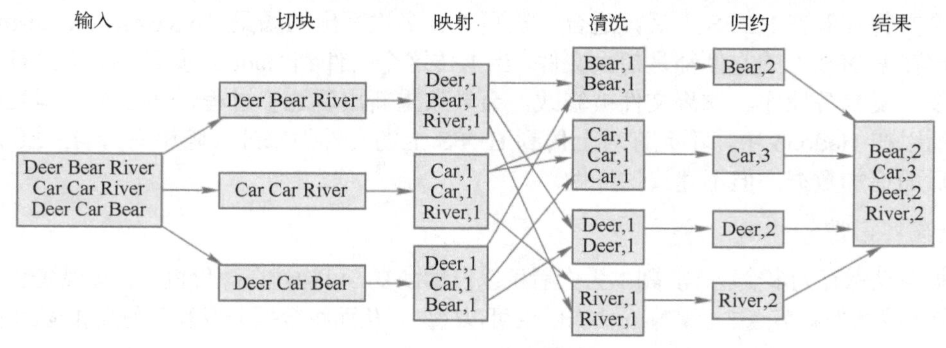

图 1-3 MapReduce 基础编程模型

BigTable 是一个大型的分布式数据库，而不是关系式的数据库。像它的名字一样，就是一个巨大的表格，用来存储结构化的数据。

1.2.2 Hadoop 的特点

Hadoop 是一个能够对大量数据进行分布式处理的软件框架。Hadoop 以一种可靠、高效、可伸缩的方式进行数据处理。

Hadoop 是可靠的，因为它假设计算元素和存储会失败，因此它维护多个工作数据副本，确保能够针对失败的节点重新分布处理。

Hadoop 是高效的，因为它以并行的方式工作，通过并行处理加快处理速度。

Hadoop 还是可伸缩的，能够处理 PB 级数据。

此外，Hadoop 依赖于社区服务，因此它的成本比较低，任何人都可以使用。

Hadoop 是一个能够让用户轻松架构和使用的分布式计算平台。用户可以轻松地在 Hadoop 上开发和运行处理海量数据的应用程序。它主要有以下几个优点。

1. 支持超大文件

一般来说，HDFS 存储的文件可以支持 TB 和 PB 级别的数据。

2. 检测和快速应对硬件故障

在集群环境中，硬件故障是常见性问题。因为有上千台服务器连在一起，故障率高，因此故障检测和自动恢复是 HDFS 的一个设计目标。假设某一个 DataNode 节点挂掉之后，但是因为数据备份，还可以从其他节点里找到。NameNode 通过心跳机制来检测 DataNode 是否还存在。

3. 流式数据访问

HDFS 的数据处理规模比较大，应用一次需要大量的数据，同时这些应用一般都是批量处理，而不是用户交互式处理，应用程序以流的形式访问数据库。HDFS 考虑的主要是数据的吞吐量，而不是访问速度。访问速度最终要受制于网络和磁盘的速度，机器节点再多，也不能突破物理的局限，HDFS 不适合低延迟的数据访问，因为 HDFS 是高吞吐量。

4. 简化的一致性模型

对于外部使用用户，不需要了解 Hadoop 底层细节，比如文件的切块、文件的存储、节点的管理等。

一个文件存储在 HDFS 上后，适合一次写入、多次写出的场景（once-write-read-many）。因为存储在 HDFS 上的文件都是超大文件，当上传这个文件到 Hadoop 集群后，会进行文件切块、分发、复制等操作。如果文件被修改，会导致重新出现这个过程，而这个过程耗时是最长的。所以在 Hadoop 中，不允许对上传到 HDFS 上的文件做修改（随机写），在 2.0 版本时可以在后面追加数据，但不建议这样做。

5. 高容错性

数据自动保存为多个副本，副本丢失后可以自动恢复。可构建在廉价机上，实现线性（横向）扩展，当集群增加新节点之后，NameNode 也可以感知，从而将数据分发和备份到相应的节点上。

6. 商用硬件

Hadoop 并不需要运行在昂贵且高可靠的硬件上，它是设计运行在商用硬件的集群上的，因此至少对于庞大的集群来说，节点故障的概率还是非常高的。HDFS 遇到上述故障时，被设计成能够继续运行且不让用户察觉到明显的中断。

1-5 Hadoop 起源、特点、生态圈

1.2.3 Hadoop 生态圈

Hadoop 是目前应用最为广泛的分布式大数据处理框架，其具备可靠、高效、可伸缩等特点。

Hadoop 生态体系中，HDFS 提供文件存储，YARN 提供资源管理，在此基础上，进行各种处理，包括 MapReduce、Tez、Spark、Storm 等计算。

Hadoop 的核心组件是 HDFS、MapReduce。随着处理任务的不同，各种组件相继出现，Hadoop 生态圈结构如图 1-4 所示。

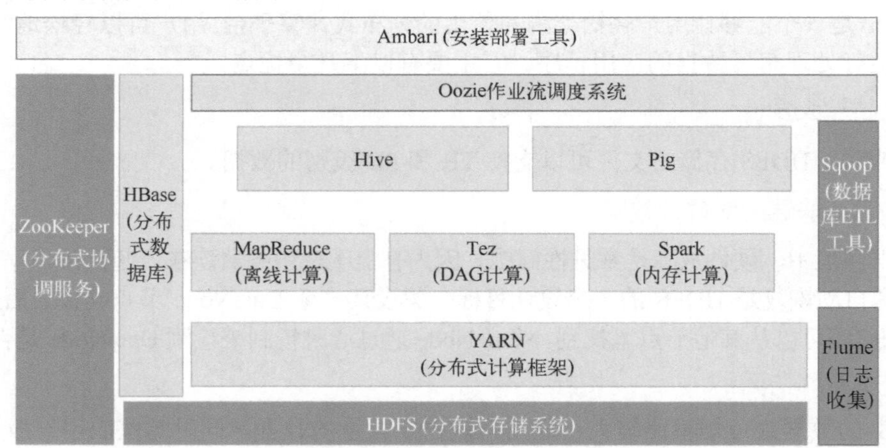

图 1-4 Hadoop 生态圈结构图

1.2.4 Hadoop 核心架构

Hadoop 由许多元素构成。其最底部是 HDFS，它存储 Hadoop 集群中所有存储节点上的文件。HDFS 的上一层是 MapReduce 引擎，该引擎由 JobTrackers 和

TaskTrackers 组成。通过对 Hadoop 分布式计算平台最核心的分布式文件系统 HDFS、MapReduce 处理过程，以及数据仓库工具 Hive 和分布式数据库 HBase 的介绍，基本涵盖了 Hadoop 分布式平台的所有技术核心。

1．HDFS

对外部客户机而言，HDFS 就像一个传统的分级文件系统。可以创建、删除、移动或重命名文件等。但是 HDFS 的架构是基于一组特定的节点构建的，这是由它自身的特点决定的。这些节点包括 NameNode（仅一个），它在 HDFS 内部提供元数据服务；DataNode（多个）为 HDFS 提供存储块。由于仅存在一个 NameNode，因此这是 HDFS 1.x 版本的一个缺点（单点失效）。在 Hadoop 2.x 版本中，可以存在两个 NameNode，从而解决了单节点故障问题。

存储在 HDFS 中的文件被分成块，然后将这些块复制到多个计算机中（DataNode）。这与传统的 RAID 架构大不相同。块的大小（1.x 版本默认为 64MB，2.x 版本默认为 128MB）和复制的块数量在创建文件时由客户机决定。NameNode 可以控制所有文件操作。HDFS 内部的所有通信都基于标准的 TCP/IP 协议。

2．NameNode

NameNode 是一个通常在 HDFS 实例中的单独机器上运行的软件。它负责管理文件系统名称空间和控制外部客户机的访问。NameNode 决定是否将文件映射到 DataNode 上的复制块上。对于最常见的 3 个复制块，第一个复制块存储在同一机架的不同节点上，最后一个复制块存储在不同机架的某个节点上。

实际的 I/O 事务并没有经过 NameNode，只有表示 DataNode 和块的文件映射的元数据经过 NameNode。当外部客户机发送请求要求创建文件时，NameNode 会以块标识和该块的第一个副本的 DataNode IP 地址作为响应。这个 NameNode 还会通知其他将要接收该块的副本的 DataNode。

NameNode 在一个称为 FsImage 的文件中存储所有关于文件系统名称空间的信息。这个文件和一个包含所有事务的记录文件（这里是 EditLog）将存储在 NameNode 的本地文件系统上。FsImage 和 EditLog 文件也需要复制副本，以防文件损坏或 NameNode 系统丢失。

NameNode 本身不可避免地具有 SPOF（Single Point Of Failure）单点失效的风险，主备模式并不能解决这个问题，通过 Hadoop Non-stop NameNode 才能实现 100%的 uptime 可用时间。

3．DataNode

DataNode 也是一个通常在 HDFS 实例中的单独机器上运行的软件。Hadoop 集群包含一个 NameNode 和大量 DataNode。DataNode 通常以机架的形式组织，机架通过一个交换机将所有系统连接起来。Hadoop 的一个假设是：机架内部节点之间的传输速度快于机架间节点的传输速度。

DataNode 响应来自 HDFS 客户机的读写请求。它们还响应来自 NameNode 的创建、删除和复制块的命令。NameNode 依赖来自每个 DataNode 的定期心跳（heartbeat）消息。每条消息都包含一个块报告，NameNode 可以根据这个报告来验证块映射和其他文件系统元数据。如果 DataNode 不能发送心跳消息，NameNode 将采取修复措施，重新复制在该节点上丢失的块。

项目实现

任务 1　安装前准备

在实现 Hadoop 安装之前需要准备好如下软件。

- VMware 虚拟机。
- JDK-8u161-linux-x64-可用.tar.gz。
- Ubuntukylin-16.04-desktop-amd64.iso。
- Hadoop-2.7.5.tar.gz。

以上软件中版本读者可以根据自己的需要做出调整。

任务 2　虚拟机的安装

1. 虚拟机概述

虚拟机是利用软件来模拟出完整计算机系统的工具。它具有完整硬件系统功能的、运行在一个完全隔离环境中。虚拟机的使用范围很广，如未知软件评测、运行可疑型工具等，即使这些程序中带有病毒，它能做到的只是破坏虚拟系统，大可不用担心它会伤害到物理机。因为虚拟机是一个完全独立于主机的操作系统。现在主流的 Windows 操作系统是 Windows 10，当遇到与操作系统不相兼容的程序时，虚拟机就可以解决这些麻烦。还有那些想体验 Windows 和 Linux 双系统的用户，选择 VM 虚拟机非常方便就能实现。

常用的虚拟机软件如下。

- VMware Workstation（本书中采用的是该软件）。
- VirtualBox。

2. VMware 安装过程

1）打开下载的虚拟机安装包，出现如图 1-5 所示的安装向导。

2）单击“下一步”按钮，进入如图 1-6 所示的“最终用户许可协议”界面。

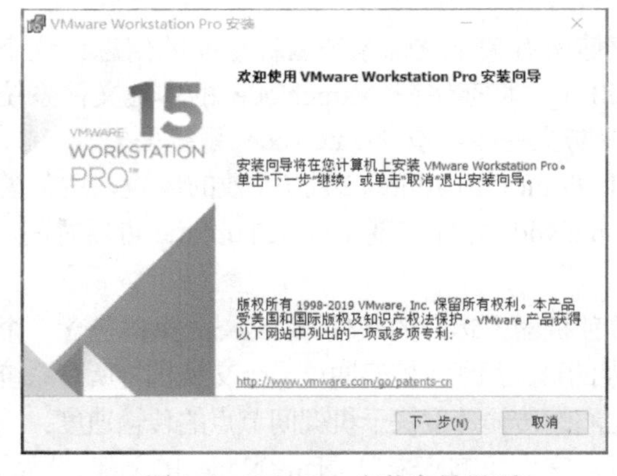

图 1-5　VMware 安装向导界面

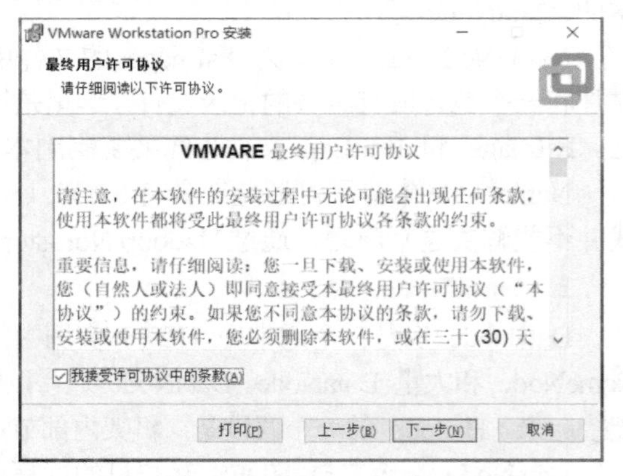

图 1-6　最终用户许可协议界面

3）选择“我接受许可协议中的条款”复选框后单击“下一步”按钮，进入如图 1-7 所示的“自定义安装”界面。

4）单击“下一步”按钮，进入如图 1-8 所示的“快捷方式”界面。

5）勾选“桌面”和“开始菜单程序文件夹”复选框后，单击“下一步”按钮，进入如图 1-9 所示的“已准备好安装 VMware Workstation Pro”界面。

6）单击“安装”按钮，即可完成 VMware 的安装。

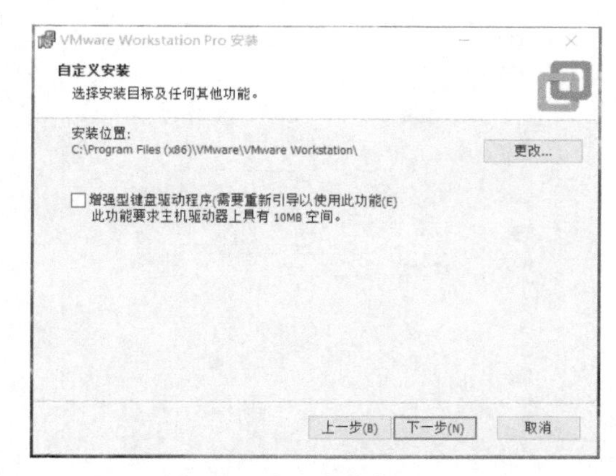

图 1-7　自定义安装界面

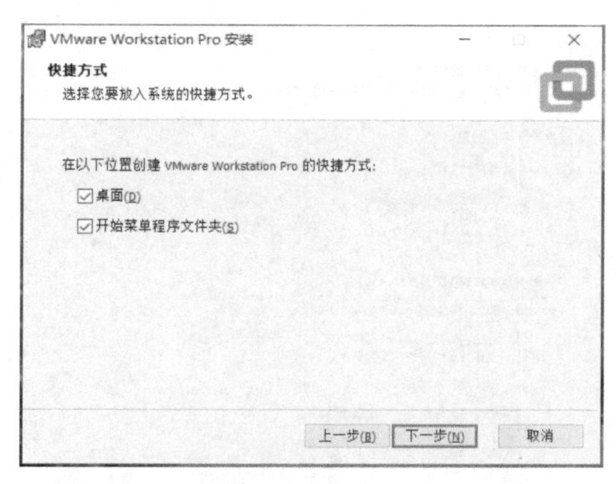

图 1-8　“快捷方式”界面

任务 3　Ubuntu 的安装

在安装 Ubuntu 之前必须已经安装了 VMware 软件。

1）开启 VMware 软件，打开“VMware Workstation”对话框，如图 1-10 所示。

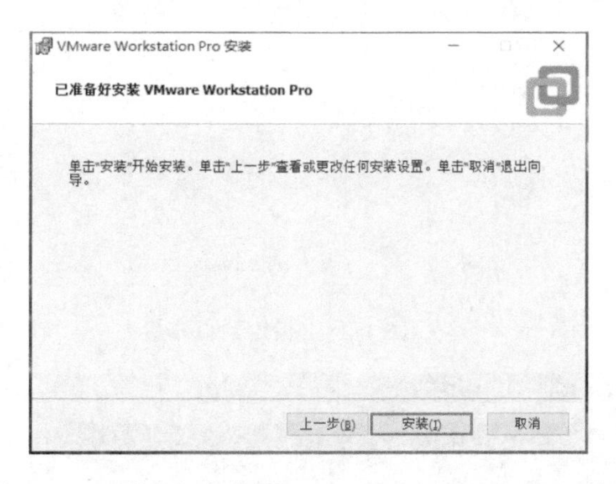

图 1-9　“已准备好安装图 VMware Workstation Pro”界面

图 1-10　VMware 首页

2）单击图 1-10 所示对话框中的“创建新的虚拟机”选项，出现如图 1-11 所示界面。

3）单击“浏览”按钮，选择对应磁盘中的 Ubuntu 光盘镜像文件，单击“下一步”按钮，如图 1-12 所示。

4）分别在“全名”“用户名”“密码”“确认”文本框中输入相应的信息，这里都输入“hadoop”，单击“下一步”按钮，如图 1-13 所示。

5）在界面的“虚拟机名称”文本框中输入自定义的虚拟机名称，单击“浏览”可以选择虚拟机安装的位置，单击“下一步”按钮，如图 1-14 所示。

6）在界面中的“最大磁盘大小”可以为新建的虚拟机分配硬盘空间，同时也可以选择是否将虚拟机文件存为单个文件或者多个文件。单击“下一步”按钮，如图 1-15 所示。

7）单击“完成”按钮，即可进入 Ubuntu 安装界面，如图 1-16 所示。

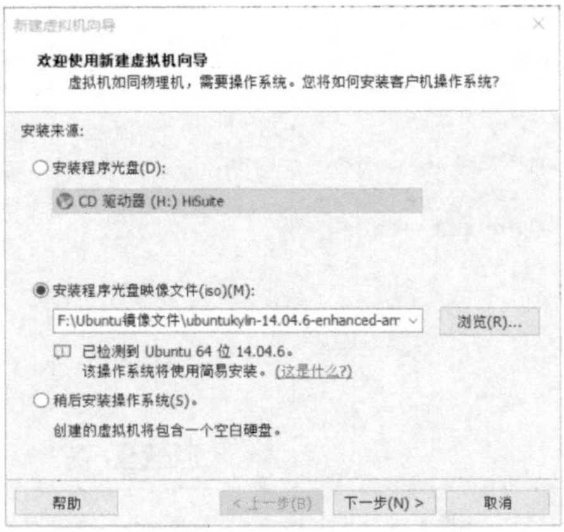

图 1-11 新建虚拟机向导

图 1-12 新建用户

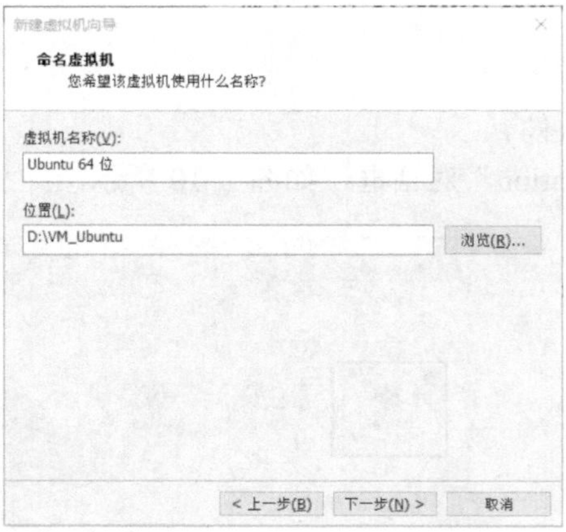

图 1-13 指定虚拟机名称及位置

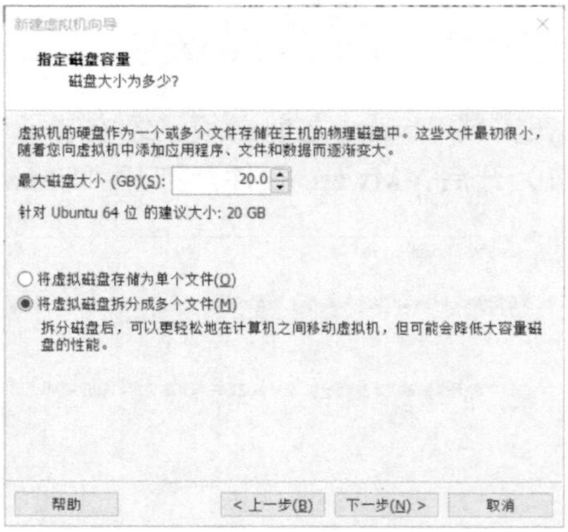

图 1-14 指定磁盘容量

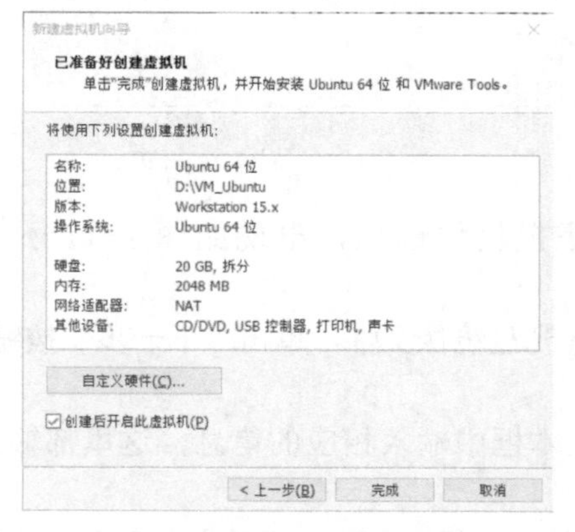

图 1-15 最终用户许可协议

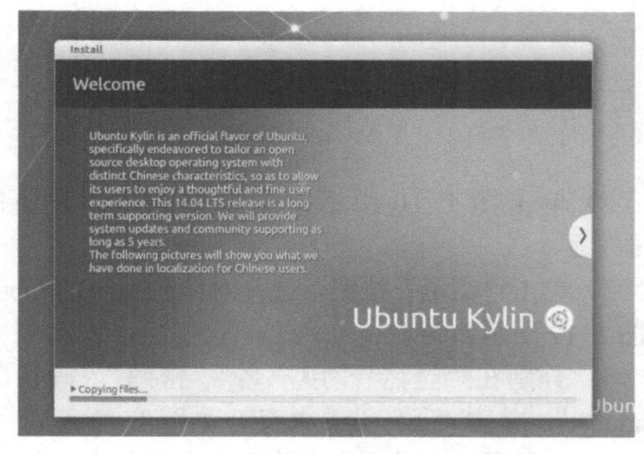

图 1-16 Ubuntu 安装界面

8）等待一段时间以后即可以完成虚拟机的创建。

任务 4 解压与压缩命令

首先要弄清两个概念：打包和压缩。打包是指将一大堆文件或目录变成一个总的文件；

压缩则是将一个大的文件通过一些压缩算法变成一个小文件。

为什么要区分这两个概念呢？这源于 Linux 中的很多压缩程序只能针对一个文件进行压缩，这样当需要压缩一大堆文件时，要先将这一大堆文件打成一个包（tar 命令），然后再用压缩程序进行压缩（gzip bzip2 命令）。

Linux 中的 tar 命令用于备份文件。

tar 命令可以为 Linux 的文件和目录创建档案。利用 tar，可以为某一特定文件创建档案（备份文件），也可以在档案中改变文件，或者向档案中加入新的文件。

利用 tar 命令，可以把一大堆文件和目录全部打包成一个文件，这对于备份文件或将几个文件组合成为一个文件以便于网络传输是非常有用的。

```
tar 命令语法
tar [必要参数] [选择参数] [文件]
```

功能：用来压缩和解压文件。tar 本身不具有压缩功能，它是通过调用压缩功能实现的。

tar 命令必要参数列表如表 1-1 所示。

表 1-1　tar 命令必要参数列表

参数	描述
-A	或--catenate，新增压缩文件到已存在的压缩文件
-B	或--read-full-records，读取数据时重设区块大小
-c	或--create，建立新的压缩文件
-d	或-diff，记录文件的差别
-r	或--append，新增文件到已存在的压缩文件的结尾部分
-u	或--update，仅置换比压缩文件内的文件新的文件
-x	或--extrac，从压缩的文件中提取文件
-t	或--list，列出压缩文件的内容
-z	或--gzip 或--ungzip，通过 gzip 指令解压文件
-p	或--same-permissions，用原来的文件权限还原文件
-Z	通过 compress 指令解压文件
-N<日期格式>	或--newer=<日期时间>，只将比指定日期新的文件保存到备份文件里
-v	显示操作过程
-l	文件系统边界设置
-W	或--verify，压缩文件时，确认文件正确无误

选择参数列表如表 1-2 所示。

表 1-2　选择参数列表

参数	描述
-b	设置区块数目
-C	切换到指定目录
-f	指定压缩文件
--help	显示帮助信息
--version	显示版本信息

tar 命令使用实例：

1）将所有扩展名为.java 的文件打包成一个名为 javatest.tar 的包。代码如下所示。

```
tar -cf javatest.tar *.java
```

2）将所有扩展名为.txt 的文件增加到名为 javatest.tar 的包里面去。

```
tar -rf javatest.tar *.txt
```

3）列出 javatest.tar 包中所有文件,tar 命令的执行结果如图 1-17 所示。

4）将目录里所有扩展名为.java 文件打包成 JAVA.tar 后，将其用 gzip 压缩，生成一个 gzip 压缩过的包，并命名为 JAVA.tar.gz，代码如下所示。

```
tar  -czf JAVA.tar.gz  *.java
```

5）解压 JAVA.tar.gz 文件到 javatest 文件夹中，命令的执行结果如图 1-18 所示。

```
ava/org/apache/spark/examples$ tar -tf javatest.tar
JavaHdfsLR.java
JavaLogQuery.java
JavaPageRank.java
JavaSparkPi.java
JavaStatusTrackerDemo.java
JavaTC.java
JavaWordCount.java
course.txt
key.txt
logdata.txt
words.txt
```

图 1-17　tar 命令的执行结果（一）

```
ava/org/apache/spark/examples$ tar -xzvf ./JAVA.tar.gz -C ./javatest/
JavaHdfsLR.java
JavaLogQuery.java
JavaPageRank.java
JavaSparkPi.java
JavaStatusTrackerDemo.java
JavaTC.java
JavaWordCount.java
```

图 1-18　tar 命令的执行结果（二）

任务 5　JDK 安装和配置

将 JDK1.8 传入虚拟机中。可以把虚拟机配置改成桥接模式，方便文件传输，JDK1.8 文件传入虚拟机后的结果如图 1-19 所示。

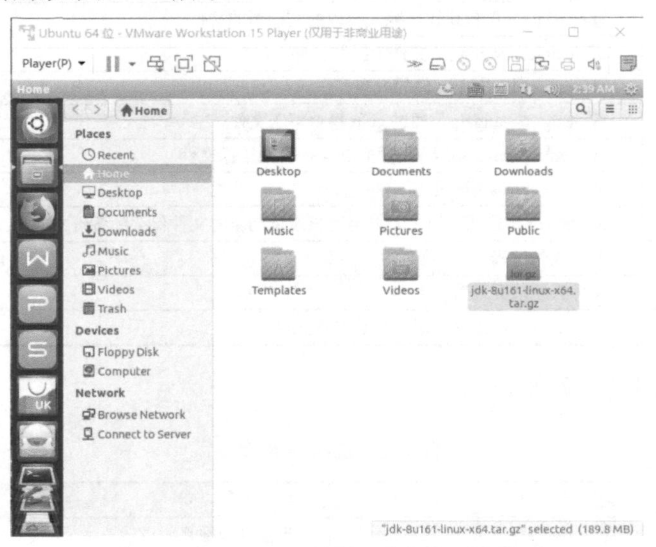

图 1-19　JDK1.8 文件传入虚拟机后的结果

使用解压命令，解压文件到/usr/local 目录，执行命令时会提示输入当前用户的密码，命令执行如图 1-20 所示。

hadoop@ubuntu:~$ sudo tar -zxvf /home/hadoop/jdk-8u161-linux-x64.tar.gz -C /usr/
local/
[sudo] password for hadoop:

图 1-20　tar 命令执行

进入目录/usr/local 修改文件名称，如图 1-21 所示。

文件名称修改完成后，要对文件进行权限修改，在/usr/local 目录下输入以下修改权限的命令代码。

```
sudo chown -R Hadoop ./jdk8/
```

修改 JDK 的环境变量配置，编辑 ~/.bashrc 文件，在文件中加入如图 1-22 所示内容。

```
hadoop@ubuntu:~$ cd /usr/local/
hadoop@ubuntu:/usr/local$ sudo mv ./jdk1.8.0_161/ ./jdk8
hadoop@ubuntu:/usr/local$ ls
bin  etc  games  include  jdk8  lib  man  sbin  share  src
hadoop@ubuntu:/usr/local$
```

图 1-21　修改文件名称

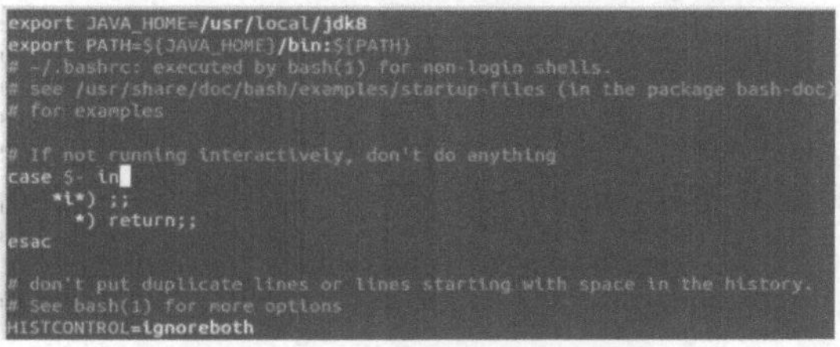

```
export JAVA_HOME=/usr/local/jdk8
export PATH=${JAVA_HOME}/bin:${PATH}
# ~/.bashrc: executed by bash(1) for non-login shells.
# see /usr/share/doc/bash/examples/startup-files (in the package bash-doc)
# for examples

# If not running interactively, don't do anything
case $- in
    *i*) ;;
      *) return;;
esac

# don't put duplicate lines or lines starting with space in the history.
# See bash(1) for more options
HISTCONTROL=ignoreboth
```

图 1-22　JDK 环境变量配置

使用命令 vim　~/.bashrc 对.bashrc 文件进行编辑，如果没有 vim，则更新 apt 后再安装 vim，在/usr/local 目录下输入更新 apt 和安装 vim 的代码。

```
sudo apt-get update
sudo apt-get install vim
```

修改完.bashrc 配置文件后，修改的内容并不会马上生效，需要使用命令 source ~/.bashrc 才能使环境变量生效。

使用 java –version 命令查看 JDK 版本，如果显示出安装的 JDK 版本信息则表示安装成功，命令显示结果如图 1-23 所示。

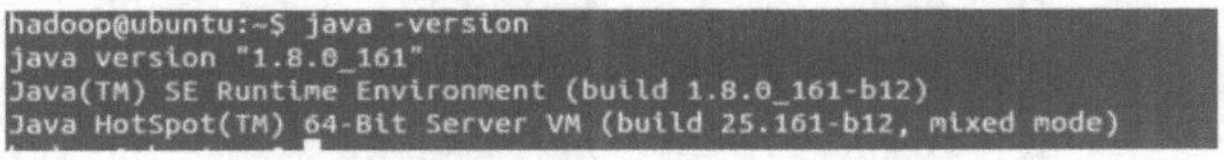

```
hadoop@ubuntu:~$ java -version
java version "1.8.0_161"
Java(TM) SE Runtime Environment (build 1.8.0_161-b12)
Java HotSpot(TM) 64-Bit Server VM (build 25.161-b12, mixed mode)
```

图 1-23　查看 JDK 版本

任务 6　Hadoop 的安装

Hadoop 的安装比较简单，只需要将安装包解压到指定目录下，再进行相应的环境配置即可，具体安装和配置步骤分为以下 4 个步骤。

1．上传安装包到 Linux 的目录

2．将上传的安装包解压到指定目录

使用 tar 命令将 Hadoop 的安装包解压到/export/servers 目录，具体代码如下所示。

```
tar -zxvf Hadoop-2.7.4.tar.gz -C /export/servers/
```

3．配置环境变量

配置 Hadoop 的环境变量，可以使用 profile（全局，对所有用户都有效）和.bashrc（局部，只针对当前用户有效），此处选择 profile 文件进行配置。使用 vim 编辑器打开 profile 文件，具体命令如下所示。

```
vim  /etc/profile
```

在打开的 profile 文件底部加入如图 1-24 所示内容。

```
export HADOOP_HOME=/export/servers/hadoop-2.7.4
export PATH=$PATH:$HADOOP_HOME/bin:$HADOOP_HOME/sbin
```

图 1-24 profile 文件追加内容

最后，使用 source 命令使新追加的配置内容生效，具体命令如下所示。

```
source /etc/profile
```

4．验证 Hadoop 环境

配置文件 profile 设置完成以后，通过 hadoop version 命令可以查看 Hadoop 的版本信息，如果显示出 Hadoop 的版本信息则表示 Hadoop 安装成功，具体命令如下所示。

```
hadoop  version
```

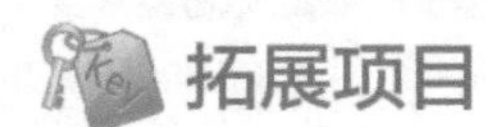

拓展项目

在 VMWare 虚拟机上安装 CentOS 操作系统，并在系统中实现 Hadoop 的安装。

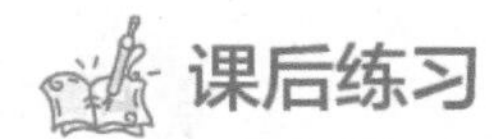

课后练习

一、选择题

1．大数据的特点有准确、多样、高速和________。

A．体量　　B．实时　　C．分布　　D．快速

2．Hadoop 是________软件基金会下用 Java 语言开发的一个开源分布式计算平台。

A．Google　　B．IBM　　C．Apache　　D．Oracle

3．Hadoop 包括两个核心组件：________和 Hadoop Distributed File System(HDFS)。

A．Hive　　B．HBase　　C．Apache　　D．MapReduce

4．________负责将海量数据进行分布式存储。

A．MapReduce　　B．HBase　　C．HDFS　　D．YARN

5．HDFS 的架构是基于一组特定的节点构建的，这是由它自身的特点决定的。这些节点包括________个 NameNode。

A．1　　B．2　　C．0　　D．3

二、判断题

1．tar 命令可以为 Linux 的文件和目录创建档案。

2．HDFS 适合于高吞吐量的情况，而不适合于低延迟的数据访问。

3．在 Hadoop 集群中，NameNode 负责管理所有 DataNode。

4．在 Hadoop 1.x 版本中，MapReduce 程序运行在 YARN 集群之上。

三、问答题

1．简述大数据研究的意义。

2．简述 Hadoop 版本的区别。

项目 2　Hadoop 集群部署

学习目标：

✧ 了解 Linux 系统的环境设置
✧ 掌握 Linux 常用命令
✧ 掌握 Hadoop 的配置文件
✧ 了解 YARN 的基本服务组件
✧ 掌握 YARN 的执行过程及配置

思维导图：

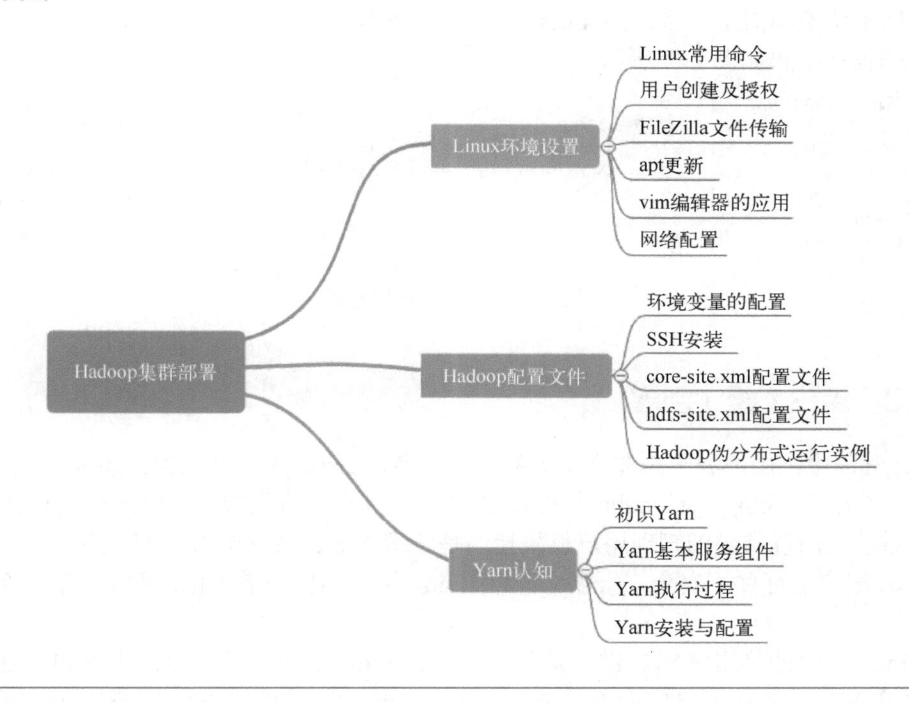

2.1 Linux 环境设置

2.1.1 Linux 常用命令

2-1　Linux 常用命令、用户（组）创建

Linux，全称 GNU/Linux，是一套免费使用和自由传播的类 UNIX 操作系统，是一个基于 POSIX 和 UNIX 的多用户、多任务、支持多线程和多 CPU 的操作系统。

Linux 不仅系统性能稳定，而且是开源软件。其核心防火墙组件性能高效、配置简单，保证了系统的安全。在很多企业网络中，为了追求速度和安全，Linux 不仅被网络运维人员当作服务器使用，还可以当作网络防火墙使用，这是 Linux 的一大亮点。

Linux 具有开放源码、没有版权、技术社区用户多等特点，开放源码使得用户可以自由裁剪，灵活性高，功能强大，成本低。尤其是系统中内嵌网络协议栈，经过适当的配置就可实现路由器的功能。这些特点使得 Linux 成为开发路由交换设备的理想开发平台。

同样由于 Linux 是开源的，因此它拥有大量可以通过代码命名来实现的功能，下面简单列举 date、ls 和 cd 三个常用命令。

date：打印或者设置系统的日期和时间。

ls：查看所在位置的文件情况。

cd：用于切换当前工作目录至 dirName（目录参数）。

命令的执行结果如图 2-1 所示。

```
[hadoop@master ~]$ date
Wed Aug 12 17:42:44 PDT 2020
[hadoop@master ~]$ ls
Desktop  Documents  Downloads  Music  Pictures  Public  Templates  Videos
[hadoop@master ~]$ cd Music/
[hadoop@master Music]$ cd
[hadoop@master ~]$ █
```

图 2-1　基本命令执行结果

2.1.2 用户（组）创建

Linux 管理中，用户权限是非常重要的一个环节，Linux 用户分三种：超级用户（root）、普通用户、伪用户（bin、sys、nobody 等），超级用户拥有所有权限，伪用户一般和进程相关，无须登录系统，所以常说的管理用户权限指的是管理 Linux 中普通用户的权限。由于所有进程都用 root 账户运行并不安全，所以应该将 Linux 用户的权限最小化，即不持有任何不必要的权限。

在 Linux 空白处单击鼠标右键，选择“Open Terminal”打开终端命令窗口，在终端命令窗口中输入查看所有用户的命令“cat /etc/passwd”，然后按〈Enter〉键即可查看所有用户信息。在显示的用户信息中值大于 1000 的是自定义的用户，查看所有用户的结果如图 2-2 所示。

（1）用户

在系统中使用 useradd 命令可以实现新建用户功能。新用户创建之后，使用 passwd 命令为新用户设置密码。使用 userdel 命令删除新用户。使用 useradd 命令创建的新用户，实际上是保存在/etc/passwd 文件中。useradd 命令的基本格式如下。

```
useradd -[选项] 用户名 -D 查看缺省参数
```

useradd 命令的常用选项及含义如表 2-1 所示。

```
root@ubuntu:~# cat /etc/passwd
root:x:0:0:root:/root:/bin/bash
daemon:x:1:1:daemon:/usr/sbin:/usr/sbin/nologin
bin:x:2:2:bin:/bin:/usr/sbin/nologin
sys:x:3:3:sys:/dev:/usr/sbin/nologin
sync:x:4:65534:sync:/bin:/bin/sync
games:x:5:60:games:/usr/games:/usr/sbin/nologin
man:x:6:12:man:/var/cache/man:/usr/sbin/nologin
lp:x:7:7:lp:/var/spool/lpd:/usr/sbin/nologin
mail:x:8:8:mail:/var/mail:/usr/sbin/nologin
news:x:9:9:news:/var/spool/news:/usr/sbin/nologin
uucp:x:10:10:uucp:/var/spool/uucp:/usr/sbin/nologin
proxy:x:13:13:proxy:/bin:/usr/sbin/nologin
www-data:x:33:33:www-data:/var/www:/usr/sbin/nologin
backup:x:34:34:backup:/var/backups:/usr/sbin/nologin
list:x:38:38:Mailing List Manager:/var/list:/usr/sbin/nologin
irc:x:39:39:ircd:/var/run/ircd:/usr/sbin/nologin
gnats:x:41:41:Gnats Bug-Reporting System (admin):/var/lib/gnats:/usr/sbin/nologin
nobody:x:65534:65534:nobody:/nonexistent:/usr/sbin/nologin
systemd-timesync:x:100:102:systemd Time Synchronization,,,:/run/systemd:/bin/false
systemd-network:x:101:103:systemd Network Management,,,:/run/systemd/netif:/bin/false
systemd-resolve:x:102:104:systemd Resolver,,,:/run/systemd/resolve:/bin/false
systemd-bus-proxy:x:103:105:systemd Bus Proxy,,,:/run/systemd:/bin/false
syslog:x:104:108::/home/syslog:/bin/false
_apt:x:105:65534::/nonexistent:/bin/false
messagebus:x:106:110::/var/run/dbus:/bin/false
uuidd:x:107:111::/run/uuidd:/bin/false
lightdm:x:108:114:Light Display Manager:/var/lib/lightdm:/bin/false
whoopsie:x:109:116::/nonexistent:/bin/false
avahi-autoipd:x:110:119:Avahi autoip daemon,,,:/var/lib/avahi-autoipd:/bin/false
avahi:x:111:120:Avahi mDNS daemon,,,:/var/run/avahi-daemon:/bin/false
dnsmasq:x:112:65534:dnsmasq,,,:/var/lib/misc:/bin/false
colord:x:113:123:colord colour management daemon,,,:/var/lib/colord:/bin/false
speech-dispatcher:x:114:29:Speech Dispatcher,,,:/var/run/speech-dispatcher:/bin/false
hplip:x:115:7:HPLIP system user,,,:/var/run/hplip:/bin/false
kernoops:x:116:65534:Kernel Oops Tracking Daemon,,,:/:/bin/false
pulse:x:117:124:PulseAudio daemon,,,:/var/run/pulse:/bin/false
rtkit:x:118:126:RealtimeKit,,,:/proc:/bin/false
saned:x:119:127::/var/lib/saned:/bin/false
usbmux:x:120:46:usbmux daemon,,,:/var/lib/usbmux:/bin/false
hadoop:x:1000:1000:li,,,:/home/hadoop:/bin/bash
hadoop001:x:1001:1001:,,,:/home/hadoop001:/bin/bash
abc:x:1002:1002::/home/abc:
root@ubuntu:~#
```

图 2-2 查看所有用户

表 2-1 useradd 命令的常用选项及含义

选项	含义
u	UID，指定用户的 UID，普通用户 UID 的范围是 500～60000
d	宿主目录
c	用户说明，对应在/etc/passwd 文件中，输入便于理解的用户说明
g	组名，指定用户所属的群组
G	组名，指定用户所属的附加群组
s	手工指定用户的登录 Shell，默认是/bin/bash
e	指定用户的失效日期，格式为“YYYY-MM-DD”

useradd 命令的实例代码如下。

```
#添加一般用户
useradd hadoop
#为添加的用户指定相应的用户组
useradd -g root hadoop
#创建一个系统用户
useradd -r hadoop
#为新添加的用户指定 home 目录
```

```
useradd -d /home/myd hadoop
#建立用户并制定 ID
useradd hadoop001 -u 544
```

（2）用户组

每个用户都有一个用户组，系统可以对一个用户组中的所有用户进行集中管理。不同 Linux 系统对用户组的规定有所不同，如 Linux 下的用户属于与它同名的用户组，这个用户组在创建用户时同时创建。

用户组的管理涉及用户组的添加、删除和修改。组的增加、删除和修改实际上就是对 /etc/group 文件的更新。

用户组的新建使用命令 groupadd，删除用户组使用命令 groupdel。创建和删除用户组的代码如下。

```
groupadd cvit   #新建用户组 cvit
groupadd -g 1101 bigdata  #新建用户组并指定用户组 bigdata 的 ID 为 1101
groupdel bigdata  #删除用户组 bigdata
```

2.1.3 FileZilla 文件传输

FileZilla 是一个免费开源的 FTP 软件，分为客户端版本和服务器版本，具备所有的 FTP 软件功能。可控性、有条理的界面和管理多站点的简化方式使得 FileZilla 客户端版本成为一个方便高效的 FTP 客户端工具，而 FileZilla Server 则是一个小巧可靠的、支持 FTP&SFTP 的 FTP 服务器软件。

2-2 FileZilla 文件传输

1. 安装 FileZilla Server

1）官网（https://www.filezilla.cn/download）下载 FileZilla，在本机上安装服务器版本，在虚拟机上安装客户端版本。官网下载界面如图 2-3 所示。

客户端
FileZilla是一种快速、可信赖的FTP客户端以及服务器端开放源代码程式，具有多种特色、直觉的接口。
立即下载
Windows 平台
Windows 版, Vista, 7, 8 and 8.1 are supported, each both 32 and 64 bit
Linux 平台
Linux,Built for Debian 7.0 (Wheezy). It is highly recommended to use the package management system of your distribution or to manually compile FileZilla if you are running a different flavour of Linux
Mac OS 平台
Mac OS, Requires OS X 10.5 or newer
服务器
FileZilla是一种快速、可信赖的FTP客户端以及服务器端开放源代码程式，具有多种特色、直觉的接口。
立即下载
Windows 平台
Windows 版,Windows Vista, 7, 8 and 8.1 are supported, each both 32 and 64 bit

图 2-3 官网下载页面

2）右键单击下载的 FileZilla_3.51.0_win64-setup.exe 安装包，选择“以管理员身份运行”，在弹出的界面中单击“运行”，进入 FileZilla 安装界面，如图 2-4 所示。

3）在弹出的 FileZilla 安装界面中单击“I Agree”按钮，在弹出的后续界面中单击“Next”按钮，在最后的界面单击“Finish”按钮即可完成安装。FileZilla 的安装过程比较简单，此处不再详细讲述。

2．配置 FileZilla Server

1）打开 FileZilla 软件，主界面如图 2-5 所示，选择菜单命令“文件”→“站点管理器”，打开“站点管理器”配置界面，如图 2-6 所示。

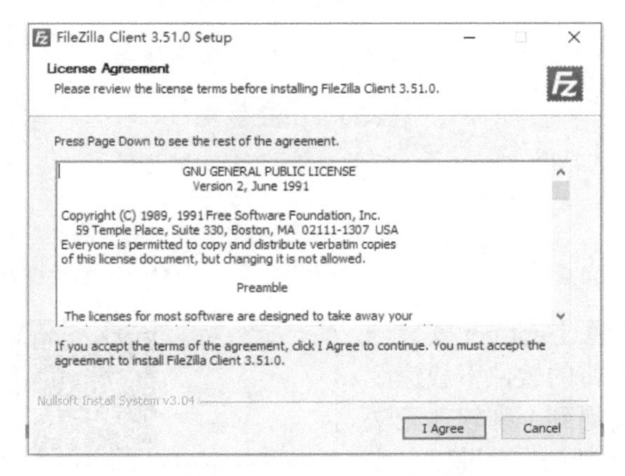

图 2-4　FileZilla 安装界面

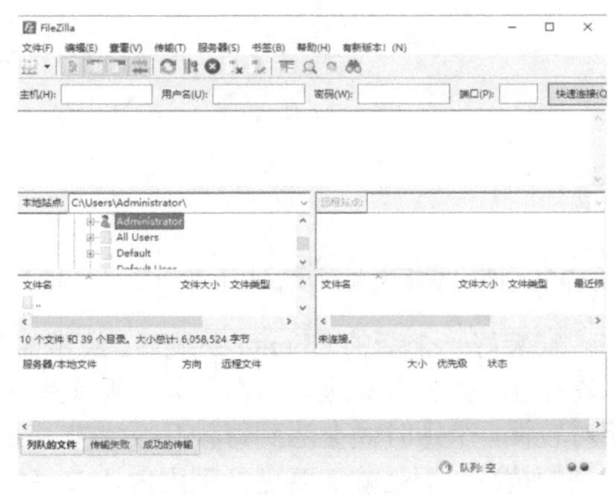

图 2-5　FileZilla 主界面

2）单击图 2-6 中的“新站点”按钮，创建实现新站点与虚拟机连接的配置，如图 2-7 所示。

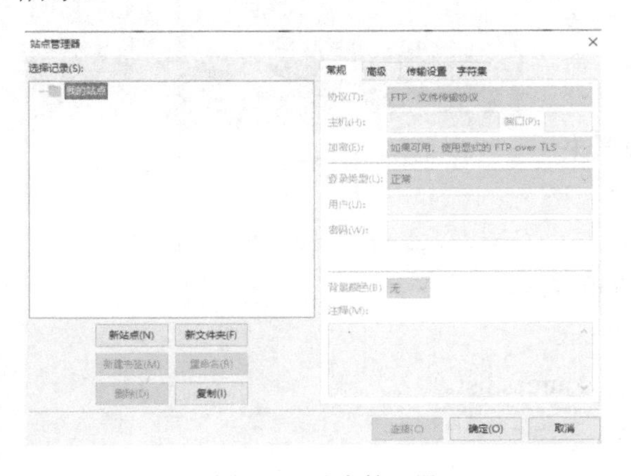

图 2-6　站点管理器

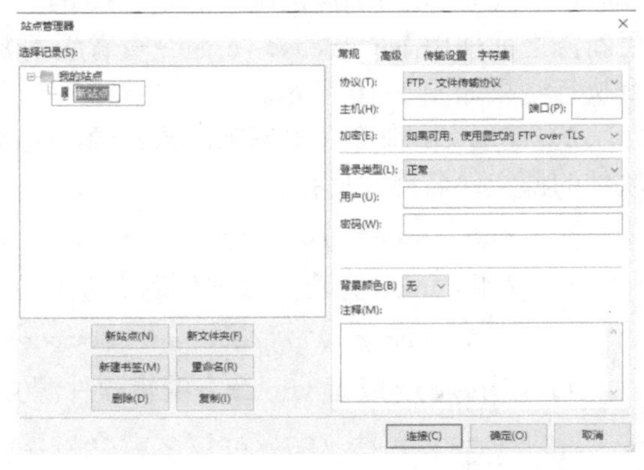

图 2-7　创建新站点

3）在“站点管理器”右侧“常规”选项卡的“主机(H):”文本框中输入连接的 IP 地址，在“端口(P):”文本框中输入 21，在“用户(U):”和“密码(W):”文本框中输入正确的用户名和密码，单击“连接(C)”按钮实现主机和虚拟机的连接。新站点配置内容如图 2-8 所示。

Windows 系统和 Linux 系统连接成功，如图 2-9 所示，由此即可实现本机与虚拟机之间的任意文件上传和下载。

图 2-8　新站点配置内容

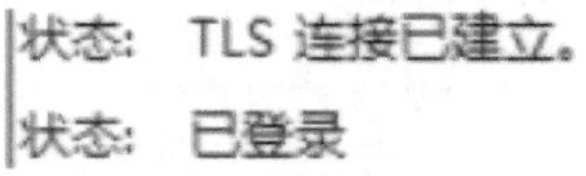

状态:　TLS 连接已建立。
状态:　已登录

图 2-9　连接成功显示

2.1.4　apt 更新

安装好一个新的 Ubuntu 系统后，经常需要通过 apt-get 安装一些软件包。因为下载服务器在国外，所以系统自带的软件下载速度相对较慢，个别时候会达到每秒几个字节，还会遇到个别软件无法找到的情况。于是就需要更换到国内比较好的更新源。通过以下步骤设置更新源为国内服务器。

1）不同的 Ubuntu 版本对应的版本名称不同，Ubuntu 20.04 的版本名是“focal”，Ubuntu 19.10 的版本名是“eoan”，Ubuntu 18.04 的版本名是“bionic”，Ubuntu 16.04 的版本名是“xenial”。修改更新源之前使用 lsb_release -c 命令查看版本名。命令执行结果如图 2-10 所示。

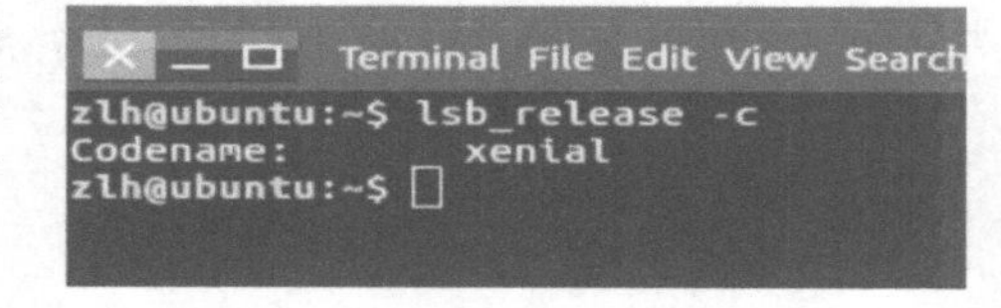

图 2-10　lsb_release 命令执行结果

2）使用 cp 命令备份原来的软件源，更改原来软件的源文件名称并另存。

```
sudo cp -v /etc/apt/sources.list /etc/apt/sources.list.backup
```

3）使用 chmod 命令更改软件源文件的可编辑权限。

```
sudo chmod 777 /etc/apt/sources.list
```

4）使用 gedit 或者 vim 命令编辑软件源文件 sources.list。

```
sudo gedit /etc/apt/sources.list
或者
vim /etc/apt/sources.list
```

5）打开软件源文件后，进入编辑模式，将原有代码全部删除，然后将 aliyun 的镜像源粘贴到文件中，最后将镜像源粘贴内容中的 ubuntu 版本名替换为系统上查看到的版本名。aliyun 镜像源内容如下。

```
    deb http://mirrors.aliyun.com/ubuntu/ focal main restricted universe
multiverse
    deb http://archive.ubuntu.com/ubuntu/ focal-security main restricted
universe multiverse
    deb http://archive.ubuntu.com/ubuntu/ focal-updates main restricted
```

```
universe multiverse
        deb http://archive.ubuntu.com/ubuntu/ focal-proposed main restricted
universe multiverse
        deb-src http://mirrors.aliyun.com/ubuntu/ focal main restricted universe
multiverse
        deb-src http://mirrors.aliyun.com/ubuntu/ focal-security main restricted
universe multiverse
        deb-src http://mirrors.aliyun.com/ubuntu/ focal-updates main restricted
universe multiverse
        deb-src http://mirrors.aliyun.com/ubuntu/ focal-proposed main restricted
universe multiverse
        deb-src http://mirrors.aliyun.com/ubuntu/ focal-backports main restricted
universe multiverse
```

2.1.5　vim 编辑器的应用

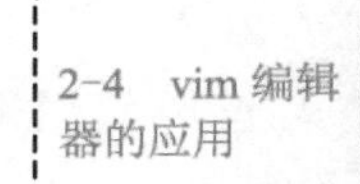

vim 编辑器是 vi 编辑器的升级版本，它是所有 UNIX 及 Linux 系统下标准的编辑器，相当于 Windows 系统中的记事本，它的强大不逊于任何最新的文本编辑器，是使用 Linux 系统不可缺少的工具。由于对 UNIX 及 Linux 系统的任何版本，vim 编辑器都是完全相同的，因此掌握 vim 编辑器的使用，将在 Linux 的世界里畅行无阻。

vim 具有程序编辑的能力，以字体颜色辨别语法的正确性，方便程序设计。因为程序简单，编辑速度相当快速。vim 可以当作 vi 的升级版本，可以用多种颜色的方式来显示一些特殊的信息。vim 会依据文件扩展名或文件内的开头信息，判断该文件的内容而自动执行该程序的语法判断式，再以颜色来显示程序代码与一般信息。vim 里面加入了很多额外的功能，例如支持正则表达式的搜索、多文件编辑、块复制等，便于在 Linux 上进行一些配置文件的修改工作。

vim 文本编辑器有 3 种工作模式：命令模式、输入模式、末行模式。

命令模式：进入 vim 默认为命令模式，可以复制行、删除行等。输入“a”“i”“o”中的任意字符进入输入模式。

输入模式：主要用于文本编辑，和记事本类似，可以输入内容。按〈Esc〉键返回命令模式。

末行模式：按〈Esc〉键返回命令模式。

输入模式和末行模式之间不能直接转换，只能通过命令模式间接转换，模式之间的切换如图 2-11 所示。

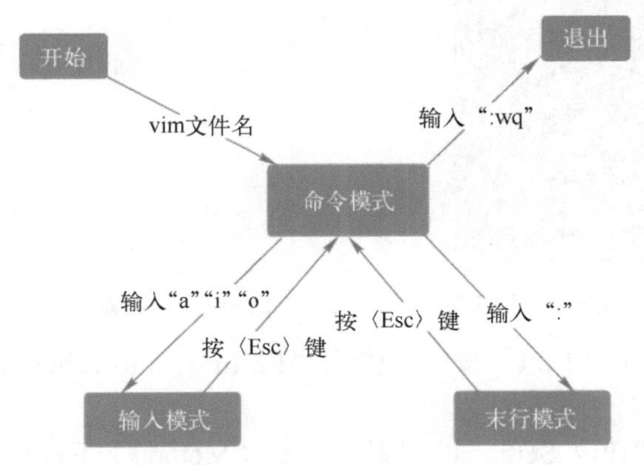

图 2-11　vim 工作模式之间的切换

2.1.6 网络配置

1）打开虚拟网络编辑器进行配置，此时需要加载几秒钟，虚拟网络编辑器如图 2-12 所示。

2）选择“VMnet8”，再单击“NAT 设置”按钮，弹出“NAT 设置”对话框，如图 2-13 所示，在对话框中可以查看网络、子网 IP 地址、子网掩码等内容。

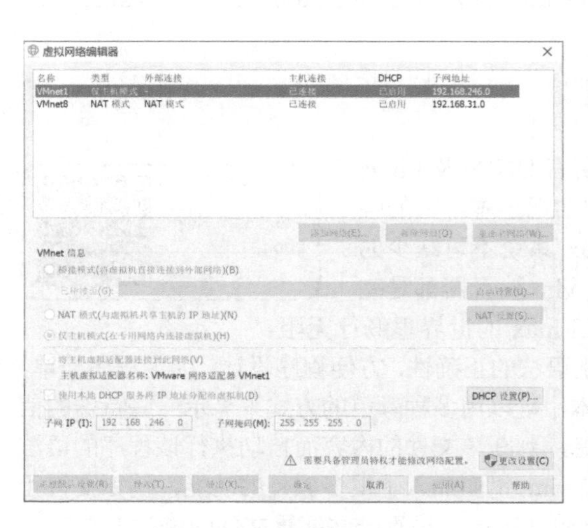

图 2-12 虚拟网络编辑器

图 2-13 “NAT 设置”对话框

3）在虚拟机的右上角单击图标，在弹出的下拉菜单中单击“Edit Connections...”（编辑连接）选项，如图 2-14 所示，弹出如图 2-15 所示的“Network Connections”对话框。

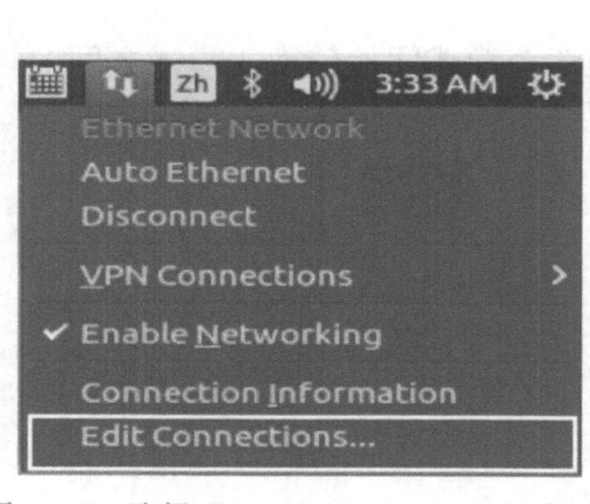

图 2-14 选择“Edit Connections...”选项

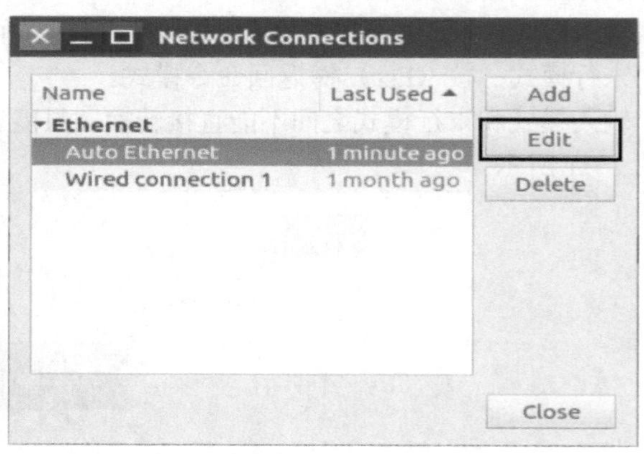

图 2-15 “Network Connections”对话框

4）单击图 2-15 中的“Edit”按钮，弹出“Editing Auto Ethernet”对话框，如图 2-16 所示。

在图 2-16 中选择“IPv4 Settings”选项卡，在“Method”下拉列表框中选择“Manual”选项，单击“Add”按钮，即可在出现的“Addresses”列表框中输入地址信息。

5）配置完成后单击“Save”按钮实现配置信息保存。

图 2-16 “Editing Auto Ethernet”对话框

6）使用“ping www.baidu.com”命令测试配置是否成功，ping 命令执行结果如图 2-17 所示。

```
zlh@ubuntu:~$ ping www.baidu.com
PING www.a.shifen.com (220.181.38.149) 56(84) bytes of data.
64 bytes from 220.181.38.149: icmp_seq=1 ttl=128 time=24.9 ms
64 bytes from 220.181.38.149: icmp_seq=2 ttl=128 time=23.0 ms
64 bytes from 220.181.38.149: icmp_seq=3 ttl=128 time=23.8 ms
64 bytes from 220.181.38.149: icmp_seq=4 ttl=128 time=22.9 ms
64 bytes from 220.181.38.149: icmp_seq=5 ttl=128 time=22.4 ms
64 bytes from 220.181.38.149: icmp_seq=6 ttl=128 time=23.2 ms
64 bytes from 220.181.38.149: icmp_seq=7 ttl=128 time=23.2 ms
```

图 2-17 ping 命令执行结果

2.2 Hadoop 配置文件

2.2.1 环境变量的配置

1）通过 vim 进入.bashrc 文件，代码如下。

```
vim  ~/.bashrc
```

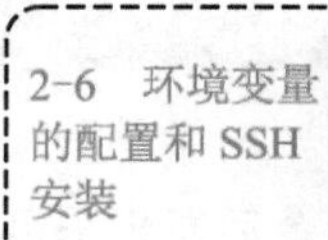

2）在.bashrc 文件末尾将 JAVA_HOME 和 HADOOP_HOME 分别指向 JDK 和 Hadoop 的解压位置，配置文件内容如图 2-18 所示。

3）执行 source 命令使添加的环境变量配置生效，代码如下。

```
source ~/.bashrc
```

4）通过 hadoop version 命令来确定是否成功配置环境变量，命令执行结果如图 2-19 所示。

```
# .bashrc

# User specific aliases and functions

alias rm='rm -i'
alias cp='cp -i'
alias mv='mv -i'

# Source global definitions
if [ -f /etc/bashrc ]; then
        . /etc/bashrc
fi
export JAVA_HOME=/usr/local/src/jdk
export PATH=:$JAVA_HOME/bin:$PATH
export HADOOP_HOME=/usr/local/src/hadoop
export PATH=:$HADOOP_HOME/bin:$HADOOP_HOME/sbin:$PATH
```

图 2-18　配置环境变量

```
[root@master ~]# hadoop version
Hadoop 2.6.0
Subversion https://git-wip-us.apache.org/repos/asf/hadoop.git -r e3496499ecb8d220fba99d
c5ed4c99c8f9e33bb1
Compiled by jenkins on 2014-11-13T21:10Z
Compiled with protoc 2.5.0
From source with checksum 18e43357c8f927c0695f1e9522859d6a
This command was run using /usr/local/src/hadoop/share/hadoop/common/hadoop-common-2.6.
0.jar
```

图 2-19　hadoop version 命令执行结果

2.2.2　SSH 安装

在 Linux 中 SSH 是常用的工具，通过 SSH 客户端可以连接到运行 SSH 服务器的远程机器上，这样就可以通过 SSH 来远程控制计算机或者服务器。SSH 协议的优点是数据传输是加密的，可以防止信息泄露，而且数据传输是压缩的，可以提高传输速度。

服务器启动时产生一个密钥（768bit 公钥），本地的 SSH 客户端发送连接请求到 SSH 服务器，服务器检查连接点客户端发送的数据和 IP 地址，确认合法后发送密钥（768bit）给客户端，此时客户端将本地私钥（256bit）和服务器的公钥（768bit）结合成密钥对 key（1024bit），发回给服务器端，建立连接通过 key-pair 数据传输。

通过以下步骤实现 SSH 服务的安装。

1. 查看是否安装了 SSH

通过 ps -aux|grep ssh 命令来查看有没有 SSH 进程，执行结果如图 2-20 所示。

```
hadoop@ubuntuing:~$ ps -aux|grep ssh
hadoop      2858  0.0  0.0  21312   968 pts/1    S+   15:27   0:00 grep --color=auto ssh
```

图 2-20　ps 命令执行结果

执行命令后发现只匹配到了 grep ssh 进程，现在系统里面并没有与 SSH 相关的进程，表示当前的机器并没有安装 SSH 服务。

2. 安装 SSH 服务端

使用 sudo apt install openssh-server 命令来安装 SSH，安装过程中会提示“您希望继续执行吗？”，输入“Y”即可，安装过程如图 2-21 所示。

```
hadoop@ubuntuing:~$ sudo apt install openssh-server
[sudo] hadoop 的密码:
正在读取软件包列表... 完成
正在分析软件包的依赖关系树
正在读取状态信息... 完成
将会同时安装下列软件:
  ncurses-term openssh-client openssh-sftp-server ssh-import-id
建议安装:
  ssh-askpass libpam-ssh keychain monkeysphere rssh molly-guard
下列【新】软件包将被安装:
  ncurses-term openssh-server openssh-sftp-server ssh-import-id
下列软件包将被升级:
  openssh-client
升级了 1 个软件包，新安装了 4 个软件包，要卸载 0 个软件包，有 278 个软件包未被升级。
需要下载 633 kB/1,223 kB 的归档。
解压缩后会消耗 5,140 kB 的额外空间。
您希望继续执行吗? [Y/n] y
43% [执行中]
```

图 2-21 SSH 安装过程

等待安装完成，完成结果如图 2-22 所示。

```
Creating SSH2 ED25519 key; this may take some time ...
256 SHA256:/X2PbbX2WgaUzhREF2RkahRItCpKLRVimnO4535xNs0 root@ubuntuing (ED25519)
正在设置 ssh-import-id (5.5-0ubuntu1) ...
正在处理用于 systemd (229-4ubuntu21.16) 的触发器 ...
正在处理用于 ureadahead (0.100.0-19) 的触发器 ...
正在处理用于 ufw (0.35-0ubuntu2) 的触发器 ...
hadoop@ubuntuing:~$
```

图 2-22 SSH 安装完成结果

3. 登录测试

安装完成后，可以通过 ssh localhost 命令测试是否连接到本机，如图 2-23 所示。

```
hadoop@ubuntuing: ~
hadoop@ubuntuing:~$
hadoop@ubuntuing:~$ ssh localhost
The authenticity of host 'localhost (127.0.0.1)' can't be established.
ECDSA key fingerprint is SHA256:fFPAVvFzI7Z3obUxAw1+VWoTXuUnceaGSzfJfrtEmak.
Are you sure you want to continue connecting (yes/no)? yes
Warning: Permanently added 'localhost' (ECDSA) to the list of known hosts.
hadoop@localhost's password:
Welcome to Ubuntu 16.04.6 LTS (GNU/Linux 4.15.0-45-generic x86_64)

 * Documentation:  https://help.ubuntu.com
 * Management:     https://landscape.canonical.com
 * Support:        https://ubuntu.com/advantage
```

图 2-23 ssh 命令执行结果

如图 2-23 所示，方框 1 是 SSH 首次登录提示。方框 2 是提示输入 SSH 目标机器的密码。密码验证通过后就说明登录成功了。这时，输入密码就可以登录到目标机器了。

4. 配置无密码登录

为了后续操作无须输入密码，可以配置免密码登录，也就是将本机的公钥加到目标机器的授权文件中。本机的公钥在~/.ssh 中，上传到目标机器的.ssh/authorized_keys 中。本机的私钥和公钥可以通过 ssh-keygen -t rsa 命令来生成，按照提示一直按〈Enter〉键即可，如图 2-24 所示。

从图 2-24 可以看出，已经成功生成了 id_rsa 私钥文件和 id_rsa.pub 公钥文件。 因为此时要测试的目标机器就是本机，所以需要将本机的公钥文件放到本机的 authorized_keys 授权文件中，但从图 2-24 来看，并没有这个文件，这是因为还没有用过这个文件，所以还没有生成，手动生成一个就行。使用 cat id_rsa.pub >> authorized_keys 命令来将本机公钥 id_rsa.pub 的内容追加到本机授权文件 authorized_keys 中，如图 2-25 所示。

从图 2-25 可以看出，本机的授权文件和公钥文件大小是一样的，因为此时授权文件中只有自己的公钥。如果其他机器想要免密码登录到本机，则将其公钥追加到本机的授权文件中即可。注意，是追加，而不是覆盖。如果覆盖掉其他机器的公钥，其他机器将不能再登录到本机。此时，测试一下免密码登录是否可用，如图 2-26 所示。

```
hadoop@ubuntuing:~/.ssh$ ssh-keygen -t rsa
Generating public/private rsa key pair.
Enter file in which to save the key (/home/hadoop/.ssh/id_rsa):
Enter passphrase (empty for no passphrase):
Enter same passphrase again:
Your identification has been saved in /home/hadoop/.ssh/id_rsa.
Your public key has been saved in /home/hadoop/.ssh/id_rsa.pub.
The key fingerprint is:
SHA256:SMmd2T+AZzcKsE7yPeIme7E1D7p0txbDBp6yKGRdVbA hadoop@ubuntuing
The key's randomart image is:
+---[RSA 2048]----+
...
+----[SHA256]-----+
hadoop@ubuntuing:~/.ssh$ ls
id_rsa  id_rsa.pub  known_hosts
hadoop@ubuntuing:~/.ssh$
```

图 2-24　ssh-keygen 命令执行结果

```
hadoop@ubuntuing:~/.ssh$
hadoop@ubuntuing:~/.ssh$ cat id_rsa.pub >> authorized_keys
hadoop@ubuntuing:~/.ssh$ ll
总用量 24
drwx------  2 hadoop hadoop 4096 10月 18 16:00 ./
drwxr-xr-x 18 hadoop hadoop 4096 10月 18 15:38 ../
-rw-rw-r--  1 hadoop hadoop  398 10月 18 16:00 authorized_keys
-rw-------  1 hadoop hadoop 1679 10月 18 15:50 id_rsa
-rw-r--r--  1 hadoop hadoop  398 10月 18 15:50 id_rsa.pub
-rw-r--r--  1 hadoop hadoop  222 10月 18 15:38 known_hosts
hadoop@ubuntuing:~/.ssh$
```

图 2-25　cat 命令执行结果

```
hadoop@ubuntuing:~/.ssh$
hadoop@ubuntuing:~/.ssh$ ssh localhost
Welcome to Ubuntu 16.04.6 LTS (GNU/Linux 4.15.0-45-generic x86_64)

 * Documentation:  https://help.ubuntu.com
 * Management:     https://landscape.canonical.com
 * Support:        https://ubuntu.com/advantage

283 个可升级软件包。
208 个安全更新。

有新版本"18.04.3 LTS"可供使用
运行"do-release-upgrade"来升级到新版本。

Last login: Fri Oct 18 15:38:37 2019 from 127.0.0.1
hadoop@ubuntuing:~$ exit
注销
Connection to localhost closed.
hadoop@ubuntuing:~/.ssh$
```

图 2-26　免密码登录成功

从图 2-26 可以看出，使用 SSH 命令登录，系统不再要求提供密码。这是因为机器的公钥已经保存在目标机器（这里还是本机）的授权文件中了。

至此，SSH 的安装及免密就设置完成了。

2.2.3　core-site.xml 配置文件

core-site.xml 配置文件主要用于指定 namenode 的位置。Hadoop.tmp.dir 是 Hadoop 文件系统依赖的基础配置，很多路径都依赖它。如果 hdfs-site.xml 中不配置 NameNode 和 DataNode 的存放位置，则默认放在 core-site.xml 指定的 namenode 位置。core-site.xml 文件中的属性名称及作用如表 2-2 所示。

表 2-2　core-site.xml 文件中的属性名称及作用

属性名称	作用
fs.default.name	缺省的文件 URI 标识设定
fs.defaultFS	指定 NameNode URI
hadoop.tmp.dir	指定 Hadoop 临时目录

使用 cd 命令进入 usr/local/src/hadoop/etc/hadoop 目录，使用 ls 命令可以查看当前目录存在的文件和目录，命令执行结果如图 2-27 所示。

在终端输入 vim core-site.xml 命令补全 core-site.xml 文件中的缺省参数，补全后的 core-site.xml 文件的内容如图 2-28 所示。

```
[root@master hadoop]# cd /usr/local/src/hadoop/etc/hadoop
[root@master hadoop]# ls
capacity-scheduler.xml      httpfs-env.sh               mapred-env.sh
configuration.xsl           httpfs-log4j.properties     mapred-queues.xml.template
container-executor.cfg      httpfs-signature.secret     mapred-site.xml
core-site.xml               httpfs-site.xml             slaves
hadoop-env.cmd              kms-acls.xml                ssl-client.xml.example
hadoop-env.sh               kms-env.sh                  ssl-server.xml.example
```

图 2-27　cd 和 ls 命令执行结果

```
19 <configuration>
20         <property>
21                 <name>fs.default.name</name>
22                 <value>hdfs://master:9000</value>
23         </property>
24         <property>
25                 <name>fs.defultFS</name>
26                 <value>hdfs://master:9000</value>
27         </property>
28         <property>
29                 <name>hadoop.tmp.dir</name>
30                 <value>/usr/local/src/hadoop</value>
31         </property>
32 </configuration>
```

图 2-28　core-site.xml 文件内容

2.2.4　hdfs-site.xml 配置文件

hdfs-site.xml 配置文件主要用于增加 hdfs 配置信息（namenode、datanode 端口和目录位置）和 hdfs-site.xml 文件中包含的信息，如复制数据的值、名称节点的路径、本地文件系统的数据节点的路径。hdfs-site.xml 文件中的属性名称及作用如表 2-3 所示。

表 2-3　hdfs-site.xml 文件中的属性名称及作用

属性名称	作用
dfs.replication	指定数据冗余份数
dfs.name.dir	存储在本地的名字节点数据镜像的目录，作为名字节点的冗余备份
dfs.data.dir	数据节点的块本地存放目录

在终端输入 vim hdfs-site.xml 命令补全 hdfs-site.xml 文件中的缺省参数，hdfs-site.xml 文件内容如图 2-29 所示。

```
17 <!-- Put site-specific property overrides in this file. -->
18
19 <configuration>
20         <property>
21                 <name>dfs.replication</name>
22                 <value>1</value>
23         </property>
24         <property>
25                 <name>dfs.name.dir</name>
26                 <value>/usr/local/src/hadoop/name</value>
27         </property>
28         <property>
29                 <name>dfs.data.dir</name>
30                 <value>/usr/local/src/hadoop/data</value>
31         </property>
32 </configuration>
```

图 2-29　hdfs-site.xml 文件内容

2.2.5　Hadoop 伪分布式运行实例

Hadoop 可以在单节点上以伪分布式的方式运行，Hadoop 进程以分离的 Java 进程来运行，节点既作为 NameNode 也作为 DataNode，同时，读取的是 HDFS 中的文件。伪分布式需要修改 core-site.xml 和 hdfs-site.xml 两个配置文件。Hadoop 的配置文件是 xml 格式，每个配置都会以声明 property 的 name 和 value 的方式来实现。通过以下步骤实现 Hadoop 伪分布式的配置。

1．修改 Hadoop-env.sh 文件

使用 vim　/usr/local/src/hadoop/etc/hadoop/hadoop-env.sh 命令打开 hadoop-env.sh 文件，单击“i”进入文件的编辑状态，将文件中的“export JAVA_HOME={$JAVA_HOME}”修改为“export JAVA_HOME=/usr/local/src/jdk”，修改后的 hadoop-env.sh 文件内容如图 2-30 所示。

2．格式化 Hadoop

第一次运行 Hadoop 分布式需要使用 hdfs namenode -format 命令来格式化 Hadoop 配置的 NameNode，命令执行结果如图 2-31 所示。

```
# The java implementation to use.
export JAVA_HOME=/usr/local/src/jdk

# The jsvc implementation to use. Jsvc is required to run secure datanodes
# that bind to privileged ports to provide authentication of data transfer
# protocol.  Jsvc is not required if SASL is configured for authentication of
# data transfer protocol using non-privileged ports.
#export JSVC_HOME=${JSVC_HOME}

export HADOOP_CONF_DIR=${HADOOP_CONF_DIR:-"/etc/hadoop"}

# Extra Java CLASSPATH elements.  Automatically insert capacity-scheduler.
for f in $HADOOP_HOME/contrib/capacity-scheduler/*.jar; do
  if [ "$HADOOP_CLASSPATH" ]; then
    export HADOOP_CLASSPATH=$HADOOP_CLASSPATH:$f
  else
    export HADOOP_CLASSPATH=$f
  fi
done
```

图 2-30　修改后的 hadoop-env.sh 文件内容

```
20/08/14 20:20:00 INFO namenode.NNConf: XAttrs enabled? true
20/08/14 20:20:00 INFO namenode.NNConf: Maximum size of an xattr: 16384
Re-format filesystem in Storage Directory /usr/local/src/hadoop/name ? (Y or N) Y
20/08/14 20:20:02 INFO namenode.FSImage: Allocated new BlockPoolId: BP-287141637-127.0.
0.1-1597461602618
20/08/14 20:20:02 INFO common.Storage: Storage directory /usr/local/src/hadoop/name has
 been successfully formatted.
20/08/14 20:20:02 INFO namenode.NNStorageRetentionManager: Going to retain 1 images wit
h txid >= 0
20/08/14 20:20:02 INFO util.ExitUtil: Exiting with status 0
20/08/14 20:20:02 INFO namenode.NameNode: SHUTDOWN_MSG:
/************************************************************
SHUTDOWN_MSG: Shutting down NameNode at localhost/127.0.0.1
************************************************************/
[root@master ~]#
```

图 2-31　format 格式化命令执行结果

3．启动 Hadoop 服务

执行 start-all.sh 命令启动 Hadoop 服务，执行结果如图 2-32 所示。

Hadoop 服务启动成功后，使用 jps 命令查看启动的进程，如图 2-33 所示。

```
[root@master hadoop]# start-all.sh
This script is Deprecated. Instead use start-dfs.sh and start-yarn.sh
Starting namenodes on [master]
root@master's password:
root@master's password: master: Permission denied, please try again.

master: namenode running as process 13719. Stop it first.
root@master's password:
master: datanode running as process 13845. Stop it first.
hadStarting secondary namenodes [0.0.0.0]
```

图 2-32　start-all.sh 命令启动结果

```
[root@master hadoop]# jps
13845 DataNode
14102 Jps
13719 NameNode
13994 SecondaryNameNode
```

图 2-33　jps 命令执行结果

4. 查看运行结果

在火狐或者谷歌浏览器的地址栏输入“http://localhost:50070”和“http://localhost:8088”，打开 Hadoop 的 web 管理界面查看 Hadoop 的运行结果，如图 2-34 和图 2-35 所示。

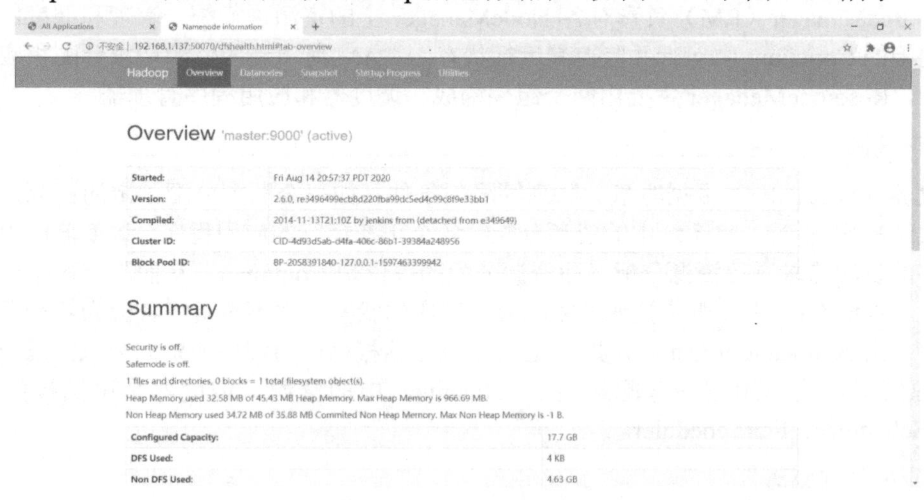

图 2-34　http://localhost:50070页面

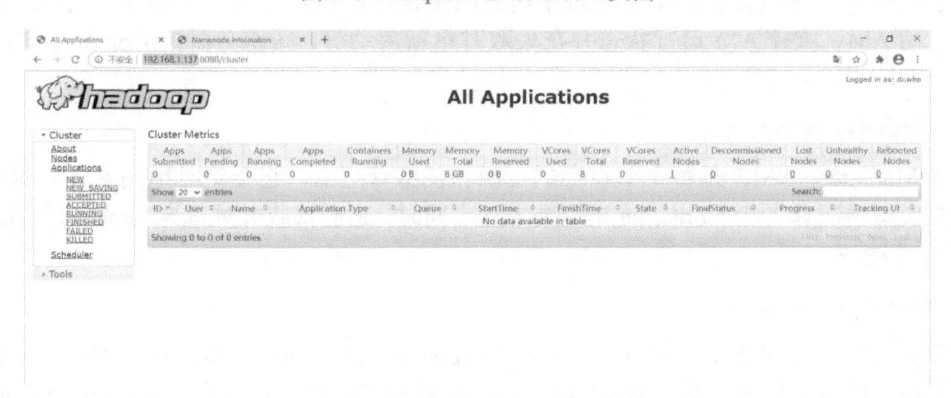

图 2-35　“http://localhost:8088”页面

2.3 YARN 认知

2.3.1 初识 YARN

YARN 的诞生：Hadoop 1.x 版本 JobTracker 的作用是资源管理和任务调度，当存在多个计算框架时，就会存在资源竞争，不便于管理。此时就需要一个公共的资源管理模块，这就产生了 YARN。

2-9　初识 YARN 和 YARN 基本服务组件

Hadoop 2.x 上的 MapReduce 是基于 YARN 的，YARN 支持多个计算框架，例如 MapReduce 和 Spark，YARN 上的每一个 NodeManager 都与每一个 DataNode 对应。

2.3.2 YARN 基本服务组件

1. ResourceManager

ResourceManager（RM）负责对各 NodeManager 上的资源进行统一管理和调度。将 AM 分配到空闲的 Container 中运行并监控其运行状态。对 AM 所申请的资源请求分配相应的空闲 Container。ResourceManager 主要由两个组件构成：调度器和应用程序管理器。

2. 调度器

调度器（Scheduler）根据容量、队列等限制条件（如每个队列分配一定的资源，最多执行一定数量的作业等），将系统中的资源分配给各个正在运行的应用程序。调度器仅根据各个应用程序的资源需求进行资源分配，而资源分配的单位是 Container，从而限定每个任务使用的资源量。Scheduler 不负责监控或者跟踪应用程序的状态，也不负责任务因为各种原因而需要的重启（由 ApplicationMaster 负责）。总之，调度器根据应用程序的资源要求，以及集群机器的资源情况，为应用程序分配封装在 Container 中的资源。调度器是可插拔的，例如 CapacityScheduler、FairScheduler。

3. 应用程序管理器

应用程序管理器负责管理整个系统中所有应用程序，包括应用程序提交、与调度器协商资源以启动 AM、监控 AM 运行状态并在失败时重新启动等，跟踪分配的 Container 的进度和状态也是其职责。

4. NodeManager

NodeManager（NM）是每个节点上的资源和任务管理器，它会定时地向 RM 汇报本节点上的资源使用情况和各个 Container 的运行状态；同时，它会接收并处理来自 AM 的 Container 启动/停止等请求。

5. ApplicationMaster

用户提交的应用程序均会包含一个 ApplicationMaster（AM），负责应用的监控、跟踪应用执行状态、重启失败任务等。ApplicationMaster 是应用框架，它负责向 ResourceManager 协调资源，并且与 NodeManager 协同工作完成 Task 的执行和监控。MapReduce 就是原生支持的一种框架，可以在 YARN 上运行 MapReduce 作业。有很多分布式应用都开发了对应的应用程序框架，用于在 YARN 上运行任务，例如 Spark、Storm 等。如果需要，也可以自己写一个符合规范的 YARN application。

6. Container

Container 是 YARN 中的资源抽象，它封装了某个节点上的多维度资源，如内存、CPU、磁盘、网络等，当 AM 向 RM 申请资源时，RM 为 AM 返回的资源便是用 Container 表示的。YARN 会为每个任务分配一个 Container 且该任务只能使用该 Container 中描述的资源。

2.3.3 YARN 执行过程

2-10 YARN 执行过程

集群中所有节点的资源（内存、CPU、磁盘、网络等）抽象

为 Container。计算框架在调用资源进行运算任务时，需要向 YARN 申请 Container，YARN 则会按照特定的策略对资源进行调度，实现 Container 的分配。

YARN 使用了轻量级资源隔离机制 Cgroups 进行资源隔离以避免相互干扰，一旦 Container 使用的资源量超过事先定义的上限值，就将其杀死。

YARN 将 MR（MapReduce）中资源管理和作业调度两个功能分开，分别由 ResourceManager 和 ApplicationMaster 进程来实现。

1）ResourceManager：负责整个集群的资源管理和调度。

2）ApplicationMaster：负责应用程序相关事务，比如任务调度、任务监控和容错等。

YARN 的执行过程如图 2-36 所示（为了方便，图中将 ApplicationMaster 简记为 AppMaster），包含 8 个步骤。

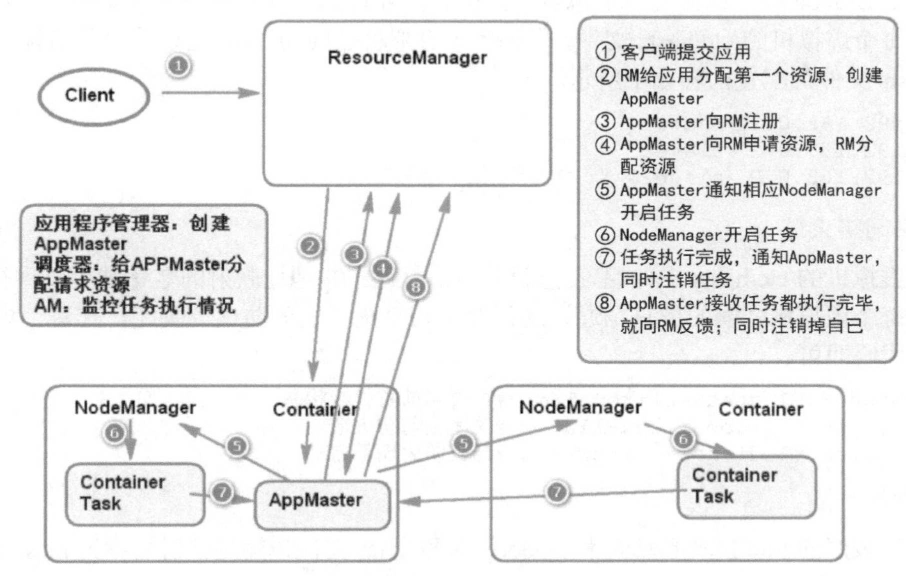

图 2-36　YARN 的执行过程

① 用户向 YARN 中提交应用程序。

② ResourceManager 为应用程序分配第一个 Container，要求它在这个 Container 中启动应用程序的 ApplicationMaster。

③ ApplicationMaster 向 ResourceManager 注册，目的是让用户可以直接通过 ResourceManager 查看应用程序的运行状态，然后为各个任务申请资源，并监控各个任务的运行状态，直到运行结束。

④ ApplicationMaster 向 ResourceManager 的调度器（scheduler）申请和领取资源（通过 RPC 协议）。

⑤ ApplicationMaster 申请到资源后，便与对应的 NodeManager 进行通信，要求 NodeManager 启动任务。

⑥ NodeManager 启动任务。

⑦ 各个任务向 ApplicationMaster 汇报自己的状态和进度（通过 RPC 协议），让 ApplicationMaster 掌握各个任务的运行状态，从而可以在任务失败时重新启动任务。

⑧ 应用程序运行完成后，ApplicationMaster 向 ResourceManager 反馈并注销掉自己。

项目实现

任务 1　部署前准备

操作系统：Ubuntu

虚拟机：VMware

在 VMware 中安装好一台 Ubuntu 虚拟机后，导出或者克隆出另外两台虚拟机。选择虚拟机的“网络设置”→“连接方式”设置为“桥接网卡”，保证虚拟机的 IP 地址和主机的 IP 地址在同一个 IP 地址段，这样几个虚拟机和主机之间才可以相互通信。

配置每个虚拟机的/etc/hosts 文件，保证各个虚拟机之间通过 IP 地址映射的名称可以互相通信，hosts 文件的配置内容如下所示。

```
192.168.0.1  master
192.168.0.2  slave1
192.168.0.3  slave2
```

1. 关闭防火墙

每个虚拟机的/etc/hosts 文件配置完成后，通过配置 IP 地址映射的名称就可以进行访问，为了保证每个虚拟机之间的信息畅通，还需要将每个虚拟机的防火墙关闭，在每个虚拟机上执行如下代码即可。

```
systemctl status firewalld  #查看当前防火墙状态
systemctl stop firewalld    #关闭当前防火墙
systemctl disable firewalld #开机防火墙不启动
```

2. 文件传输

使用安装好的 FileZilla 把 JDK 和 Hadoop 这两个 tar 文件传输到映射名称为 master 虚拟机的/usr/local/src 目录。

3. 解压文件并更名

使用 cd 命令进入到/usr/local/src 目录，解压 JDK 和 Hadoop 到当前目录，并修改 JDK 和 Hadoop 解压后的文件名称，如图 2-37 所示。

```
[root@master ~]# cd /usr/local/src
[root@master src]# tar -zxvf jdk-8u231-linux-x64.tar.gz /usr/local/src_
 [root@master src]# tar -zxvf hadoop-2.5.0.tar.gz /usr/local/src_
[root@master src]# mv jdk1.8.0_231 jdk
[root@master src]# mv hadhhp-2.5.0 hadoop
```

图 2-37　解压文件并更名

4. 配置环境变量

使用 vim 命令打开~/.bashrc 文件，单击“i”进入~/.bashrc 文件的修改模式，在文件中添加 JDK 和 Hadoop 环境变量的配置内容，修改内容如图 2-38 所示。

5. 刷新环境变量

环境变量配置成功后并不能立即生效，需要使用 source 命令刷新环境变量配置文件，具体命令如下。

```
source  ~/.bashrc
```

```
[root@master src]# vim ~/.bashrc
# .bashrc

# User specific aliases and functions

alias rm='rm -i'
alias cp='cp -i'
alias mv='mv -i'

# Source global definitions
if [ -f /etc/bashrc ]; then
        . /etc/bashrc
fi
export JAVA_HOME=/usr/local/src/jdk
export PATH=$JAVA_HOME/bin:$PATH
export HADOOP_HOME=/usr/local/src/hadoop
export PATH=$HADOOP_HOME/bin:$HADOOP_HOME/sbin:$PATH
```

图 2-38　.bashrc 文件内容

在命令终端分别输入“java -version”和“hadoop version”两个命令，如果显示出 JDK 和 Hadoop 安装的版本信息，则表示环境变量配置成功，执行结果如图 2-39 所示。

```
[root@master src]# java -version
java version "1.8.0_231"
Java(TM) SE Runtime Environment (build 1.8.0_231-b11)
Java HotSpot(TM) 64-Bit Server VM (build 25.231-b11, mixed mode)
[root@master src]# hadoop version
Hadoop 2.5.0
Subversion http://svn.apache.org/repos/asf/hadoop/common -r 1616291
Compiled by jenkins on 2014-08-06T17:31Z
Compiled with protoc 2.5.0
From source with checksum 423dcd5a752eddd8e45ead6fd5ff9a24
This command was run using /usr/local/src/hadoop/share/hadoop/common/hadoop-common-2.5.0.jar
[root@master src]# _
```

图 2-39　查看 JDK 和 Hadoop 版本

任务 2　集群网络配置

修改虚拟机名称以及 IP 地址映射关系，使用 vim /etc/hosts 命令对 hosts 文件进行编辑，修改 IP 地址和机器名称的映射，如图 2-40 所示。修改完信息以后需要重新启动虚拟机配置信息才能生效。

```
127.0.0.1        localhost
#127.0.1.1       ubuntu
192.168.31.132   ubuntu
```

图 2-40　IP 地址和机器名称映射

任务 3　配置文件的设置

如图 2-41 所示，使用 cd 命令进入 hadoop/etc/hadoop 文件目录。使用 vim hadoop-env.sh 命令修改配置文件 hadoop-env.sh 中第 25 行 JAVA_HOME 的值为 JDK 安装路径，如图 2-42 所示。

```
[root@master src]# cd /usr/local/src/hadoop/etc/hadoop/
[root@master hadoop]# ls
capacity-scheduler.xml      hdfs-site.xml               mapred-site.xml
configuration.xsl           httpfs-env.sh               slaves
container-executor.cfg      httpfs-log4j.properties     ssl-client.xml.example
core-site.xml               httpfs-signature.secret     ssl-server.xml.example
hadoop-env.cmd              httpfs-site.xml             yarn-env.cmd
hadoop-env.sh               log4j.properties            yarn-env.sh
hadoop-metrics2.properties  mapred-env.cmd              yarn-site.xml
hadoop-metrics.properties   mapred-env.sh
hadoop-policy.xml           mapred-queues.xml.template
[root@master hadoop]# _
```

图 2-41　cd 命令执行结果

使用 vim core-site.xml 命令修改配置文件 core-site.xml 的内容，core-site.xml 文件内容如图 2-43 所示。

```
19 # The only required environment variable is JAVA_HO
20 # optional.  When running a distributed configurati
21 # set JAVA_HOME in this file, so that it is correct
22 # remote nodes.
23
24 # The java implementation to use.
25 export JAVA_HOME=/usr/local/src/jdk1.8.0_231
26
27 # The jsvc implementation to use. Jsvc is required
28 # that bind to privileged ports to provide authenti
29 # protocol.  Jsvc is not required if SASL is config
```

图 2-42　hadoop-env.sh 文件内容

```
19 <configuration>
20         <property>
21                 <name>fs.default.name</name>
22                 <value>hdfs://master:9000</value>
23         </property>
24         <property>
25                 <name>fs.defultFS</name>
26                 <value>hdfs://master:9000</value>
27         </property>
28         <property>
29                 <name>hadoop.tmp.dir</name>
30                 <value>/usr/local/src/hadoop</value>
31         </property>
32 </configuration>
```

图 2-43　core-site.xml 文件内容

使用 vim hdfs-site.xml 命令修改配置文件 hdfs-site.xml 的内容，hdfs-site.xml 文件内容如图 2-44 所示。

```
17 <!-- Put site-specific property overrides in this file. -->
18
19 <configuration>
20         <property>
21                 <name>dfs.replication</name>
22                 <value>1</value>
23         </property>
24         <property>
25                 <name>dfs.name.dir</name>
26                 <value>/usr/local/src/hadoop/name</value>
27         </property>
28         <property>
29                 <name>dfs.data.dir</name>
30                 <value>/usr/local/src/hadoop/data</value>
31         </property>
32 </configuration>
```

图 2-44　hdfs-site.xml 文件内容

使用 mv 命令将 mapred-site.xml.template 文件更名为 mapred-site.xml，编辑更名后的 mapred-site.xml 文件。mapred-site.xml 文件内容如图 2-45 所示。

使用 vim yarn-site.xml 命令修改配置文件 yarn-site.xml 的内容，yarn-site.xml 文件内容如图 2-46 所示。

```
19 <configuration>
20         <property>
21                 <name>mapreduce.framework.name</name>
22                 <value>yarn</value>
23         </property>
24 </configuration>
```

图 2-45　mapred-site.xml 文件内容

```
15 <configuration>
16         <property>
17                 <name>yarn.resourcemanager.hostname</name>
18                 <value>master</value>
19         </property>
20         <property>
21                 <name>yarn.nodemanager.aux-services</name>
22                 <value>mapreduce_shuffle</value>
23         </property>
24 </configuration>
```

图 2-46　yarn-site.xml 文件内容

配置文件设置成功后，使用 hdfs namenode -format 命令对 Hadoop 的名称节点进行初始化，初始化结果如图 2-47 所示。

任务 4　集群部署

运行 start-all.sh 的 Shell 命令实现集群的启动，集群启动后输入 jps 命令显示当前系统的进程，如果 NameNode、DataNode、SecondaryNameNode、ResourceManager 和 NodeManager 这 5 个进程全部显示，则表示 Hadoop 集群启动成功，jps 命令显示进程如图 2-48 所示。

使用火狐或者谷歌浏览器输入 http://192.168.1.45:50070 查看集群效果，如图 2-49 所示。

```
20/10/11 19:29:04 INFO namenode.FSDirectory: GLOBAL serial map: bits=24 maxEntries=16777215
20/10/11 19:29:04 INFO util.GSet: Computing capacity for map INodeMap
20/10/11 19:29:04 INFO util.GSet: VM type       = 64-bit
20/10/11 19:29:04 INFO util.GSet: 1.0% max memory 889 MB = 8.9 MB
20/10/11 19:29:04 INFO util.GSet: capacity      = 2^20 = 1048576 entries
20/10/11 19:29:04 INFO namenode.FSDirectory: ACLs enabled? false
20/10/11 19:29:04 INFO namenode.FSDirectory: XAttrs enabled? true
20/10/11 19:29:04 INFO namenode.NameNode: Caching file names occurring more than 10 times
20/10/11 19:29:04 INFO snapshot.SnapshotManager: Loaded config captureOpenFiles: falseskipCaptureAccessTimeOnlyChan
ge: false
20/10/11 19:29:04 INFO util.GSet: Computing capacity for map cachedBlocks
20/10/11 19:29:04 INFO util.GSet: VM type       = 64-bit
20/10/11 19:29:04 INFO util.GSet: 0.25% max memory 889 MB = 2.2 MB
20/10/11 19:29:04 INFO util.GSet: capacity      = 2^18 = 262144 entries
20/10/11 19:29:04 INFO metrics.TopMetrics: NNTop conf: dfs.namenode.top.window.num.buckets = 10
20/10/11 19:29:04 INFO metrics.TopMetrics: NNTop conf: dfs.namenode.top.num.users = 10
20/10/11 19:29:04 INFO metrics.TopMetrics: NNTop conf: dfs.namenode.top.windows.minutes = 1,5,25
20/10/11 19:29:04 INFO namenode.FSNamesystem: Retry cache on namenode is enabled
20/10/11 19:29:04 INFO namenode.FSNamesystem: Retry cache will use 0.03 of total heap and retry cache entry expiry
time is 600000 millis
20/10/11 19:29:04 INFO util.GSet: Computing capacity for map NameNodeRetryCache
20/10/11 19:29:04 INFO util.GSet: VM type       = 64-bit
20/10/11 19:29:04 INFO util.GSet: 0.029999999329447746% max memory 889 MB = 273.1 KB
20/10/11 19:29:04 INFO util.GSet: capacity      = 2^15 = 32768 entries
20/10/11 19:29:04 INFO namenode.FSImage: Allocated new BlockPoolId: BP-11871807-192.168.137.151-1602415744537
20/10/11 19:29:04 INFO common.Storage: Storage directory /opt/module/hadoop-2.9.2/data/tmp/dfs/name has been succes
sfully formatted.
20/10/11 19:29:04 INFO namenode.FSImageFormatProtobuf: Saving image file /opt/module/hadoop-2.9.2/data/tmp/dfs/name
/current/fsimage.ckpt_0000000000000000000 using no compression
20/10/11 19:29:04 INFO namenode.FSImageFormatProtobuf: Image file /opt/module/hadoop-2.9.2/data/tmp/dfs/name/curren
t/fsimage.ckpt_0000000000000000000 of size 323 bytes saved in 0 seconds .
20/10/11 19:29:04 INFO namenode.NNStorageRetentionManager: Going to retain 1 images with txid >= 0
20/10/11 19:29:04 INFO namenode.NameNode: SHUTDOWN_MSG:
/************************************************************
SHUTDOWN_MSG: Shutting down NameNode at hadoop151/192.168.137
************************************************************/
```

图 2-47 初始化结果

```
[root@master sbin]# jps
10866 NameNode
10982 DataNode
11128 SecondaryNameNode
11275 ResourceManager
11581 Jps
11406 NodeManager
```

图 2-48 jps 命令显示进程

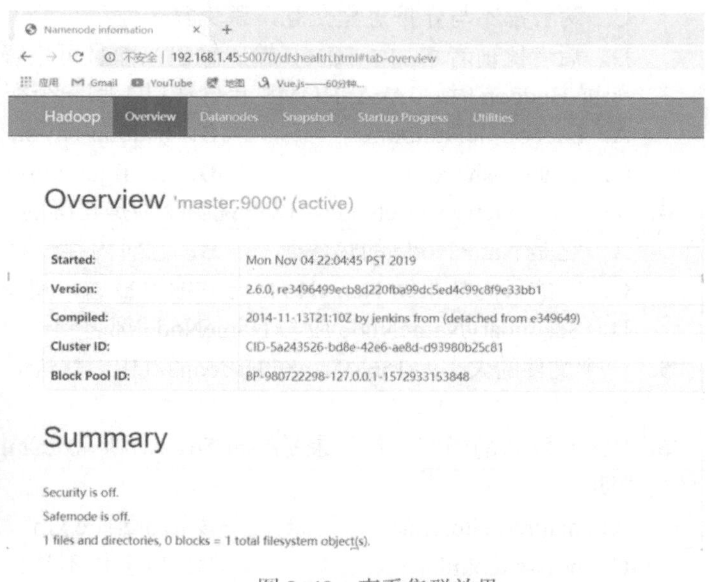

图 2-49 查看集群效果

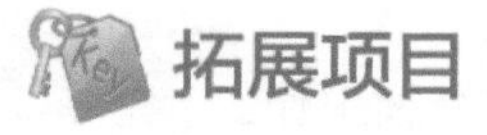

拓展项目

搭建由 5 台虚拟机构成的 Hadoop 集群，其中两台 Master 节点（一台为活动状态 active，另一台为备用状态 standby）为集群管理节点，3 台 Slave 节点用于数据存储。IP 地址和主机名分别由用户自行设定，其中 IP 地址根据用户的机器 IP 地址值自行修改。

```
192.168.202.101 master001
192.168.202.102 master002
192.168.202.201 slave001
192.168.202.202 slave002
192.168.202.203 slave003
```

课后练习

一、选择题

1．NameNode 在启动时会自动进入安全模式，在安全模式阶段，以下说法错误的是（　　）。

A．安全模式目的是在系统启动时检查各个 DataNode 上数据块的有效性
B．根据策略对数据块进行必要的复制或删除
C．当数据块最小百分比数满足最小副本数条件时，会自动退出安全模式
D．文件系统允许有修改

2．以下关于 Hadoop 单机模式和伪分布式的说法中正确的是（　　）。

A．两者都启动守护进程，且守护进程运行在一台机器上
B．单机模式不使用 HDFS，但加载守护进程
C．两者都不与守护进程交互，避免复杂性
D．后者比前者增加了 HDFS 输入输出，而且可检查内存使用情况

3．配置 Hadoop 时，JAVA_HOME 包含在以下哪一个配置文件中？（　　）

A．hadoop-default.xml　　B．hadoop-env.sh
C．hadoop-site.xml　　D．configuration.xsl

4．关于 SecondaryNameNode，以下说明哪项是正确的？（　　）

A．它是 NameNode 的热备　　B．它对内存没有要求
C．它的目的是帮助 NameNode 合并编辑日志，减少 NameNode 启动时间
D．SecondaryNameNode 应与 NameNode 部署到一个节点

5．一个文件的大小为 156MB，在 Hadoop2.0 中，默认情况下其占用（　　）个 Block。

A．1　　B．2　　C．3　　D．4

6．HDFS 默认的当前工作目录是/user/$user，则 fs.default.name 的值需要在以下哪个配置文件内说明？（　　）

A．mapred-site.xml　　B．core-site.xml
C．hdfs-site.xml　　D．以上均不是

二、判断题

1．Block Size 是不可以修改的。
2．如果 NameNode 意外终止，SecondaryNameNode 会接替它使集群继续工作。
3．Hadoop 支持数据的随机读写。
4．NameNode 负责管理 metadata，client 端每次读写请求，它都会从磁盘中读取或者写入 metadata 信息并反馈给 client 端。

三、问答题

1．启动 Hadoop 系统，当使用 bin/start-all.sh 命令启动时，请给出集群各进程的启动顺序。
2．列出 Hadoop 的进程名，它们的作用分别是什么？

项目 3　HDFS-电影信息管理

学习目标：

- ✧ 了解什么是 HDFS
- ✧ 了解 HDFS 的特点
- ✧ 掌握 HDFS 常用 Shell 命令
- ✧ 掌握 HDFS 读取和写入 API
- ✧ 掌握 HDFS 读写流程

思维导图：

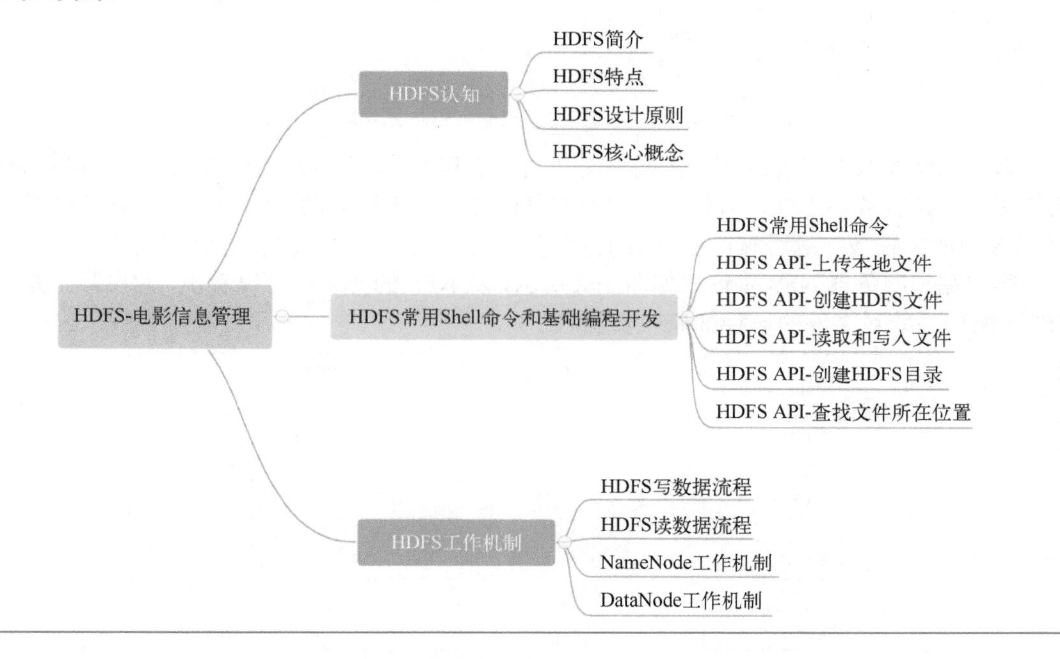

近年来随着电影行业的快速发展，需要处理的电影信息日趋增多。为了提高电影记录管理的水平，优化资源，尽可能地降低管理成本，形成了电影信息管理。电影信息管理是从电影的现状出发，根据电影记录管理的新要求进行开发设计，它解决了电影记录管理数据信息量大、修改不方便、对一系列数据进行统计与分析所花费时间较长等问题，帮助电影管理人员有效管理电影记录信息。

3.1 HDFS 认知

3.1.1　HDFS 简介

在企业生产环境中，由于单机容量是无法存储大量数据的，于是数据需要跨机器存储，形成分布式存储结构。根据企业生产的需要诞生了分布式文件系统，分布式文件系统是用来统一管理分布在集群上的文件系统的。

传统的网络文件系统（NFS）虽然也称为分布式文件系统，但其存在一些限制。由于 NFS 中的文件是存储在单机上的，因此无法提供可靠性保证。当很多客户端同时访问 NFS Server 时，很容易给服务器带来压力，造成性能瓶颈。NFS 的客户服务器体系结构如图 3-1 所示。

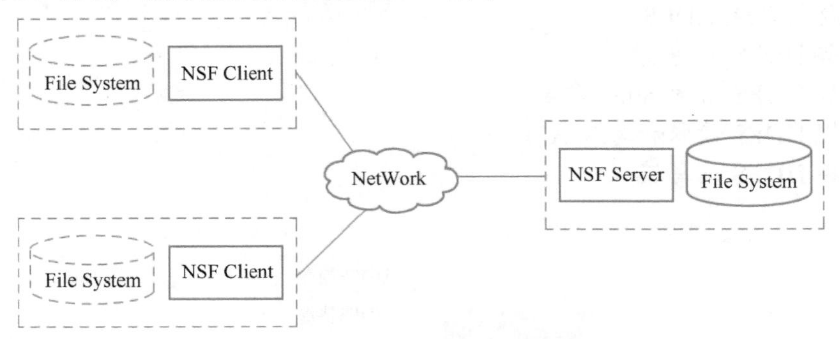

图 3-1 NFS 的客户服务器体系结构

客户端修改 NFS 中的文件，需要将文件先同步到本地，再对同步到本地的文件进行修改，但是在同步到服务端之前，其他客户端对文件的修改是不可见的。因而从某种程度来说，尽管 NFS 中的文件放在远程端的服务器上面，NFS 也并不是一种典型的分布式系统。

客户端和服务器 NFS 协议栈如图 3-2 所示，从 NFS 的协议栈可以看出，它实际上是一种 VFS（操作系统对文件的一种抽象）实现。

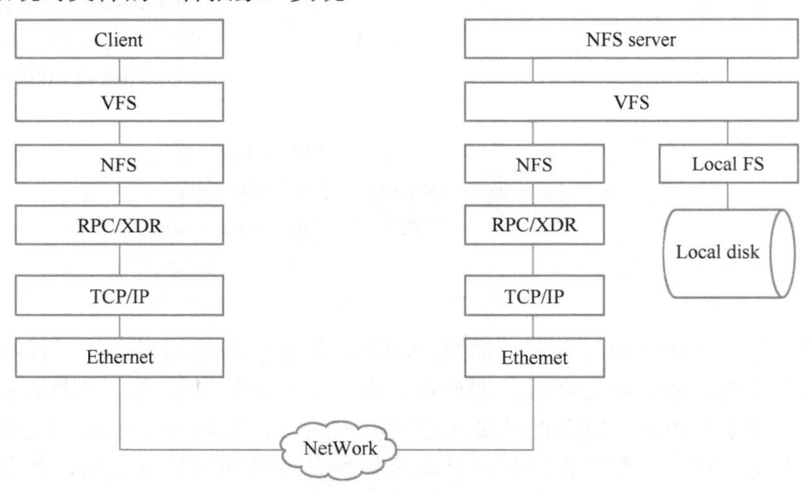

图 3-2 客户端和服务器 NFS 协议栈

作为 GFS 的实现，HDFS（Hadoop Distributed File System，Hadoop 分布式文件系统）是 Hadoop 项目的核心子项目，是分布式计算中数据存储管理的基础，是基于流数据模式访问和处理超大文件的需求而开发的，可以运行于廉价的商用服务器上。它所具有的高容错、高可靠性、高可扩展性、高可用性、高吞吐率等特征为海量数据提供了不怕故障的存储能力，为超大数据集的应用带来了很多便利。

3.1.2 HDFS 特点

HDFS 具有高容错性的特点，并且设计用来部署在低廉的硬件上。而且它提供高吞吐量来访问应用程序的数据，适合那些有着超大数据集的应用程序。HDFS 放宽了 POSIX（Portable Operating System Interface，可移植操作系统接口）的要求，这样可以实现以流的形式访问文件系统中的数据。

1. 高容错性

Hadoop 对硬件的要求比较低，只需运行在低廉的商用硬件集群上，无需昂贵的高可用机器。但是廉价商用机的使用也会导致大型集群出现节点故障情况的概率非常高。这就要求设计 HDFS 时要充分考虑数据的可靠性、安全性及高可用性。HDFS 在实现数据保存的过程中会自动将数据保存为多个副本，当其中的一个副本丢失后会对其进行自动恢复。

2. 处理超大文件

超大文件通常是指 MB、甚至数百 TB 大小的文件。目前，在 Hadoop 的实际应用中，HDFS 已经能用来存储和管理 PB 级的数据。

3. 流式文件访问

HDFS 适用于批量数据的处理，不适用于交互式处理。设计的目标是通过流式的数据访问来保证高吞吐量，但不适合对低延迟用户响应的应用。低延迟用户的访问需求可以选择 HBase。

HDFS 的设计建立在“一次写入、多次读写”任务的基础上。这意味着一个数据集一旦由数据源生成，数据就会被复制分发到不同的存储节点中，HDFS 接收到数据处理请求，在集群中查找数据的存储节点，从存储节点中获取数据。在多数情况下，数据处理任务都会涉及数据集中的大部分数据，也就是说，对 HDFS 来说，请求读取整个数据集要比读取一条记录更加高效。

3.1.3 HDFS 设计原则

3-2 HDFS 设计原则和核心概念

HDFS 在设计之初就有明确的应用场景，适用于什么类型的应用，不适用于什么类型的应用，都拥有一个相对明确的指导原则。

在 Hadoop 的整个框架中，HDFS 是基础，它提供了海量的非结构化的数据存储，提供了文件的创建、删除、读取和写入等 API，对应用者而言，只需操作一个目录构成的树形结构即可。

HDFS 在设计时需要考虑以下 4 个方面。

1）HDFS 将采用大量稳定性差的廉价 PC，使其作为文件存储设备，因此 PC 发生死机或硬盘故障的概率极高。所以 HDFS 应该提供数据多备份、自动检测节点存活和故障机器的自动修复功能。

2）HDFS 存储的一般是大文件，所以要针对大文件的读写做出优化。

3）对于写入数据来说，系统会有大量的追加和读取操作，而很少会有修改操作。

4）在进行数据读取时，大多数操作是顺序读取操作，很少有随机读取操作。

3.1.4 HDFS 核心概念

HDFS 集群由一个元数据节点和若干数据节点组成，元数据节点主要用来管理文件命名空间中的主服务器，数据节点则用来管理对应节点的数据存储。

1. 数据块（Block）

物理磁盘中有块的概念，磁盘的物理数据块是最小的磁盘操作单元，读写操作以数据块为最小单元，一般为 512B。

HDFS 的数据块比一般单机文件系统大得多，默认为 128MB。HDFS 的文件被拆分成块大小的多个分块，作为独立的存储单元。不同于普通的文件系统，如果一个文件小于一个数据块的大小，则不会占用整个数据块的存储空间，只会占据文件的实际大小。例如，如果一个文件大小为 1MB，则在 HDFS 中只会占用 1MB 的空间，而不是 128MB。HDFS 的数据块之所以设置得这么大是为了最小化查找时间，控制定位文件与传输文件所用的时间比例。假设定位到数据块所需的时间为 10ms，磁盘传输速度为 100MB/s。如果要将定位到数据块所用时间占传输时间的比例控制在 1%，则数据块大小需要约 100MB。

但是如果数据块设置得过大，在 MapReduce 任务中，Map 或者 Reduce 任务的个数一旦小于集群机器数量，就会使得作业运行效率变得很低。

2. 元数据节点

NameNode 负责管理分布式文件系统的命名空间，存放文件系统树及所有文件、目录的元数据等信息，保存了两个核心的数据结构，即 FSImage（File System Image，文件系统镜像）和命名空间镜像的编辑日志（Edit Log）。

FSImage 用于维护文件系统树以及文件树中的所有文件和文件夹的元数据，保存着某一特定时刻 HDFS 的目录树、元信息和数据块索引等信息，后续对这些信息的改动，则保存在编辑日志中，它们一起构成了一个完整的元数据节点第一关系。

日志文件中记录了所有对文件的创建、删除、重命名等操作。

通过元数据节点，客户端还可以看到数据块所在的数据节点信息。需要注意的是，元数据节点与数据节点相关的信息并不保留在元数据节点的本地文件系统中，即不保存在命名空间镜像和编辑日志中，元数据节点每次启动时，都会动态地重建这些信息，这些信息构成了元数据节点第二关系。运行时，客户端通过元数据节点获取上述信息，然后和数据节点进行交互，读写文件数据。

另外，元数据节点还能获取 HDFS 整体运行状态的一些信息，如系统的可用空间、已经使用的空间、各数据节点的当前状态等。

3. 数据节点

数据节点是分布式文件系统 HDFS 的工作节点，负责数据的存储和读取操作，它会根据客户端或名称节点的调度来进行数据的存储和检索，并且向名称节点定期发送自己所存储的块的列表。

HDFS 文件系统是 Hadoop 中的一个抽象的文件系统概念，使用 hdfs dfs -ls / 之类的命令可以看到如图 3-3 所示的文件系统目录，但在本地却找不到对应的目录和文件。

```
hadoop@master:/usr/local/hadoop/sbin$ hdfs dfs -ls /
21/05/03 20:48:31 WARN util.NativeCodeLoader: Unable to load native-hadoop libra
ry for your platform... using builtin-java classes where applicable
Found 8 items
-rw-r--r--   3 hadoop supergroup         61 2020-03-27 21:40 /a.txt
-rw-r--r--   3 hadoop supergroup         28 2020-03-27 21:40 /b.txt
-rw-r--r--   3 hadoop supergroup         78 2020-03-27 21:40 /bc.txt
drwxr-xr-x   - hadoop supergroup          0 2020-04-15 01:05 /data
drwxr-xr-x   - hadoop supergroup          0 2020-03-25 22:52 /spark
drwx-wx-wx   - hadoop supergroup          0 2020-04-13 22:25 /tmp
drwxr-xr-x   - hadoop supergroup          0 2020-04-27 22:42 /user
drwxr-xr-x   - hadoop supergroup          0 2020-04-27 22:03 /usr
```

图 3-3　HDFS 文件系统目录

因为这是一个虚拟的文件目录，其数据实际存放在 DataNode 的 data 目录中，data 目录中的内容如图 3-4 所示。

```
hadoop@master:/usr/local/hadoop$ cd ./dfs/data
hadoop@master:/usr/local/hadoop/dfs/data$ cd ./current/
hadoop@master:/usr/local/hadoop/dfs/data/current$ ls
BP-317081112-192.168.0.100-1585145990029  VERSION
hadoop@master:/usr/local/hadoop/dfs/data/current$ ls BP-317081112-192.168.0.100-
1585145990029/
current  scanner.cursor  tmp
hadoop@master:/usr/local/hadoop/dfs/data/current$
```

图 3-4　data 目录中的内容

从图 3-5 所示的树状目录结构中可以更直观地看出 data 目录的结构。

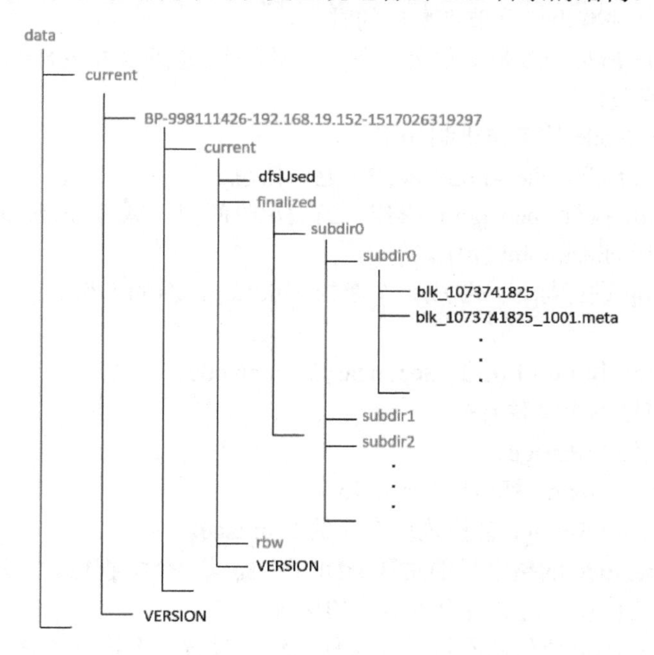

图 3-5　data 树状目录结构

在图 3-5 中可以看到 finalized、rbw 这些目录，其中 finalized 表示已经写好的完整的副本块，rbw 表示正在被写入的副本块。

HDFS 将这些分布在 DataNode 中的数据综合起来映射到一个文件系统中。

4．从元数据节点

元数据管理是在内存中进行的，一旦发生故障，则无法恢复。针对该问题的解决方法是采用 FSImage 和 Edit Log 的方式来持久化数据。[L1]

FSImage 是二进制的序列化文件，它存储在 HDFS 文件系统硬盘中的元数据检查点，里面记录了自最后一次检查点之前 HDFS 文件系统中所有目录和文件的序列化信息。

FSImage 出现故障后，虽然恢复速度很快，但是[L2]HDFS 系统不能每时每刻都记录 FSImage 信息，因为如果记录过于频繁，数量多或者文件大，内存读取速度就会变慢，于是就有了 Edit Log 辅助记录。

Edit Log 保存了自最后一次检查点之后所有针对 HDFS 文件系统的操作，比如增加文件、重命名文件、删除目录等。

Edit Log 记录的是对元数据增、删、改的操作，但是记录过多，日志文件就会变得越来越庞大[L3]。HDFS 系统实现数据恢复时，NameNode 需要读取 FSImage 和 Edit Log 两个文件[L4]，由于日志文件的庞大，数据恢复的速度就会减慢[L5]。

由于 Edit Log 不断增长，在 NameNode 重启时，会造成 NameNode 长时间处于安全模式，即不可用状态。鉴于这个原因，改进的机制是定时将 FSImage 和 Edit Log 合并成新的 FSImage。NameNode 要周期性合并 Edit Log，势必会占用大量资源，所以就出现了一个助手，引入了从元数据节点（Secondary NameNode）。

Secondary NameNode 是 HDFS 架构中的一个重要组成部分，用来保存名称节点中对 HDFS 元数据信息的备份，并减少名称节点重启的时间。

Secondary NameNode 一般是单独运行在一台机器上，定期合并主 NameNode 的 Namespace Image 和 Edit Log 两个文件。

Secondary NameNode 的工作机制如下。

1）定期询问是否需要 checkpoint 操作并返回信息。

2）对 NameNode 执行 checkpoint 操作。当满足时间>1h 或者 Edit Log 日志>64MB 时，会对 NameNode 进行 checkpoint 操作。

3）对原 Edit Log 进行标记，生成一个新的 Edit Log。新的 Edit Log 用来记录合并后的新的元数据操作。

4）复制 FSImage 和 Edit Log 到 Secondary NameNode。

5）在内存中将这两个文件合并。

6）生成一个新的 FSImage。

7）将新生成的 FSImage 复制到 NameNode。

8）使用新生成的 FSImage 替换之前存在的 FSImage。

Secondary NameNode 的整个目的是在 HDFS 中提供一个检查点。它只是 NameNode 的一个助手节点，这也是它被认为是检查点节点的原因。

Secondary NameNode 所做的不过是在文件系统中设置一个检查点来帮助 NameNode 更好地工作。它不会取代 NameNode，也不是 NameNode 的备份。

3.2 HDFS 常用 Shell 命令和基础编程开发

3.2.1 HDFS 常用 Shell 命令

3-3 HDFS 常用 Shell 命令

Hadoop 支持很多 Shell 命令，比如 hadoop fs、hadoop dfs 和 hdfs

dfs 都是 HDFS 最常用的 Shell 命令，用来查看 HDFS 文件系统的目录结构、上传和下载数据、创建文件等。这三个命令既有联系又有区别，3 个命令的说明如下。

- hadoop fs：适用于任何不同的文件系统，比如本地文件系统和 HDFS 文件系统。
- hadoop dfs：只能适用于 HDFS 文件系统。
- hdfs dfs：跟 hadoop dfs 命令的作用一样，也只能适用于 HDFS 文件系统。

统一使用 hdfs dfs 命令对 HDFS 进行操作，其命令的参数及功能如表 3-1 所示。

表 3-1 hdfs dfs 命令及功能列表

命令的参数	功能
hdfs dfs -ls	查看当前目录的文件
hdfs dfs -lsr	递归查看
hdfs dfs -du	查看文件的大小
hdfs dfs -dus	查看文件夹中所有文件的大小
hdfs dfs -count	统计文件、文件夹的数量、大小、总和
hdfs dfs -mv	将文件或目录从 HDFS 的源路径移动到目标路径
hdfs dfs -cp	将文件或目录复制到目标路径，复制时若文件不存在也可以成功
hdfs dfs -rm	删除文件或目录，*代表所有
hdfs dfs -rm -r	递归删除文件和文件夹
hdfs dfs -put	将多个本地目录的文件上传到 hdfs
hdfs dfs -copyFromLocal	等同于 put 本地上传
hdfs dfs -copyToLocal	从 hdfs 复制文件到本地
hdfs dfs -getmerge	将源目录和目标文件作为输入，将 src 中的文件连接到目标本地文件，即把两个文件的内容合并起来
hdfs dfs -moveFromLocal	将源文件从本地移除，并移动到指定目录，移动以后第一个文件被删除
hdfs dfs -cat	查看文件内容
hdfs dfs -setrep	修改文件备份数，如 hdfs dfs -setrep -w 2 -R /路径
hdfs dfs -touchz	创建空白文件
hdfs dfs -mkdir	创建文件夹目录

1. 查看命令使用方法

打开一个终端，首先启动 Hadoop，命令如下（注意，“.”表示 HDFS 中的当前用户目录）。

```
cd /usr/local/Hadoop
./sbin/start-dfs.sh
```

在终端输入 hdfs dfs 命令，查看该命令都支持哪些操作，命令如下。

```
cd /usr/local/Hadoop
./bin/hdfs dfs
```

上述命令执行后，会显示类似如下的结果（这里只列出部分命令）。

```
[-appendToFile ... ]
[-cat [-ignoreCrc] ...]
[-checksum ...]
[-chgrp [-R] GROUP PATH...]
[-chmod [-R] <MODE[,MODE]... | OCTALMODE> PATH...]
[-chown [-R] [OWNER][:[GROUP]] PATH...]
```

```
[-copyFromLocal [-f] [-p] [-l] ... ]
[-copyToLocal [-p] [-ignoreCrc] [-crc] ... ]
[-count [-q] [-h] ...]
[-cp [-f] [-p | -p[topax]] ... ]
[-createSnapshot []]
[-deleteSnapshot ]
[-df [-h] [ ...]]
[-du [-s] [-h] ...]
[-expunge]
[-find ... ...]
[-get [-p] [-ignoreCrc] [-crc] ... ]
[-getfacl [-R] ]
[-getfattr [-R] {-n name | -d} [-e en] ]
[-getmerge [-nl] ]
[-help [cmd ...]]
[-ls [-d] [-h] [-R] [ ...]]
[-mkdir [-p] ...]
[-moveFromLocal ... ]
[-moveToLocal ]
[-mv ... ]
[-put [-f] [-p] [-l] ... ]
```

可以看出，hdfs dfs命令的统一格式类似于“hdfs dfs -ls”这种形式，即在“-”后面跟上具体的操作参数。

使用-help参数可以查看某个命令的作用，例如需要查询put命令的具体用法时，命令如下。

```
./bin/hdfs dfs -help put
```

输出的结果如下。

```
-put [-f] [-p] [-l] ... :
Copy files from the local file system into fs. Copying fails if the file
already exists, unless the -f flag is given.
Flags:
-p Preserves access and modification times, ownership and the mode.
-f Overwrites the destination if it already exists.
-l Allow DataNode to lazily persist the file to disk. Forces replication
factor of 1. This flag will result in reduced durability. Use with care.
```

2. HDFS目录操作

Hadoop系统安装完成以后，第一次使用HDFS时，需要在HDFS中创建用户目录。由于在执行命令时全部采用Hadoop用户登录Linux系统，因此，在HDFS中需要为Hadoop用户创建一个用户目录，命令代码如下。

```
cd /usr/local/Hadoop
./bin/hdfs dfs -mkdir -p /user/Hadoop
```

以上代码的功能是在HDFS中创建一个“/user/Hadoop”目录，“-mkdir”是创建目录的操作，“-p”表示如果是多级目录，则父目录和子目录一起创建，“/user/Hadoop”是一个多级目录，因此必须使用参数“-p”，否则会报错。

“/user/Hadoop”目录创建成功以后便成为Hadoop用户对应的用户目录，使用如下命令显示HDFS中与当前Hadoop用户对应的用户目录下的内容。

```
./bin/hdfs dfs -ls .
```

命令中“-ls”表示列出 HDFS 某个目录下的所有内容，“.”表示 HDFS 中的当前用户目录，也就是“/user/Hadoop”目录，因此，上面的命令和下面的命令是等价的。

```
./bin/hdfs dfs -ls /user/Hadoop
```

使用如下命令列举 HDFS 上的所有目录。

```
./bin/hdfs dfs -ls
```

使用下面的命令在当前目录下面创建一个 input 目录。

```
./bin/hdfs dfs -mkdir input
```

在创建 input 目录时，采用了相对路径形式，实际上，input 目录创建成功以后，它在 HDFS 中的完整路径是“/user/Hadoop/input”。如果要在 HDFS 的根目录下创建一个名称为 input 的目录，则需要在“input”前面加上“/”。

```
./bin/hdfs dfs -mkdir /input
```

使用 rm 命令删除一个目录，使用下面的命令删除刚才在 HDFS 中创建的“/input”目录，注意，此时的“/input”目录不是“/user/Hadoop/input”目录。

```
./bin/hdfs dfs -rm -r /input
```

命令中的“-r”参数表示删除“/input”目录及其子目录下的所有内容，如果要删除的目录包含子目录，则必须使用“-r”参数，否则会执行失败。

3. 文件操作

在实际应用中，经常需要从本地文件系统向 HDFS 上传文件，或者把 HDFS 的文件下载到本地文件系统中。

使用 sudo vim /usr/local/word.txt 命令，在本地 Linux 文件系统的“/usr/local/”目录下创建一个文件 word.txt，在该文件中可以随意输入一些英语单词。

```
hadoop spark
hello hadoop
hello spark
yarn hbase
hive mapreduce
flume flink
hue maven
maven spark
```

（1）上传文件

使用 hdfs dfs -put 命令把本地文件系统的“/usr/local/word.txt”文件上传到 HDFS 的“/user”目录下。

文件上传以后使用 hdfs dfs -ls /user 命令查看文件是否成功上传到 HDFS 中，具体命令如下。

```
./bin/hdfs dfs -put /usr/local/word.txt  /user
./bin/hdfs dfs -ls /user
```

以上命令的执行结果如图 3-6 所示。

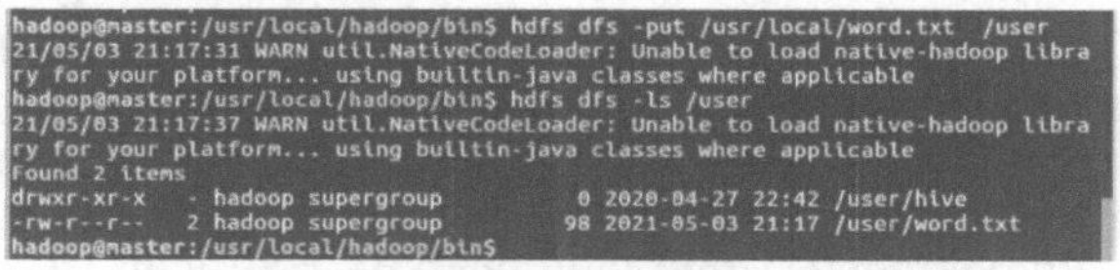

```
hadoop@master:/usr/local/hadoop/bin$ hdfs dfs -put /usr/local/word.txt  /user
21/05/03 21:17:31 WARN util.NativeCodeLoader: Unable to load native-hadoop libra
ry for your platform... using builtin-java classes where applicable
hadoop@master:/usr/local/hadoop/bin$ hdfs dfs -ls /user
21/05/03 21:17:37 WARN util.NativeCodeLoader: Unable to load native-hadoop libra
ry for your platform... using builtin-java classes where applicable
Found 2 items
drwxr-xr-x   - hadoop supergroup          0 2020-04-27 22:42 /user/hive
-rw-r--r--   2 hadoop supergroup         98 2021-05-03 21:17 /user/word.txt
hadoop@master:/usr/local/hadoop/bin$
```

图 3-6　上传文件命令执行结果

（2）查看文件内容

使用 HDFS 中的 hdfs dfs -cat 命令查看 word.txt 文件中的内容，具体命令如下。

```
./bin/hdfs dfs -cat /user/word.txt
```

命令执行结果如图 3-7 所示。

```
hadoop@master:/usr/local/hadoop/bin$ hdfs dfs -cat /user/word.txt
21/05/03 21:20:40 WARN util.NativeCodeLoader: Unable to load native-hadoop libra
ry for your platform... using builtin-java classes where applicable
hadoop spark
hello hadoop
hello spark
yarn hbase
hive mapreduce
flume flink
hue maven
maven spark
hadoop@master:/usr/local/hadoop/bin$
```

图 3-7　查看文件内容命令执行结果

（3）文件下载

使用 hdfs dfs -get 命令将 HDFS 中的 word.txt 文件下载到本地文件系统中的“usr/local /hadoop/”目录下，具体命令代码如下。

```
hdfs dfs -get /usr/word.txt  /usr/local/hadoop/
```

命令执行结果如图 3-8 所示。

使用 vim 命令查看下载到本地文件系统的 word.txt 文件。具体命令代码如下。

```
sudo  vim  /usr/local/hadoop/word.txt
```

命令执行结果如图 3-9 所示。

```
hadoop@master:/usr/local/hadoop/bin$ hdfs dfs -get /user/word.txt /usr/local/had
oop/
21/05/03 21:43:40 WARN util.NativeCodeLoader: Unable to load native-hadoop libra
ry for your platform... using builtin-java classes where applicable
21/05/03 21:43:40 WARN hdfs.DFSClient: DFSInputStream has been closed already
hadoop@master:/usr/local/hadoop/bin$ sudo vim /usr/local/hadoop/word.txt
[sudo] password for hadoop:
hadoop@master:/usr/local/hadoop/bin$
```

图 3-8　下载文件命令执行结果

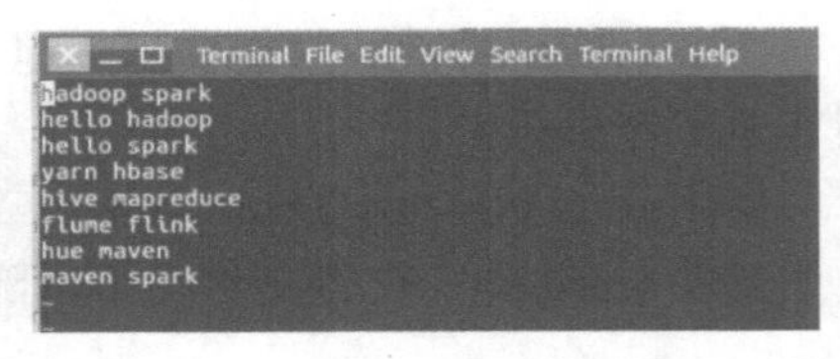

图 3-9　vim 命令查看文件内容执行结果

（4）文件复制

使用 hdfs dfs -cp 命令将文件从 HDFS 中的一个目录复制到 HDFS 中的另外一个目录。例如，将 HDFS 的“/user/word.txt”文件复制到 HDFS 的另外一个目录“/spark”中，具体命令代码如下。

```
hdfs dfs -cp /user/word.txt  /spark
```

命令执行结果如图 3-10 所示。

```
hadoop@master:/usr/local/hadoop/bin$ hdfs dfs -cp /user/word.txt  /spark/
21/05/03 21:50:32 WARN util.NativeCodeLoader: Unable to load native-hadoop libra
ry for your platform... using builtin-java classes where applicable
21/05/03 21:50:33 WARN hdfs.DFSClient: DFSInputStream has been closed already
hadoop@master:/usr/local/hadoop/bin$ hdfs dfs -ls /spark
21/05/03 21:50:38 WARN util.NativeCodeLoader: Unable to load native-hadoop libra
ry for your platform... using builtin-java classes where applicable
Found 2 items
drwxr-xr-x   - hadoop supergroup          0 2020-03-25 22:52 /spark/test
-rw-r--r--   2 hadoop supergroup         98 2021-05-03 21:50 /spark/word.txt
hadoop@master:/usr/local/hadoop/bin$
```

图 3-10　文件复制命令执行结果

3.2.2　用 HDFS API 实现上传本地文件

通过 HDFS API 中 FileSystem 的 copyFromLocalFile 方法可以

实现将本地文件上传到 HDFS 文件系统。

Java 抽象类 org.apache.hadoop.fs.FileSystem 定义了 Hadoop 的一个文件系统接口。该类是一个抽象类，通过下面两种静态工厂方法可以获取 FileSystem 实例。

```
public static FileSystem.get(Configuration conf) throws IOException
public static FileSystem.get(URI uri, Configuration conf) throws IOException
```

copyFromLocalFile 方法定义如下。

```
public boolean copyFromLocalFile(Path src, Path dst) throws IOException
```

例如，将 Linux 系统 Data 目录下的 word.txt 文件上传到 HDFS 的 user 目录。

```
import java.io.IOException;
import java.net.URI;
import java.net.URISyntaxException;
import org.apache.hadoop.conf.Configuration;
import org.apache.hadoop.fs.FileSystem;
import org.apache.hadoop.fs.Path;
/**
*把本地文件（如 Windows 或 Linux 文件复制到 hdfs 上）
*/
public class CopyingLocalFileToHDFS
{
   public static void main(String[] args) throws IOException,URISyntaxException{
        // Windows 本地文件路径
        //String source = "D://Data/word.txt";
         //Linux 文件路径
        String source = "./data/word.txt";
        // HDFS 文件路径
        String dest = "hdfs://master:9000/user/ ";
        copyFromLocal(source, dest);
    }

    /**
     * @function 本地文件上传至 HDFS
     * @param source 原文件路径
     * @param dest  目的文件路径
     */
    public static void copyFromLocal(String source, String dest)throws
IOException, URISyntaxException {
        // 读取 hadoop 文件系统的配置
        Configuration conf = new Configuration();
        URI uri = new URI("hdfs://master:9000");
        // FileSystem 是用户操作 HDFS 的核心类，它获得 URI 对应的 HDFS 文件系统
        FileSystem fileSystem = FileSystem.get(uri, conf);
        // 源文件路径
        Path srcPath = new Path(source);
        // 目的路径
        Path dstPath = new Path(dest);
        // 查看目的路径是否存在
        if (!(fileSystem.exists(dstPath))) {
            // 如果路径不存在，即刻创建
            fileSystem.mkdirs(dstPath);
        }
        // 得到本地文件名称
        String filename = source.substring(source.lastIndexOf('/') + 1,
source.length());
        try {
            // 将本地文件上传到 HDFS
            fileSystem.copyFromLocalFile(srcPath, dstPath);
            System.out.println("File " + filename + " copied to " + dest);
        } catch (Exception e) {
            System.err.println("Exception caught! :" + e);
```

```
            System.exit(1);
        } finally {
            fileSystem.close();
        }
    }
}
```

程序执行成功后，在浏览器中输入“http://master:50070”登录 HDFS 管理界面即可查看 HDFS 集群的概述，HDFS 集群的概述如图 3-11 所示。

Overview 'master:9000' (active)

Started:	Mon May 03 20:47:10 CST 2021
Version:	2.7.1, r15ecc87ccf4a0228f35af08fc56de536e6ce657a
Compiled:	2015-06-29T06:04Z by jenkins from (detached from 15ecc87)
Cluster ID:	CID-b936bfca-8da0-4743-b0a8-6f855895cc05
Block Pool ID:	BP-317081112-192.168.0.100-1585145990029

Summary

Security is off.
Safemode is off.
38 files and directories, 17 blocks = 55 total filesystem object(s).

图 3-11　HDFS 集群的概述

单击图 3-11 右上角的“Utilities”按钮即可查看目录及文件信息，如图 3-12 所示。

Browse Directory

Permission	Owner	Group	Size	Last Modified	Replication	Block Size	Name
-rw-r--r--	hadoop	supergroup	61 B	3/27/2020, 9:40:04 PM	3	128 MB	a.txt
-rw-r--r--	hadoop	supergroup	28 B	3/27/2020, 9:40:04 PM	3	128 MB	b.txt
-rw-r--r--	hadoop	supergroup	78 B	3/27/2020, 9:40:04 PM	3	128 MB	bc.txt
drwxr-xr-x	hadoop	supergroup	0 B	4/15/2020, 1:05:49 AM	0	0 B	data
drwxr-xr-x	hadoop	supergroup	0 B	5/3/2021, 9:50:33 PM	0	0 B	spark
drwx-wx-wx	hadoop	supergroup	0 B	4/13/2020, 10:25:41 PM	0	0 B	tmp
drwxr-xr-x	hadoop	supergroup	0 B	5/3/2021, 9:17:32 PM	0	0 B	user
drwxr-xr-x	hadoop	supergroup	0 B	4/27/2020, 10:03:54 PM	0	0 B	usr

图 3-12　目录及文件信息

通过 HDFS 可以看到上传成功的文件，代表上传文件成功。

注意：第一次调用 HDFS 文件可能会出现权限不够的问题，即出现如下代码。

```
    Permission denied: user=XXX, access=WRITE, inode="/":root:supergroup:
drwxr-xr-x
```

可以在 Hadoop 的 hdfs-site.xml 配置文件中添加如下配置来解决以上问题。

```
    <property>
        <name>dfs.permissions</name>
        <value>false</value>
    </property>
```

3.2.3　用 HDFS API 实现创建 HDFS 文件

不仅可以使用 FileSystem 的 copyFromLocal 方法上传本地文件，还可以使用 FileSystem 的 create 方法在 HDFS 创建文件。

例：在 HDFS 创建 word1.txt 文件。

```
import java.io.IOException;
import java.net.URI;
import java.net.URISyntaxException;
import org.apache.hadoop.conf.Configuration;
import org.apache.hadoop.fs.FileSystem;
import org.apache.hadoop.fs.Path;
public class CopyingLocalFileToHDFS
{
    public static void main(String[] args) throws IOException,URISyntax-
Exception{
        // 本地文件路径(如 Windows 或 Linux 文件)
        //String source = "D://Data/word.txt";
    Configuration conf = new Configuration();
        URI uri = new URI("hdfs://master:9000");
         conf.set("fs.defaultFS","hdfs://master:9000");
        // FileSystem 是用户操作 HDFS 的核心类，它获得 URI 对应的 HDFS 文件系统
        FileSystem fileSystem = FileSystem.get(conf);
         Path path = new Path("/user/word1.txt");
         fileSystem.create(path);
         fileSystem.close();
        System.out.println("创建文件成功");
    }
}
```

3.2.4　用 HDFS API 实现读取和写入文件

HDFS API 读取和写入文件使用的是 FSDataOutputStream 和 FSDataInputStream 方法。

例如，使用 FSDataOutputStream 在 HDFS 创建 word2.txt 文件，并向新建的 word2.txt 文件写入内容。

```
import java.io.IOException;
import java.net.URI;
import java.net.URISyntaxException;
import org.apache.hadoop.conf.Configuration;
import org.apache.hadoop.fs.FileSystem;
import org.apache.hadoop.fs.Path;
public class WriteToHDFS
{
    public static void main(String[] args) throws IOException,URISyntax-
Exception{
    Configuration conf = new Configuration();
        URI uri = new URI("hdfs://master:9000");
         conf.set("fs.defaultFS","hdfs://master:9000");
        // FileSystem 是用户操作 HDFS 的核心类，它获得 URI 对应的 HDFS 文件系统
        FileSystem fileSystem = FileSystem.get(conf);
         Path path = new Path("/user/word2.txt");
         FSDataOutputStream out = fileSystem.create(path);
```

```
            out.writeUTF("Hello World!");
            fileSystem.close();
          System.out.println("文件内容写入成功");
      }
  }
```

例如，使用 FSDataInputStream 读取 HDFS 系统中 word.txt 文件内容。

```
import java.io.IOException;
import java.net.URI;
import java.net.URISyntaxException;
import org.apache.hadoop.conf.Configuration;
import org.apache.hadoop.fs.FileSystem;
import org.apache.hadoop.fs.Path;
public class ReadFromHDFS
{
    public static void main(String[] args) throws IOException,URISyntax-
Exception{
    Configuration conf = new Configuration();
          URI uri = new URI("hdfs://master:9000");
           conf.set("fs.defaultFS","hdfs://master:9000");
          // FileSystem 是用户操作 HDFS 的核心类，它获得 URI 对应的 HDFS 文件系统
          FileSystem fileSystem = FileSystem.get(conf);
           Path path = new Path("/user/word.txt");
           FSDataIutputStream in = fileSystem.open(path);
           String data = in.readUTF();
           fileSystem.close();
          System.out.println("文件内容:"+data);
      }
  }
```

程序执行成功后在控制台就可以看到读取文件的内容，执行结果如图 3-13 所示。

```
"C:\Program Files\Java\jdk1.8.0_191\bin\java.exe" ...
log4j:WARN No appenders could be found for logger (org.apache.hadoop.util.Shell).
log4j:WARN Please initialize the log4j system properly.
log4j:WARN See http://logging.apache.org/log4j/1.2/faq.html#noconfig for more info.
文件内容:Hadoop分布式文件系统(HDFS)是指被设计成适合运行在通用硬件(commodity hardware)上的分布式文件系统（Distributed File System）。它和现有的分布式文件系统有很多共同点。但同时，它和其他的分布式文件系统的区别也是很明显的。HDFS是一个高度容错性的系统，适合部署在廉价的机器上。HDFS能提供高吞吐量的数据访问，非常适合大规模数据集上的应用。HDFS放宽了一部分POSIX约束，来实现流式读取文件系统数据的目的。HDFS在最开始是作为Apache Nutch搜索引擎项目的基础架构而开发的。HDFS是Apache Hadoop Core项目的一部分。

Process finished with exit code 0
```

图 3-13　读取文件结果

3.2.5　用 HDFS API 实现创建 HDFS 目录

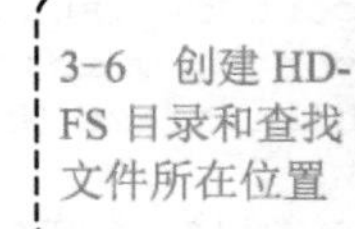

3-6　创建 HD-
FS 目录和查找
文件所在位置

HDFS API 创建 HDFS 目录使用的是 FileSystem 类中的 mkdirs()方法。

例如，使用 FileSystem 类中的 mkdirs()方法在 HDFS 系统中创 hdfs 目录。

```
import java.io.IOException;
import java.net.URI;
import java.net.URISyntaxException;
import org.apache.hadoop.conf.Configuration;
import org.apache.hadoop.fs.FileSystem;
import org.apache.hadoop.fs.Path;
public class ReadFromHDFS
```

```
{
    public static void main(String[] args) throws IOException,URISyntax-
Exception{
    Configuration conf = new Configuration();
        URI uri = new URI("hdfs://master:9000");
          conf.set("fs.defaultFS","hdfs://master:9000");
        // FileSystem是用户操作HDFS的核心类，它获得URI对应的HDFS文件系统
        FileSystem fileSystem = FileSystem.get(conf);
          Path path = new Path("/hdfs ");
          fileSystem.mkdirs(path);
    fileSystem.close();
        System.out.println("HDFS目录创建成功！");
      }
    }
```

通过HDFS web管理界面可以查看创建成功的目录。

3.2.6 用HDFS API实现查找文件所在位置

使用“FileSystem.getFileBlockLocation(FileStatus file, long start, long len)”方法可以查找指定文件在HDFS集群上的位置，其中file为文件的完整路径，start和len用来标识查找文件的起始位置和文件长度。

例如，使用fileSystem类的getFileBlockLocations方法查看HDFS集群中文件块的所在位置。

```
import java.io.IOException;
import org.apache.hadoop.conf.Configuration;
import org.apache.hadoop.fs.BlockLocation;
import org.apache.hadoop.fs.FileStatus;
import org.apache.hadoop.fs.FileSystem;
import org.apache.hadoop.fs.Path;
//查找某个文件在HDFS集群中的位置
public class FindFile {
    public static void main(String[] args) throws IOException {
        Configuration conf = new Configuration();
        FileSystem fileSystem = FileSystem.get(conf);
        // 必须是一个具体的文件
        Path path = new Path("/user/word.txt");
        // 文件状态
        FileStatus fileStatus = fileSystem.getFileStatus(path);
        // 文件块
        BlockLocation[] blockLocations = fileSystem.getFileBlockLocations(
                fileStatus, 0, fileStatus.getLen());
        int blockLen = blockLocations.length;
        System.err.println("block Count:" + blockLen);
        for (int i = 0; i < blockLen; i++) {
            //主机名
            String[] hosts = blockLocations[i].getHosts();
            for(String s:hosts){
                System.err.println(s);
            }
        }
    }
}
```

程序执行成功以后，会显示出查找到的文件每一数据块所在集群的位置，程序的运行结果如图 3-14 所示。

```
Problems  Tasks  Javadoc  Map/Reduce Locations  Console
<terminated> FileLoc [Java Application] C:\Program Files\Java\jdk1.6.0_31\bin\javaw.exe
block_0_location:Slave2.Hadoop
block_1_location:Slave2.Hadoop
block_2_location:Slave1.Hadoop
block_3_location:Slave3.Hadoop
block_4_location:Slave1.Hadoop
block_5_location:Slave1.Hadoop
block_6_location:Slave1.Hadoop
block_7_location:Slave2.Hadoop
block_8_location:Slave3.Hadoop
block_9_location:Slave2.Hadoop
```

图 3-14　查找文件块所在位置

3.3 HDFS 工作机制

3.3.1 HDFS 写数据流程

当客户端向 HDFS 写入数据时，首先要与 NameNode 通信，获得可以写入文件并获得接收文件 Block 的 DataNode，然后，客户端按顺序将文件逐块（Block）传递给相应的 DataNode，并由接收到 Block 的 DataNode 负责向其他 DataNode 复制 Block 的副本。写数据流程如图 3-15 所示。

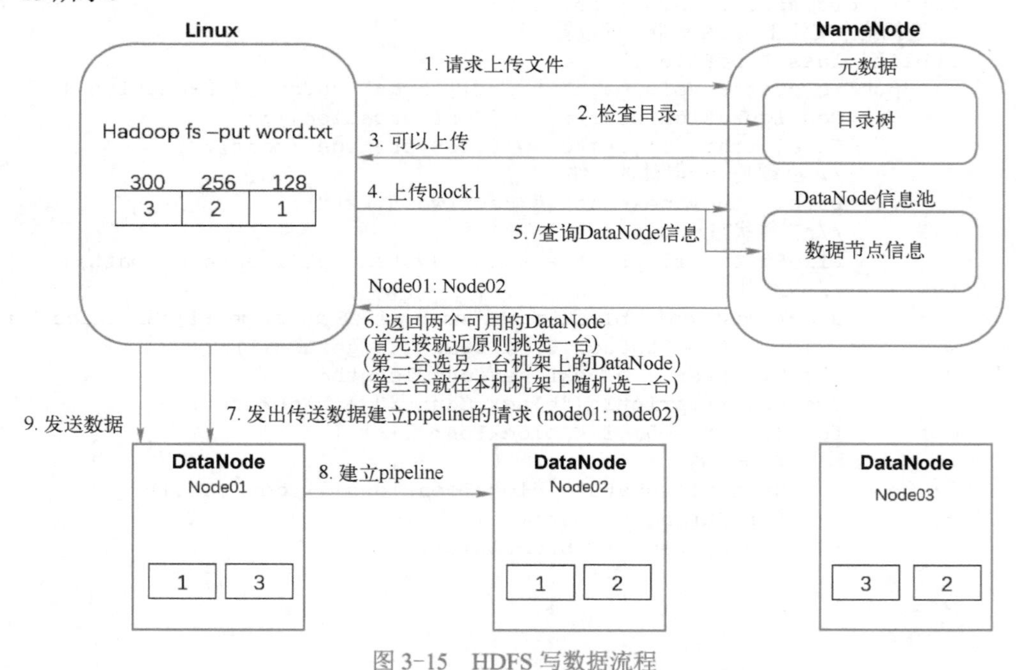

图 3-15　HDFS 写数据流程

HDFS 写数据流程主要分为 9 个步骤。

1）客户端向 NameNode 发出写文件请求。

2）NameNode 收到客户端的请求后检测元数据的目录树。

3）检查数据操作权限并判断上传的文件是否已存在，如果已存在，则拒绝客户端的上传，如果不存在，则响应客户端可以上传。

预写日志（Write Ahead Log）先写 Log 再写内存，Edit Log 保存的是 HDFS 客户端执行所有写操作的最新记录。如果后续真实写操作失败，由于在真实写操作之前，操作已经被写入 Edit Log 文件，故 Edit Log 文件仍会有记录，不用担心后续客户端读不到相应的数据块，因为在第 5 步 DataNode 收到数据块后就获得了返回确认信息，若没有写成功，在发送端不会收到确认信息，发送端会一直重试写操作，直到成功。

4）客户端收到可以上传的响应信息以后，会把待上传的文件进行切块（Hadoop 2.x 默认的块大小为 128MB），然后再次给 NameNode 发送请求，上传第一个 Block 块。

5）NameNode 收到客户端上传 Block 块的请求后，首先会检测其保存的 DataNode 信息，确定该文件块存储在哪些节点上。

6）NameNode 响应给客户端一组 DataNode 节点信息。

7）客户端根据收到的 DataNode 节点信息后，在集群环境选择某台 DataNode 建立网络连接。

8）DataNode 节点会与剩下的其他备份节点建立传输通道，通道连通后再返回确认信息给客户端；表示通道已连通，可以传输数据。

9）客户端收到确认信息后，通过网络向已经选择的 DataNode 节点写第一个 Block 块的数据，DataNode 收到数据后，首先会缓存起来，然后将缓存里的数据保存一份到本地，另一份发送到传输通道，由其他的 DataNode 实现数据备份。

客户端收到的确认信息包括已经分配的 DataNode 列表和 Data 数据，客户端将这些确认信息发送给最近的第一个 DataNode 节点，此后客户端和 NameNode 分配的多个 DataNode 构成数据传输管道。客户端向第一个 DataNode 写入每一个 Packet，每个 Packet 通过数据传输管道再传送给其他的 DataNode。

每个 DataNode 写完一个数据块，会向 NameNode 返回确认信息。

第一个 Block 块写入完毕，若客户端还有剩余的 Block 未上传，则客户端会从第 3 步重新开始执行上述步骤，直到整个文件上传完毕。文件上传完成后关闭输出流。客户端发送数据传输完成信号给 NameNode。

3.3.2 HDFS 读数据流程

客户端从 HDFS 读取数据，首先要和 NameNode 进行通信，确认可以读取文件并获得文件所在的 DataNode 信息，然后客户端接收 DataNode 节点上的 Block 信息，数据接收完成以后，将接收到的数据写入目标文件。读数据流程如图 3-16 所示。

3-8 HDFS 读数据流程

HDFS 读数据流程主要分为 6 个步骤。

1）客户端向 NameNode 发送读取文件请求。

2）NameNode 接收到读取请求后查询元数据，找到文件块所在的所有 DataNode，返回存储在 DataNode 的 Block 信息。

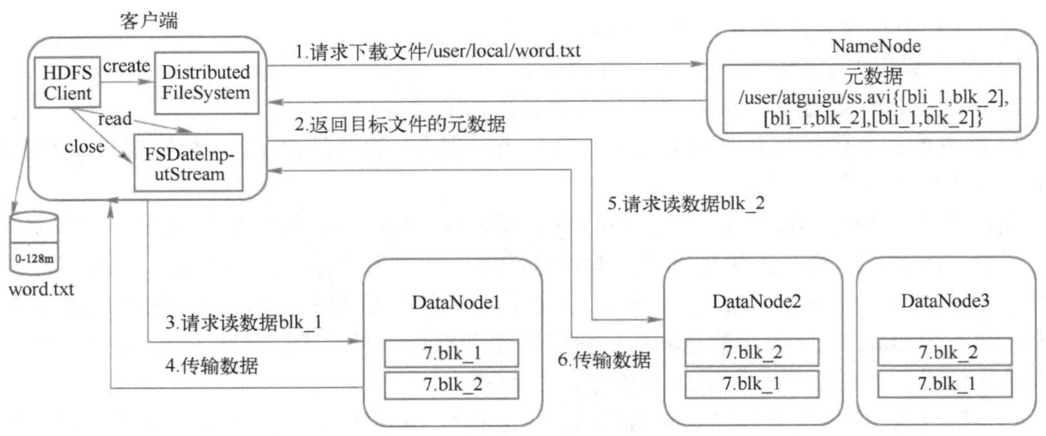

图 3-16　HDFS 读数据流程

3）客户端接收 NameNode 返回的 Block 信息，根据就近原则随机选择文件块所在的 DataNode 中的一个，建立数据通信通道，获取文件切片。

4）DataNode 将该节点上的切片信息发送给客户端。

5）如果没有获取到所有的切片信息，再与距离最近的其他切片副本所在的 DataNode 建立通信通道，获取该节点的切片。如此重复，直到获取到所有的切片信息。

6）客户端以 Packet 为单位接收到所有切片后，将切片组装为完整的文件先在本地缓存，然后写入目标文件。

在读取数据时，如果 DFSInputStream 与 DataNode 通信时遇到错误，会尝试从文件数据块的其他邻近 DataNode 读取数据，并会记住故障的 DataNode，保证以后不会反复读取该节点上的其他数据。DFSInputStream 也会通过校验和确认 DataNode 发送的数据是否已经完成，如果发现损坏块，DFSInputStream 会试图从其他 DataNode 读取其副本，读取之前会通知 NameNode。

HDFS 如此设计的重点是由 NameNode 告知客户端每个块中最佳的 DataNode，并让客户端直接连接到该 DataNode 来检索数据，这样就可以使 HDFS 扩展到大量的并发客户端。同时，NameNode 只需要相应块位置的请求，由于数据块信息均存储在内存中，因此读取效率比较高效。

在读写过程中，数据完整性是如何保持的？

读写数据过程中，通过校验和保证数据的完整性。每个 Chunk 中都有一个校验位，多个 Chunk 构成一个 Packet，多个 Packet 构成一个 Block，故可对写入的数据计算校验和，并在读取数据时验证校验和。

HDFS 的客户端可以实现对 HDFS 文件内容的校验和（Checksum）的检查。当客户端创建一个新的 HDFS 文件时，数据分块后会计算这个文件每个数据块的校验和，此校验和会以一个隐藏文件形式保存在同一个 HDFS 命名空间。当客户端从 HDFS 中读取文件内容后，会检查分块时候计算出的校验和（隐藏文件里），并与读取到的文件块中校验和进行匹配，如果不匹配，客户端可以选择从其他 DataNode 获取该数据块的副本。

HDFS 中文件块目录结构如图 3-17 所示。

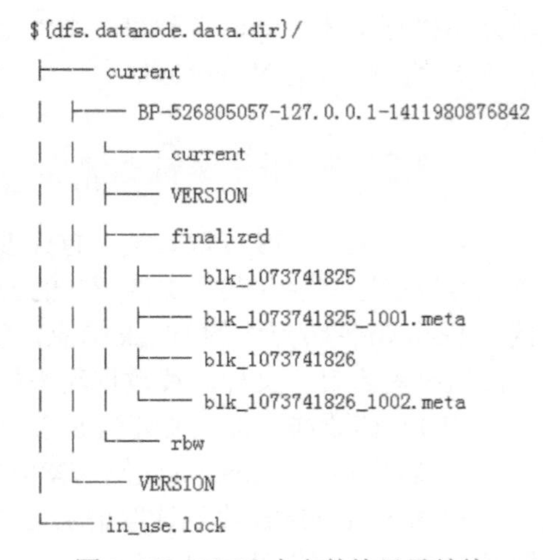

${dfs.datanode.data.dir}/
├── current
│ ├── BP-526805057-127.0.0.1-1411980876842
│ │ └── current
│ │ ├── VERSION
│ │ ├── finalized
│ │ │ ├── blk_1073741825
│ │ │ ├── blk_1073741825_1001.meta
│ │ │ ├── blk_1073741826
│ │ │ └── blk_1073741826_1002.meta
│ │ └── rbw
│ └── VERSION
└── in_use.lock

图 3-17　HDFS 中文件块目录结构

in_use.lock 表示 DataNode 正在对文件夹进行操作。

rbw 表示正在被写入的副本块，该目录用于存储用户当前正在写入的数据。

Block 元数据文件由一个包含版本、类型信息的头文件和一系列校验值组成。校验和也存在该文件中。

3.3.3 NameNode 工作机制

元数据信息用来存储文件与 Block 块的关系、Block 块与 DataNode 的关系。NameNode 为了快速响应用户操作，所以把元数据信息加载到内存中，同时在磁盘备份元数据的 FSImage，当元数据有更新或者添加元数据时，修改内存中的元数据会把除查询操作以外的其他操作记录追加到日志文件中。如果 NameNode 节点发生故障，可以通过 FSImage 和 Edits 的合并，重新把元数据加载到内存中，此时 Secondary NameNode 专门用于 FSImage 和 Edits 的合并。

1. NameNode 的工作职责

- 负责客户端的请求及响应。
- 元数据的管理（查询、修改）。
- 副本存放策略。
- Block 块的负载均衡。

NameNode 是主节点，用来存储文件的元数据，包括文件名、文件目录结构、文件属性、生成时间、副本数和文件权限等信息，同时存储每个文件的块列表和文件块保存在哪一个 DataNode 等信息。NameNode 周期性地接收心跳和块的状态报告信息，包含该 DataNode 上所有数据块的列表，如果接收到心跳信息，NameNode 认为 DataNode 的工作状态正常，如果在 10min 后还没有接收到 DataNode 的心跳，NameNode 会认为 DataNode 发生故障或者已经死机，此时 NameNode 需要准备 DataNode 上的数据块，并重新进行复制操作。

块的状态报告包含了一个 DataNode 上所有数据块的列表，块的状态报告每隔 1h 向 NameNode 发送 1 次。

NameNode 对数据的管理采用内存元数据、磁盘元数据镜像文件和数据操作日志文件三种存储形式。

2. 元数据存储机制

- 内存中有一份完整的元数据。
- 在磁盘的 NameNode 工作目录有一个“完整”的元数据镜像文件。
- 用于衔接内存元数据和持久化元数据镜像之间的操作日志。
- 当客户端对 HDFS 中的文件进行新增或者修改操作时，操作记录会被首先记入 Edits Log 文件中，当客户端操作成功后，相应的元数据会更新到内存元数据中。

3.3.4 DataNode 工作机制

3-10 DataNode 工作机制

HDFS 在实现数据存储的过程中，将上传的数据划分为固定大小的文件块，在 Hadoop 2.73 版本之前是 64MB，之后的版本改为了 128MB，为了保证数据

安全，每个文件默认都是三个副本。

1. DataNode 的工作职责

➢ 存储管理用户的文件块数据。

➢ 定期向 NameNode 汇报自身所持有的 Block 信息（通过心跳信息上报）。

DataNode 启动成功后会在 NameNode 进行注册，注册成功以后，每隔一段时间上传所有数据块信息，NameNode 如果超过 10min 没有收到某个 DataNode 的心跳，则认为该节点不可用。DataNode 工作流程如图 3-18 所示。

2. DataNode 掉线判断的限时参数

当由于 DataNode 进程死亡或网络故障而造成 DataNode 无法与 NameNode 通信时，NameNode 不会立即把该节点判断为死亡，而是要经过一段时间，通常将这段时间称为超时时长，HDFS 默认的超时时长为 10min+30s，如果定义超时时间为 timeout，则超时时长的计算公式为

```
timeout = 2* heartbeat.recheck.interval + 10 * dfs.heartbeat.interval
```

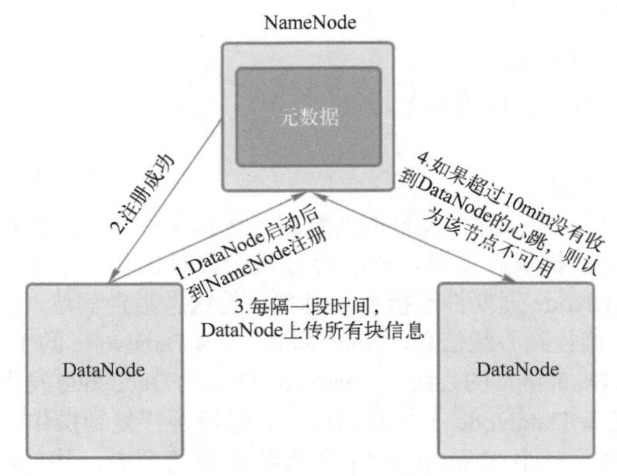

图 3-18　DataNode 工作流程

默认的 heartbeat.recheck.interval 大小为 5min，dfs.heartbeat.interval 默认为 3s。

hdfs-site.xml 配置文件中 heartbeat.recheck.interval 的单位为 ms，dfs.heartbeat.interval 的单位为 s。所以，假如 heartbeat.recheck.interval 设置为 5000ms，dfs.heartbeat.interval 设置为 3s，则总的超时时长为 40s。

项目实现

任务 1　环境搭建

1. 下载并安装 JDK

1）在浏览器中访问 JDK 的官方网站，根据自己的需要自行选择下载的 JDK 版本，如图 3-19 所示。

图 3-19　JDK 版本信息

2）下载完成后，打开文件，根据提示信息单击“Next”即可完成安装，安装完成后配置 Java 环境变量。

3）选中 Windows10 系统的“此电脑”图标并单击鼠标右键，在弹出的快捷菜单中选择“属性”，打开“系统”窗口，如图 3-20 所示。单击图 3-20 左侧的“高级系统设置”，打开“系统属性”对话框。在“系统属性”对话框的上方选择“高级”选项卡后单击下方的“环境变量”，打开“环境变量”对话框，如图 3-21 所示。

图 3-20　高级系统设置

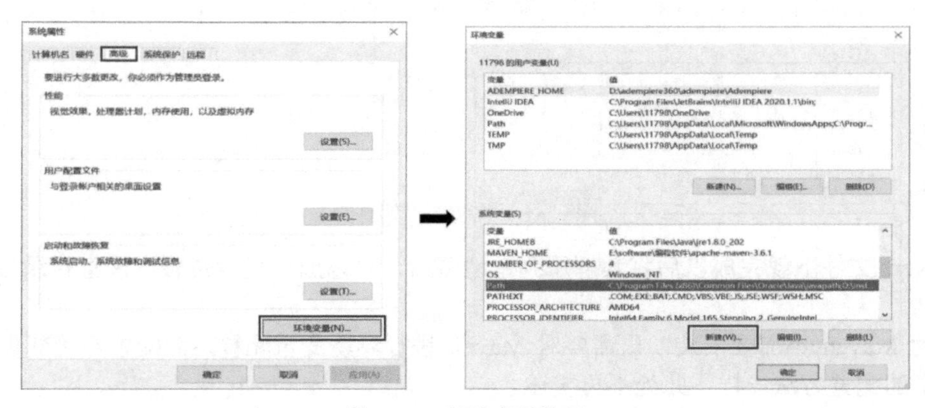

图 3-21　环境变量选择

4）选择“系统变量”下面的 Path 变量后单击“编辑”按钮，在弹出的“编辑环境变量”对话框中单击“新建”按钮，在新的编辑框中输入 JDK 的 bin 目录（C:\Program Files\Java\jdk1.8.0_202\bin），输入完成以后单击“确定”按钮，如图 3-22 所示，至此 JDK 安装成功。

2. 下载安装 Eclipse

1）访问 Eclipse 的官方网站，单击“Download Packages”按钮进入下载页面。读者可以根据自己的操作系统选择对应的版本，下载成功后解压缩。

2）在解压缩后的“eclipse”文件夹中双击“eclipse.exe”，弹出“Eclipse IDE Launcher”对话框，如图 3-23 所示，在该对话框中选择存储工作空间的目录，最后单击“Launch”按钮启动 Eclipse。

图 3-22　JDK 环境变量设置

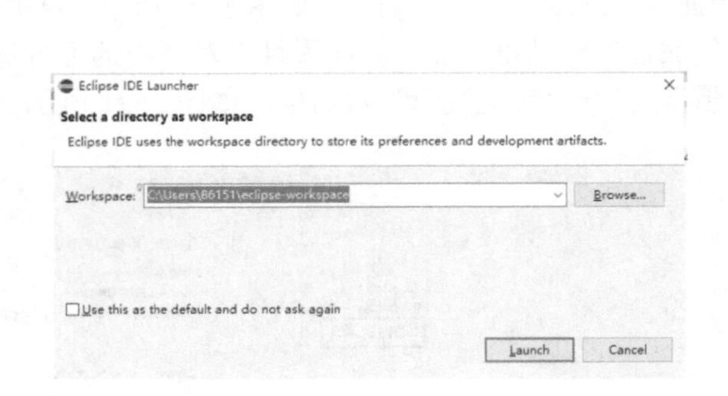

图 3-23　Eclipse 启动界面

3. Maven 环境配置

访问 Maven 的官方网站，在打开的页面中选择需要下载的 Maven 版本。Maven 下载页面如图 3-24 所示。

Files

Maven is distributed in several formats for your convenience. Simply pick a ready-made binary distribution archive and follow the installation instructions. Use a source archive if you intend to build Maven yourself.

In order to guard against corrupted downloads/installations, it is highly recommended to verify the signature of the release bundles against the public KEYS used by the Apache Maven developers.

	Link	Checksums	Signature
Binary tar.gz archive	apache-maven-3.8.1-bin.tar.gz	apache-maven-3.8.1-bin.tar.gz.sha512	apache-maven-3.8.1-bin.tar.gz.asc
Binary zip archive	apache-maven-3.8.1-bin.zip	apache-maven-3.8.1-bin.zip.sha512	apache-maven-3.8.1-bin.zip.asc
Source tar.gz archive	apache-maven-3.8.1-src.tar.gz	apache-maven-3.8.1-src.tar.gz.sha512	apache-maven-3.8.1-src.tar.gz.asc
Source zip archive	apache-maven-3.8.1-src.zip	apache-maven-3.8.1-src.zip.sha512	apache-maven-3.8.1-src.zip.asc

图 3-24　Maven 下载页面

Maven 文件下载完成以后将其解压到本地磁盘，可以放在任意位置，注意目录位置不要出现中文。

因为 Maven 不需要安装，只需要对 Maven 进行环境变量配置，而配置环境变量和 Java 环境变量的配置方法一样，此处不再赘述。

选择“开始”→“运行”菜单命令，在弹出的“运行”对话框中输入“cmd”后按〈Enter〉键，在弹出的命令提示符窗口输入“mvn -v”，如果看到下载的 maven 版本则说明配置成功，如图 3-25 所示。

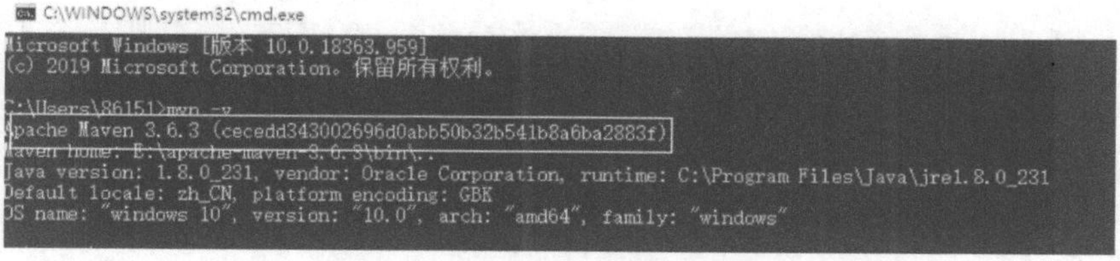

```
C:\WINDOWS\system32\cmd.exe
Microsoft Windows [版本 10.0.18363.959]
(c) 2019 Microsoft Corporation。保留所有权利。

C:\Users\86151>mvn -v
Apache Maven 3.6.3 (cecedd343002696d0abb50b32b541b8a6ba2883f)
Maven home: E:\apache-maven-3.6.3\bin\..
Java version: 1.8.0_231, vendor: Oracle Corporation, runtime: C:\Program Files\Java\jre1.8.0_231
Default locale: zh_CN, platform encoding: GBK
OS name: "windows 10", version: "10.0", arch: "amd64", family: "windows"
```

图 3-25　maven 版本信息

4. 配置 Maven 本地仓库

Maven 解压缩完成以后，新建一个文件夹 repository（也可以命名为其他名称），该文件夹用作 Maven 的本地仓库。在 Maven 解压后的 conf 文件夹中找到 setting.xml 文件，在该文件中查找代码<localRepository>/path/to/local/repo</localRepository>。

localRepository 节点默认是被注释过的，需要把它移到注释之外，然后将 localRepository 节点的值修改为新建的 repository 目录。

将 Maven 镜像路径修改为阿里镜像路径，以便从远程仓库下载 JAR 包时速度更快，在 setting.xml 文件中查找如下代码。

```
<mirror>
  <id>mirrorId</id>
  <mirrorOf>repositoryId</mirrorOf>
  <name>Human Readable Name for this Mirror.</name>
  <url>http://my.repository.com/repo/path</url>
</mirror>
```

这一段代码在文件中已经被注释，需要去掉代码的注释，将其重新修改为以下代码。

```
<mirrors>
  <mirror>
  <id>alimaven</id>
  <name>aliyun maven</name>
  <url>
    http://maven.aliyun.com/nexus/content/groups/public/
  </url>
  <mirrorOf>central</mirrorOf>
  </mirror>
</mirrors>
```

5. 配置 Eclipse 的 Maven 环境

1）打开 Eclipse 软件,选择“Window”→“Preferences”菜单命令，打开“Preferences”对话框，在左侧窗格中依次选择“Maven”→“Installations”，如图 3-26 所示。

2）单击图 3-26 右侧的“Add”按钮，弹出“New Maven Runtime”对话框，如图 3-27 所示。单击“Directory”按钮，在弹出的对话框中选择 Maven 的安装目录，单击“Finish”按钮。

3）选中新增加的 Maven，单击“Apply and Close”按钮完成 Maven 的配置，如图 3-28 所示。

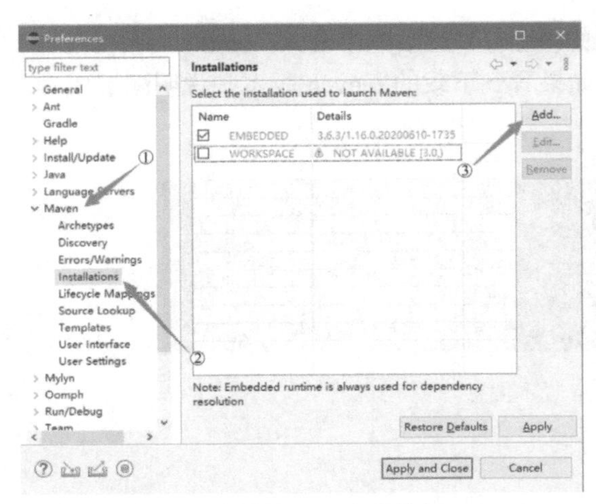

图 3-26 在 Eclipse 中安装 Maven

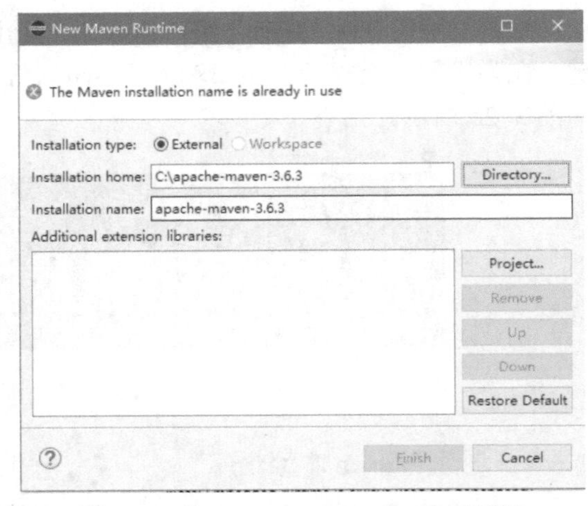

图 3-27 “New Maven Runtime”对话框

4）Maven 配置完成后，还需要配置 Maven 的“User Settings”文件，使用 Maven 中设置的镜像下载地址。在图 3-26 的左侧窗格中依次选择“Maven”→“User Settings”，如图 3-29 所示。

5）单击图 3-29 右侧的第二个“Browse”按钮，在弹出的文件选择对话框中选择 Maven 安装目录的 settings.xml 文件，最后单击“Apply and Close”按钮。此时 Maven 环境搭建完成，可以创建 Maven 工程。

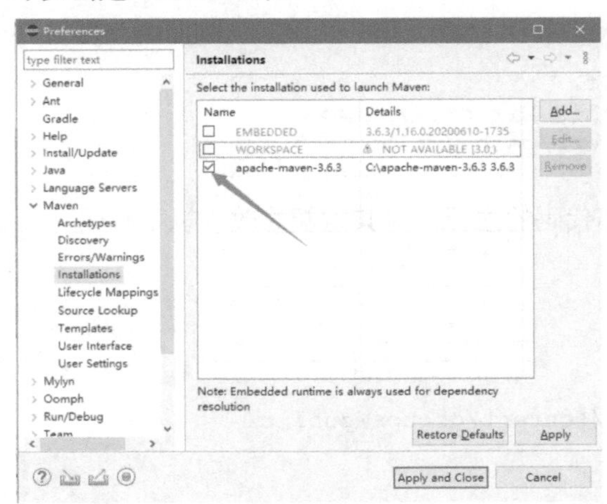

图 3-28 配置 Maven

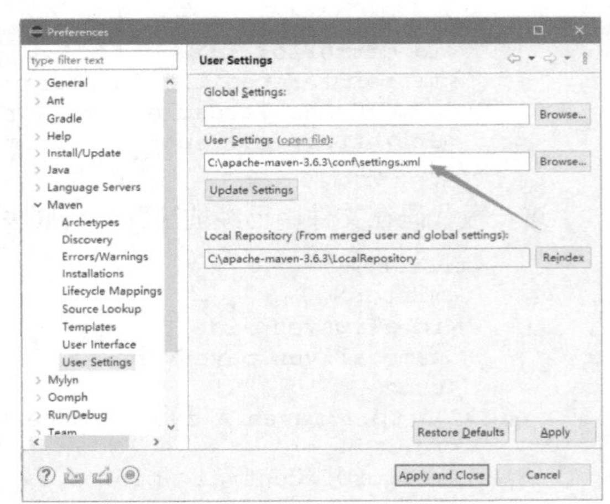

图 3-29 User Settings 文件的配置

任务 2 写入电影信息

1）新建 Maven 工程，在 Eclipse 软件中选择“File”→“New”→“Other”菜单命令，打开新建工程的“New”对话框。在“New”对话框中依次选择“Maven”→“Maven Project”，如图 3-30 所示。

2）在图 3-30 中单击“Next”按钮，弹出“New Maven Project”对话框，如图 3-31 所示。

3）在“New Maven Project”对话框中，输入“Group Id”和“Artifact Id”等内容，单击“Finish”按钮完成 Maven 工程创建。

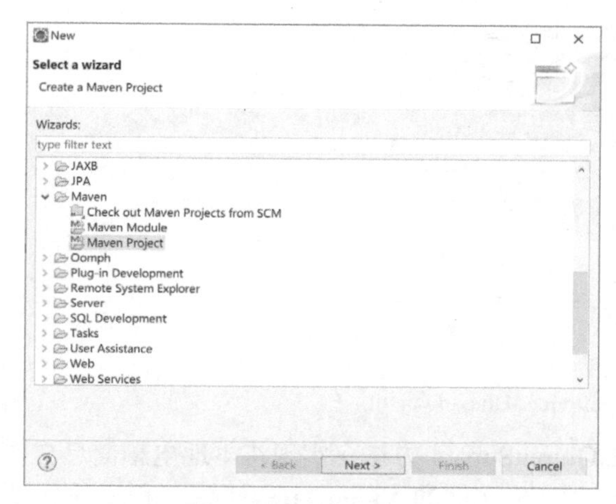

图 3-30　“New”对话框

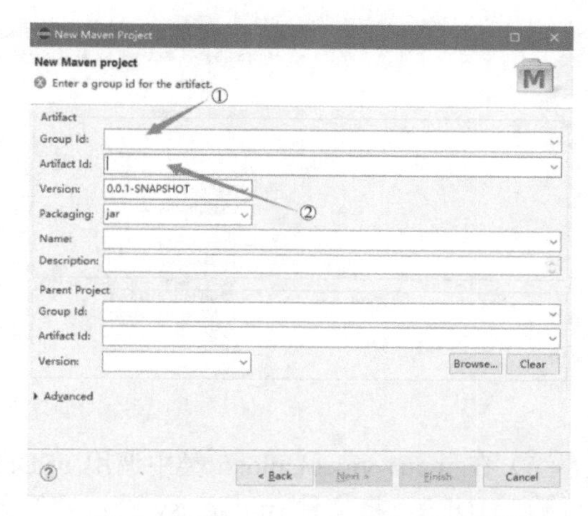

图 3-31　“New Maven Project”对话框

➢ Group Id：group 翻译成中文就是组、集团的意思，Group Id 就是一个组或集团的 ID 标识，例如 Apache 官网上有非常多的项目，每个项目里面肯定能找到 org.apache.××××，org.apache 就是这里的 Group Id。

➢ Artifact Id：例如 Apache 官网上每个项目的名字就是这里的 Artifact Id，换言之，Artifact Id 就是项目名。

➢ version：项目的版本信息。

当 Maven 项目创建完成后，在根目录下有一个 pom.xml 文件，Maven 项目通过 pom.xml 文件来进行项目依赖的管理。如果没有 pom.xml 文件，Eclipse 不会将该项目当作一个 Maven 项目。

4）Maven 工程根据 HDFS API 的需要获得连接 Hadoop 与 HDFS 的依赖包，在 Maven 工程的 pom.xml 文件中编写如下代码，从远程仓库下载工程使用的 HDFS API 所需要的 JAR 包。

```
<dependency>
        <groupId>org.apache.hadoop</groupId>
        <artifactId>hadoop-common</artifactId>
        <version>${hadoopVersion}</version>
    </dependency>
    <dependency>
        <groupId>org.apache.hadoop</groupId>
        <artifactId>hadoop-hdfs</artifactId>
        <version>${hadoopVersion}</version>
    </dependency>
    <dependency>
        <groupId>org.apache.hadoop</groupId>
        <artifactId>hadoop-mapreduce-client-core</artifactId>
        <version>${hadoopVersion}</version>
    </dependency>
    <dependency>
        <groupId>org.apache.hadoop</groupId>
        <artifactId>hadoop-client</artifactId>
        <version>${hadoopVersion}</version>
    </dependency>
```

5）Maven 项目创建以后，在工程的“src/main/java”创建 input_videoUpload 类，如图 3-32 所示。

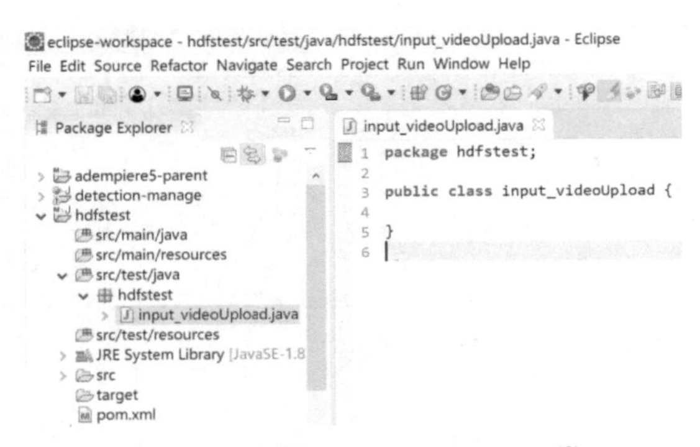

图 3-32　创建 input_videoUpload 类

6）在 input_videoUpload 类中调用 FSDataOutputStream 方法，实现将本地电影信息文件上传到 HDFS。将文件 movie.csv 的内容写入 HDFS 文件的 VideoData.txt 中。程序执行结果如图 3-33 所示，程序实现代码如下。

```
public class input_videoUpload {
    public static void main(String[] args) throws IOException {
        //创建 Configuration 对象
        Configuration conf = new Configuration();
        //配置连接 hdfs 的地址和端口
        conf.set("fs.defaultFS", " hdfs://master:9000");
        //创建 FileSystem 对象关联设置信息
        FileSystem hdfs = FileSystem.get(conf);
        //指定本地文件路径
        Path file = new Path("E:\\java\\movie.csv");
        //指定上传 hdfs 的路径，并创建
        Path p = new Path("/VideoData.csv");
        FSDataOutputStream out = hdfs.create(p);
        //调用 copyFromLocalFile 方法，写入电影信息
        hdfs.copyFromLocalFile(file, p);
        //释放资源
        hdfs.close();
        System.out.println("电影信息写入成功！");
    }
}
```

```
"C:\Program Files\Java\jdk1.8.0_191\bin\java.exe" ...
log4j:WARN No appenders could be found for logger (org.apache.hadoop.util.Shell).
log4j:WARN Please initialize the log4j system properly.
log4j:WARN See http://logging.apache.org/log4j/1.2/faq.html#noconfig for more info.
电影信息写入成功!

Process finished with exit code 0
```

图 3-33　上传文件到 HDFS 程序执行结果

任务 3　读取电影信息

创建 read_video 类，将 HDFS 存储的文件内容读取下载到本地。调用 FSDataInputStream 方法，读取 HDFS 文件 VideoData.txt 的内容。程序执行结果如图 3-34 所示，程序实现代码如下。

```
public class read_video {
    public static void main(String[] args) throws IOException {
        //创建 Configuration 对象
        Configuration conf = new Configuration();
        //配置连接 hdfs 的地址和端口
        conf.set("fs.defaultFS", " hdfs://master:9000");
        //创建 FileSystem 对象关联设置信息
        FileSystem hdfs = FileSystem.get(conf);
        //调用 FSDataInputStream 方法,写入文件
        Path p = new Path("/VideoData.csv");
        FSDataInputStream in = hdfs.open(p);
        BufferedReader br = new BufferedReader(new InputStreamReader(in,
"UTF-8"));
        String VideoData = null;
        System.out.println("电影信息为:");
        while ((VideoData = br.readLine()) != null){
            System.out.println(VideoData);
        }
        hdfs.close();
        System.out.println("电影信息读取成功!");
    }
}
```

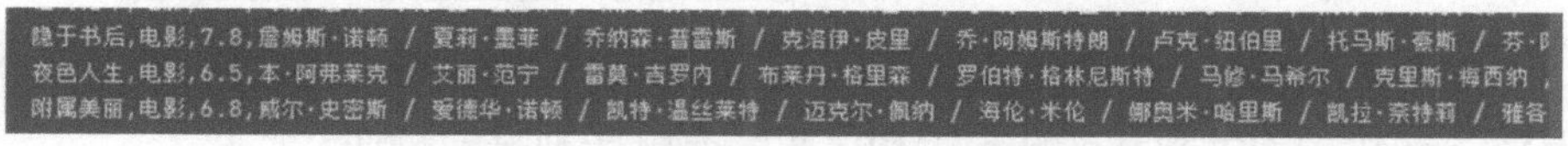

```
隐于书后,电影,7.8,詹姆斯·诺顿 / 夏莉·墨菲 / 乔纳森·普雷斯 / 克洛伊·皮里 / 乔·阿姆斯特朗 / 卢克·纽伯里 / 托马斯·赛斯 / 芬·
夜色人生,电影,6.5,本·阿弗莱克 / 艾丽·范宁 / 雷莫·吉罗内 / 布莱丹·格里森 / 罗伯特·格林尼斯特 / 马修·马希尔 / 克里斯·梅西纳 ,
附属美丽,电影,6.8,威尔·史密斯 / 爱德华·诺顿 / 凯特·温丝莱特 / 迈克尔·佩纳 / 海伦·米伦 / 娜奥米·哈里斯 / 凯拉·奈特莉 / 雅各
```

图 3-34 读取 HDFS 文件程序部分执行结果

拓展项目

使用 Idea 开发工具实现以下功能。

1）使用 IO 流实现 HDFS 文件的上传和下载。

2）修改 HDFS 已经存在的文件名称。

3）列出 HDFS 某一个文件夹下的文件列表。

课后练习

一、选择题

1. 下列哪个属性是 hdfs-site.xml 中的配置？（　　）

   A. dfs.replication

   B. fs.defaultFS

   C. mapreduce.framework.name

   D. yarn.resourcemanager.address

2. Hadoop-2.6.5 集群中 HDFS 的默认数据块的大小是（　　）。

   A. 32MB　　B. 64MB　　C. 128MB　　D. 256MB

3. Hadoop-2.6.5 集群中的 HDFS 的默认副本块的个数是（　　）。

   A. 1　　B. 2　　C. 3　　D. 4

4．如果现有一个安装 2.6.5 版本的 Hadoop 集群，在不修改默认配置的情况下存储 200 个每个 200MB 的文本文件，请问最终会在集群中产生多少个数据块（包括副本）？（　　）

A．200　　B．40000　　C．400　　D．1200

5．以下哪个不是 HDFS 的守护进程？（　　）

A．secondaryNameNode

B．DataNode

C．mrappmaster/yarnchild

D．NameNode

二、填空题

1．________程序负责 HDFS 数据存储。

2．查看 HDFS 系统版本的 Shell 命令是________。

3．HDFS 是基于流数据模式访问和处理超大文件的需求而开发的，它具有高容错、高可靠性、高可扩展性、高吞吐率等特征，适合的读写任务是________。

4．________是分布式文件系统 HDFS 的工作节点，负责数据的存储和读取。

5．HDFS 最常用的三种 Shell 命令分别是________、________、________。

三、问答题

1．HDFS 和传统的分布式文件系统相比较，有哪些独特的特性？

2．为什么 HDFS 的块如此之大？

3．HDFS 中数据副本的存放策略是什么？

项目 4 用 MapReduce 统计网站最大访问次数

学习目标：

- ✧ 了解 MapReduce 基本概念
- ✧ 理解 MapReduce 执行过程
- ✧ 熟悉 IDEA 的安装
- ✧ 掌握 MapReduce 程序开发思路
- ✧ 掌握使用 MapReduce 统计网站最大访问次数

思维导图：

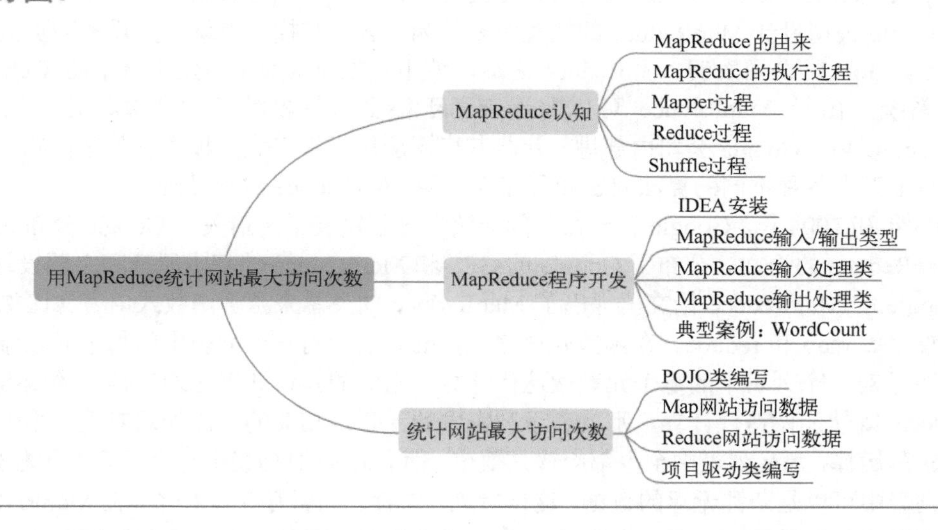

MapReduce 是 Hadoop 系统的核心组件之一，它是一种可用于大数据并行处理的计算模型、框架和平台，主要解决海量数据的分析和计算，是目前分布式计算中应用较为广泛的一种模型。

4.1 MapReduce 认知

MapReduce 是 Google 的一项重要开源技术，它是一种编程模型，用于大数据量的计算。通常，对于大数据量的计算，采用的处理方式就是并行计算。但对于大多数开发人员来说，自己去实现一个完全意义上的并行计算程序难度太大了，而 MapReduce 就是一种简化并行计算的编程模式，它大大降低了并行程序的开发难度。

MapReduce 隐含了以下三层含义。

1）MapReduce 是一个基于集群的高性能并行计算平台（Cluster Infrastructure）。它允许用市场上普通的商用服务器构成一个包含数十、数百甚至数千个节点的分布式并行计算集群。

2）MapReduce 是一个并行计算的软件框架。它提供了一个庞大并且设计精良的并行计算软件框架，它可以自动划分计算数据和计算任务，自动完成计算任务的并行化处理框架，在集群节点上自动分配和执行任务以及收集计算结果，将数据的分布存储、数据通信和容错处理等并行计算任务的复杂细节交由系统负责处理，从而大大减少了软件开发人员的负担。

3）MapReduce 是一个并行程序设计模型与方法。它借助于函数式程序设计语言 Lisp 的设计思想，提供了一种简便的并行程序设计方法，用 map 和 reduce 两个函数来编程实现基本的并行计算任务，提供了抽象的操作和并行编程接口，以简单方便地完成大规模数据的编程和计算处理。

4.1.1 MapReduce 的由来

MapReduce最早是由Google公司研究提出的一种面向大规模数据处理的并行计算模型和方法。Google 公司设计 MapReduce 的初衷主要是为了解决其搜索引擎中大规模网页数据的并行化处理。Google 公司发明 MapReduce 之后，使用它重新改写了搜索引擎中的 Web 文档索引处理系统。由于 MapReduce 可以普遍应用于很多大规模数据的计算问题，因此发明 MapReduce 以后，Google 公司内部进一步将其广泛应用于很多大规模数据处理问题。Google 公司内有上万个各种不同的算法问题和程序都使用 MapReduce 进行处理。

2003 年和 2004 年，Google 公司在国际会议上分别发表了两篇关于 Google 分布式文件系统和 MapReduce 的论文，公布了 Google 的 GFS 和 MapReduce 的基本原理和主要设计思想。

Google 的 MapReduce 论文里提出了 MapReduce 的灵感来源于函数式语言（比如 Lisp）中的内置函数 map 和 reduce。在函数式语言里，map 表示对一个列表中的每个元素做计算，reduce 表示对一个列表中的每个元素做迭代计算。它们的具体计算是通过传入的函数来实现的。reduce 既然能做迭代计算，那就表示列表中的元素是相关的，比如想对列表中的所有元素执行求和运算，那么列表中至少都应该是数值。而 map 是对列表中每个元素做单独处理的，这表示列表中可以是杂乱无章的数据。这样看来，二者之间就存在联系了。在 MapReduce 里，Map 处理的是原始数据，自然是杂乱无章的，每条数据之间互相没有关系；而 Reduce 阶段，数据是以 key 后面跟着若干个 value 来组织的，这些 value 有相关性，至少它们都在一个 key 下面，于是就符合函数式语言里 map 和 reduce 的基本思想了。

通过上面的分析可以将 MapReduce 理解为，把一堆杂乱无章的数据按照某种特征归纳起来，然后处理并得到最后的结果。MapReduce 的执行过程主要分为 Map、Shuffle 和 Reduce 三个阶段。Map 阶段用于解析每个数据，从中提取出 key 和 value，也就是提取了数据的特征。Shuffle 阶段对 Map 阶段产生的结果进行归并，即将相同 key 对应的 value 进行整合，Reduce 阶段对 Shuffle 阶段归纳好的数据做进一步的处理以便得到最终结果。

2004 年，开源项目 Lucene（搜索索引程序库）和 Nutch（搜索引擎）的创始人 Doug Cutting 发现，MapReduce 正是其所需要的解决大规模 Web 数据处理的重要技术，因而模仿 Google 的 MapReduce 技术，基于 Java 语言设计开发了一个称为 Hadoop 的开源并行计算框架。自此，Hadoop 成为 Apache 开源组织下最重要的项目，一经推出很快便得到了全球学术界和工业界的普遍关注，并得到推广和普及应用。

MapReduce 的推出给大数据并行处理带来了巨大的革命性影响，使其成为事实上的大数据处理的工业标准。尽管 MapReduce 还有很多局限性，但人们普遍公认，MapReduce 是最为成功、最被广为接受和最易于使用的大数据并行处理技术之一。MapReduce 的发展普及和带来的巨大影响远远超出了发明者和开源社区当初的意料，以至于马里兰大学教授 Jimmy Lin 在 2010 年出版的 *Data-Intensive Text Processing with MapReduce* 一书中提出：MapReduce 改变了组织大规模计算的方式，它代表了第一个有别于冯·诺依曼结构的计算模型，是在集群规模上组织大规模计算抽象模型的第一次重大突破，同时也是最为成功的基于大规模计算资源的计算模型之一。

MapReduce 具有以下特点。

1．易于编程

与编写普通程序类似，编写分布式程序只需要实现一些简单接口，避免了复杂的编码过程。同时，编写的这个分布式程序可以部署到大批量廉价的普通机器上运行。

2．具有良好的扩展性

当机器的计算资源不能满足数据存储或者计算的时候，就可以通过增加机器的方式来扩展存储和计算能力。

3．具有高容错性

设计 MapReduce 的初衷是可以使程序部署运行在廉价的机器上，廉价的机器发生故障的概率相对较高，这就要求其具有良好的容错性。当一台机器“挂掉”以后，相应数据的存储和计算能力会被移植到另外一台机器上，从而实现容错性。

4．能对 PB 量级以上的海量数据进行离线处理

MapReduce 可以实现对 PB 量级以上的海量离线数据进行计算，但是不适合针对数据的实时处理，比如要求毫秒级返回一个计算结果，MapReduce 就很难做到。

4.1.2　MapReduce 的执行过程

MapReduce 的核心思想就是“分而治之”。也就是说，把一个复杂的问题，按照一定的“分解”方法分为等价的规模较小的若干部分，然后逐个解决，分别找出各个部分的结果，再把各部分的结果组成整个问题的结果，这种思想来源于日常生活与工作时的经验，同样也适合科学技术领域。

为了更好地理解“分而治之”的思想，来看一个生活中的例子。比如，学校想要统计学生的个人信息，有两种统计方式。第一种方式是每位同学将自己的个人信息直接上报给学校，由学校统一汇总每位同学上报的信息。第二种方式就是采用“分而治之”的思想，也就是说，先要求学生以班级为单位统计个人信息，如果必要，还可以进一步以分院为单位进一步统计，再将统计结果上报给学校，最后由学校做进一步的汇总。这两种方式相比较，显然第二种方式的策略更好，工作效率更高。

MapReduce 作为一种分布式计算模型，它主要解决海量数据的计算问题。使用 MapReduce 分析海量数据时每个 MapReduce 程序会被初始化为一个工作任务，每个工作任务可以分为

Map 和 Reduce 两个阶段。其中 Map 阶段用于对原始数据进行处理，负责将复杂的任务分解成若干个简单的任务来并行处理，但前提是这些任务没有必然的依赖关系，可以单独执行。Reduce 阶段负责将任务合并，用于对 Map 阶段的结果进行全局汇总，得到最终结果。MapReduce 的核心思想，如图 4-1 所示。

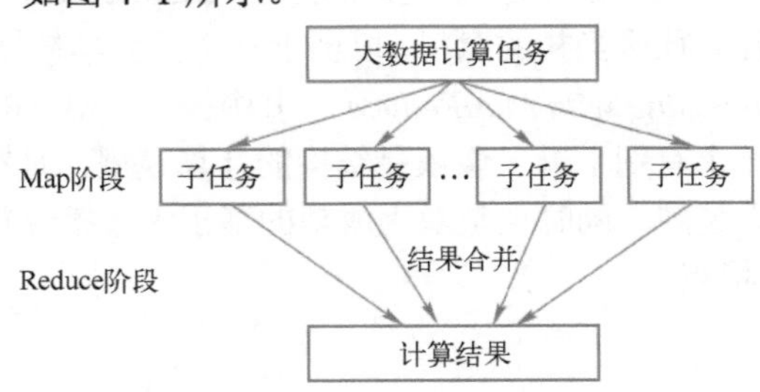

图 4-1　MapReduce 简易模型

从图 4-1 可知，MapReduce 就是“任务的分解与结果的汇总”。即使用户不懂分布式计算框架的内部运行机制，但是只要能用 Map 和 Reduce 思想描述清楚要处理的问题，就能轻松地在 Hadoop 集群上实现分布式计算功能。

MapReduce 的实现过程是通过 map()和 reduce()函数来完成的。从数据格式上来看，map()函数接收的数据格式是键值对，产生的输出结果也是键值对<key,value>的形式，reduce()函数会将 map()函数输出的键值对作为输入，把相同 key 值的 value 进行汇总，输出新的键值对。MapReduce 的简易数据流模型，如图 4-2 所示。

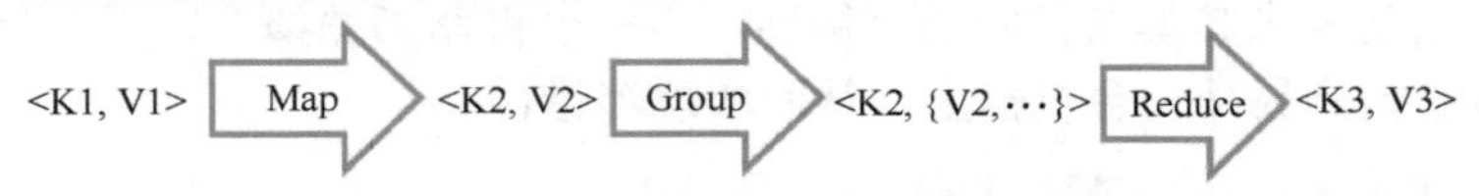

图 4-2　MapReduce 简易数据流模型

对于图 4-2 描述的 Map 简易数据流模型说明如下。

首先，将原始数据处理成键值对<K1,V1>的形式。

然后，将解析后的键值对<K1,V1>传给 map()函数，map()函数会根据映射规则，将键值对<K1,V1>映射为一系列中间结果形式的键值对<K2,V2>。

最后，将中间形式的键值对<K2,V2>形成<K2,{V2, …}>形式传给 reduce()函数处理，把具有相同 key 的 value 合并在一起，产生新的键值对<K3,V3>，此时的键值对<K3,V3>就是最终输出的结果。

这里要特殊说明的是，对于某些任务来说，可能不一定需要 Reduce 过程，也就是说，MapReduce 的数据流模型可能只有 Map 过程，由 Map 产生的数据直接被写入 HDFS 中。但是，对于大多数任务来说，都是需要 Reduce 过程的，并且可能由于任务繁重，需要设定多个 Reduce。一个具有多个 Map 和 Reduce 的 MapReduce 模型，具体如图 4-3 所示。

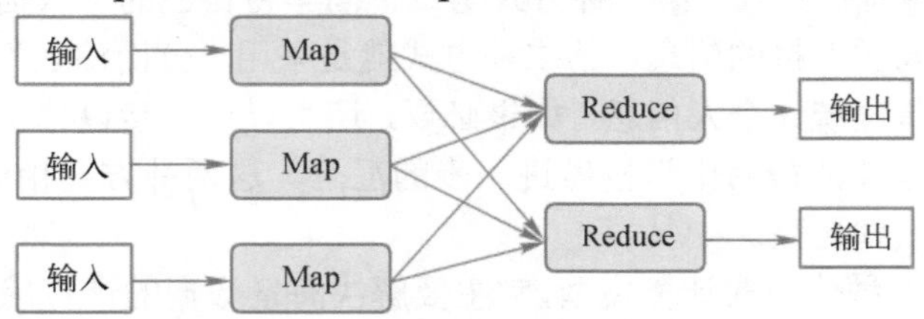

图 4-3　MapReduce 简易数据流模型

图 4-3 展示的是含有 3 个 Map 和两个 Reduce 的 MapReduce 程序，Map 产生的相关 key 的输出都会传递到 Reduce 中处理，而 Reduce 是最后的处理过程，其结果不会进行第二次汇总。

MapReduce 编程模型开发简单且功能强大，专门为并行处理大规模数据而设计。MapReduce 的工作流程大致可以分为 5 步，具体如下。

1. 分片、格式化数据源

Map 阶段接收的数据源，必须经过分片和格式化操作。

1）分片操作指的是将源文件划分为大小相等的小数据块（Hadoop 2.x 中默认为 128MB），也就是分片（split），Hadoop 会为每一个分片构建一个 Map 任务，并由该任务运行自定义的 map()函数，从而处理分片里的每一条记录。

2）格式化操作是指将划分好的分片（split）格式化为键值对<key, value>形式的数据，其中，key 代表偏移量，value 代表每一行内容。

2. 执行 MapTask

每个 MapTask 都有一个内存缓冲区（缓冲区大小 100MB），输入的分片（split）数据经过 Map 任务处理后的中间结果会写入内存缓冲区中。如果写入的数据达到内存缓冲区的阈值（80MB），会启动一个线程将内存中的溢出数据写入磁盘，同时不影响 Map 中间结果继续写入缓冲区。在溢出数据写入磁盘的过程中，MapReduce 框架也会将溢出数据全部写入磁盘，并在磁盘中形成一个文件，如果溢出数据形成了多个文件，则最后会将多个文件合并为一个文件。

3. 执行 Shuffle 过程

在 MapReduce 工作过程中，Map 阶段处理的数据如何传递给 Reduce 阶段，这是 MapReduce 框架中关键的一个过程，这个过程叫作 Shuffle。Shuffle 会将 MapTask 输出的处理结果分发给 ReduceTask，并在分发的过程中，对数据按 key 进行分区和排序。

4. 执行 ReduceTask

输入 ReduceTask 的数据流是<key, {value list}>形式，用户可以自定义 reduce()方法进行逻辑处理，并最终以<key, value>的形式输出。

5. 写入文件

MapReduce 框架会自动把 ReduceTask 生成的<key,value>传入 OutputFormat 的 write 方法，实现文件的写入操作。

4.1.3 Mapper 过程

MapTask 作为 MapReduce 工作流程的前半部分，它主要经历了 5 个阶段，分别是 Read 阶段、Map 阶段、Collect 阶段、Spill 阶段和 Combine 阶段，如图 4-4 所示。

4-2 Mapper 过程

1. Read 阶段

读取文件调用的是 Inputformat 方法，读入一行数据，返回一个键值对<key,value>，Key 表示行号的偏移量，value 表示读取一行的内容。

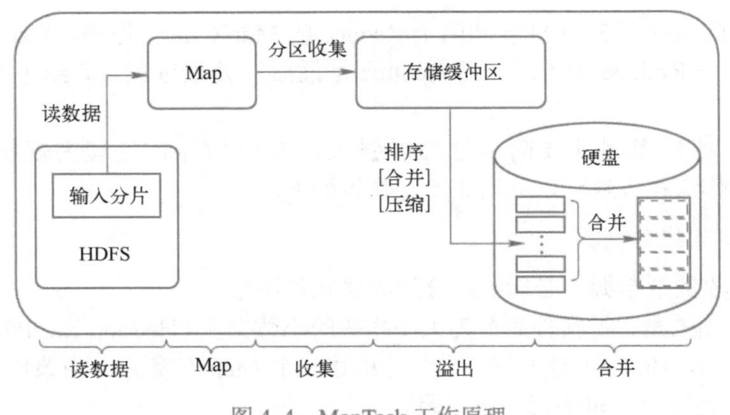

图 4-4 MapTask 工作原理

2. Map 阶段

将 Read 阶段解析出的键值对交给用户编写的 map()函数处理，并产生一系列新的键值对。

3. Collect 阶段

MapTask 在处理完一个键值对以后,就会进行分区、排序等操作。通过调用 partitioner 将生成的键值对进行分片，并将分片的数据写入一个环形内存缓冲区中。

4. Spill 阶段

当环形缓冲区数据达到阈值后，MapReduce 会将数据写到本地磁盘上，生成一个临时文件。需要注意的是，将数据写入本地磁盘前，先要对数据进行一次本地排序，并在必要时对数据进行合并、压缩等操作。

5. Combine 阶段

当所有数据处理完成以后，MapTask 会对所有临时文件进行一次合并，以确保最终只会生成一个数据文件。

4.1.4 Reduce 过程

Reduce 阶段由一定数量的 ReduceTask 组成，而 ReduceTask 的工作过程主要经历了 5 个阶段，分别是 Copy 阶段、Merge 阶段、Sort 阶段、Reduce 阶段和 Write 阶段。ReduceTask 的工作原理如图 4-5 所示。

1. Copy 阶段

Reduce 会从各个 MapTask 上远程复制数据，如果复制的数据大小超过一定阈值，则将数据写到磁盘上，否则直接放到内存中。

2. Merge 阶段

在远程复制数据的同时，ReduceTask 会启动两个后台线程，分别对内存和磁盘上的文件进行合并，以防止内存使用过多或者磁盘文件过多。

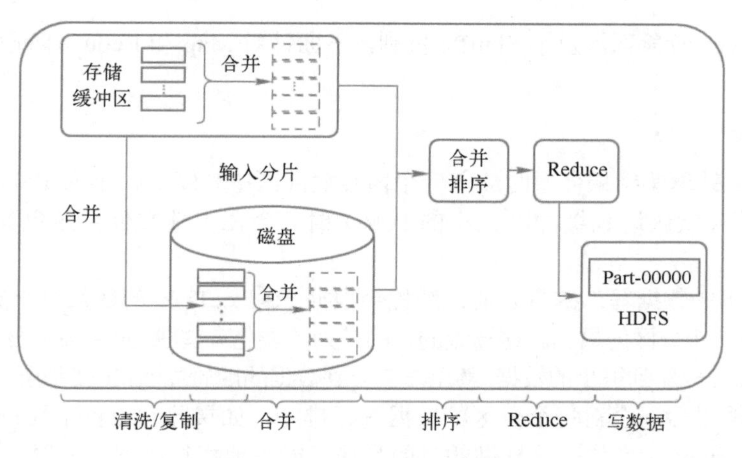

图 4-5　ReduceTask 工作原理

3．Sort 阶段

用户编写的 reduce()方法接收的是根据 key 进行分组的数据。为了将 key 相同的数据进行分组，MapReduce 模型采用了基于排序的策略。每个 MapTask 已经实现了对自己的处理结果进行局部排序，因此，ReduceTask 只需对所有数据进行一次归并排序即可。

4．Reduce 阶段

将每组数据依次交给用户编写的 Reduce 方法处理。

5．Write 阶段

使用 reduce()函数将计算结果写到 HDFS 中。

4.1.5　Shuffle 过程

Shuffle 又叫"洗牌"，它是 MapReduce 的核心，用来确保每个 Reducer 的输入都是按照键排序的。它的性能高低直接决定了整个 MapReduce 程序的性能高低。Shuffle 的工作过程如图 4-6 所示。

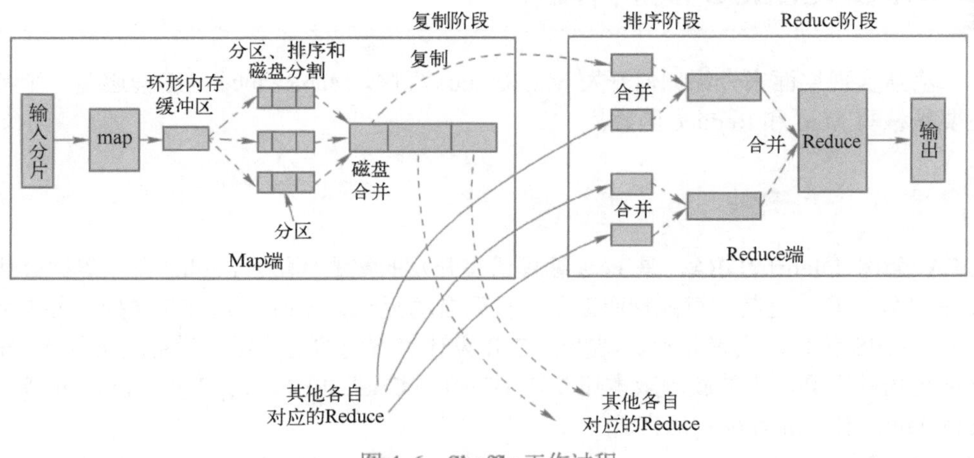

图 4-6　Shuffle 工作过程

Map 和 Reduce 阶段都涉及了 Shuffle 机制，下面针对 Map 和 Reduce 阶段的 Shuffle 机制分别进行分析。

1. Map 阶段

1）MapTask 处理的结果会暂时放入一个内存缓冲区中（默认大小为 100MB），当缓冲区的数据达到阈值（默认达到缓冲区大小的 80%）时，会在本地文件系统创建一个文件保存溢出数据。

2）在将溢出的数据写入磁盘之前，线程会根据 ReduceTask 的数量进行数据分区，一个 ReduceTask 对应一个分区的数据。这样做的目的是为了避免有些 ReduceTask 分配到大量数据，而有些 ReduceTask 分配到很少的数据，甚至没有分到数据的尴尬局面，也就是所谓的"数据倾斜"。

3）分完数据以后，会对每个分区的数据进行排序，如果此时设置了 Combiner，将排序后的结果进行 Combiner 操作，这样做的目的是尽可能少地执行数据写入磁盘的操作。

4）当 Map 任务输出最后一个记录时，可能有很多数据溢出的文件，这时需要将这些文件合并，合并的过程中会不断地进行排序和 Combiner 操作，其目的有两个：一是尽量减少每次写入磁盘的数据量；二是尽量减少下一复制阶段网络传输的数据量。最后合并成一个已分区且已排序的文件。

5）将分区中的数据复制给对应的 Reduce 任务。

2. Reduce 阶段

1）Reduce 会接收到不同 MapTask 传来的数据，并且每个 Map 传来的数据都是有序的。如果 Reduce 阶段接收到的数据量相当小，则直接存储在内存中，如果数据量超过了该缓冲区大小的一定比例，则将数据合并后写到磁盘中。

2）随着溢写文件的增多，后台线程会将它们合并成一个更大的有序的文件，这样做是为了给后面的合并节省时间。

3）合并的过程中会产生许多中间文件并写入磁盘，但 MapReduce 会让写入磁盘的数据尽可能地少，并且最后一次合并的结果并没有写入磁盘，而是直接输入到 reduce 函数。

4.2 MapReduce 程序开发

本节将从实现层面来介绍如何开发 MapReduce 程序，MapReduce 的编程遵循一个特定流程，主要是编写 Map 和 Reduce 函数。

4.2.1 IDEA 安装

IDEA 全称 IntelliJ IDEA，是 Java 编程语言开发的集成环境。IntelliJ 在业界被公认为最好的 Java 开发工具，尤其在智能代码助手、代码自动提示、重构、JavaEE 支持、各类版本工具、JUnit、CVS 整合、代码分析、创新的 GUI 设计等方面的功能可以说是超常的。IDEA 是 JetBrains 公司的产品，它的旗舰版本还支持 HTML、CSS、PHP、MySQL、Python 等。免费版只支持 Java、Kotlin 等少数语言。

1）访问官网地址 https://www.jetbrains.com/idea/，单击"DOWNLOAD"按钮下载 IntelliJ

IDEA，如图 4-7 所示。

2）可以选择不同操作系统对应的下载包，本书采用的是 Windows 10 64 位系统，选择好操作系统，然后选择要下载的 IDEA 版本，有企业版和开源版两种，用户可根据自己的需求下载相应的版本。

图 4-7　官网下载 IDEA

图 4-8　IDEA 下载

3）Windows 版本安装比较简单，找到下载好的 exe 可执行文件，然后双击打开，可以看到 IDEA 安装向导，如图 4-9 所示。

4）单击“Next”按钮，可以自定义安装路径，如图 4-10 所示。

图 4-9　IDEA 安装向导

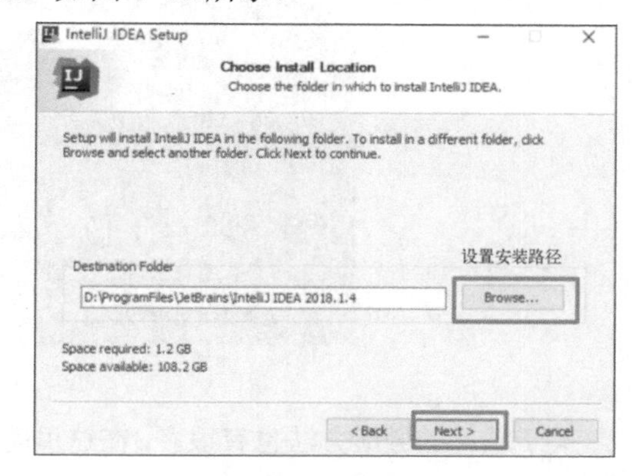

图 4-10　设置安装路径

5）单击“Next”按钮，选择操作系统的位数，并设置安装插件类型。如图 4-11 所示。

6）继续单击“Next”按钮，进入安装界面。如图 4-12 所示。

图 4-11　选择操作系统位数和插件类型

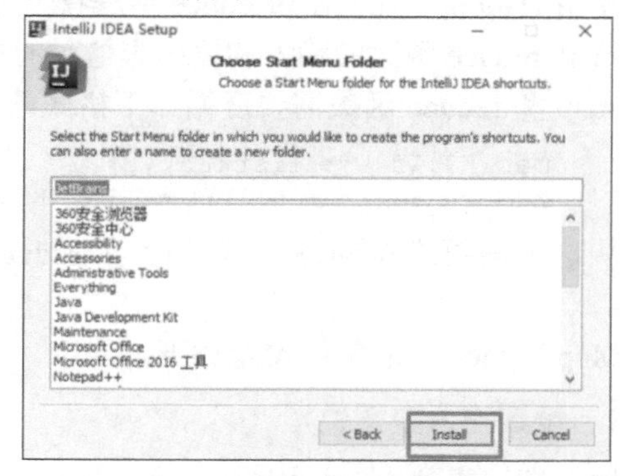

图 4-12　IDEA 安装界面

7）单击“Install”按钮，然后耐心等待安装完成即可，如图 4-13 所示。

8）经过一段时间等待，IDEA 安装完成，单击“Finish”按钮，如图 4-14 所示。

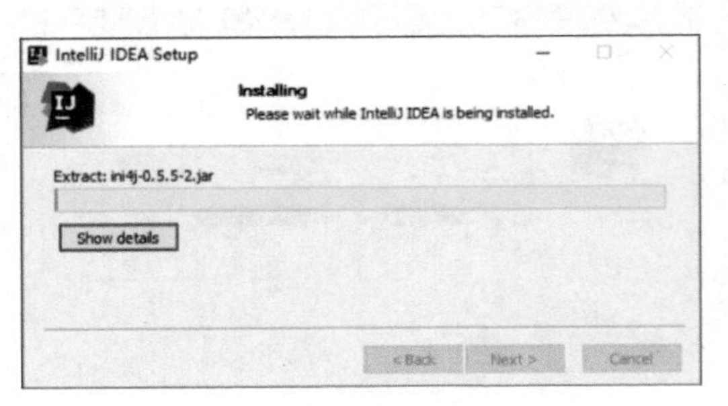

图 4-13　IDEA 的安装

图 4-14　IDEA 安装完成

9）可以通过菜单或者快捷方式运行 IDEA，运行界面如图 4-15 所示。

图 4-15　运行 IDEA

关于软件的激活方法也有很多，在这里就不赘述了，读者可以自行搜索相关的信息和资料。

4.2.2　MapReduce 输入/输出类型

使用 Hadoop 中的 MapReduce 编程模型非常简单，只需要定义好 map 和 reduce 函数的输入和输出键值对的类型即可。MapReduce 中的 map 和 reduce 函数需要遵循如下格式。

4-5　MapReduce 输入/输出类型

```
map(K1,V1) → list(K2,V2)
reduce(K2,list(V2)) → list(K3,V3)
```

从这个需要遵循的格式可以看出，reduce 函数的输入类型必须与 map 函数的输出类型一致。

MapReduce 中的常用设置如下。

1. 设置输入数据类型

输入数据类型由 InputFormat 接口决定。比如：TextInputFormat 以行偏移量为 key，以每行的字符为 value。KeyValueTextInputFormat 根据分割符来切分行，分割符前为 key，分割符后为 value。

2．设置 Map 输出类型

Map 输出 Key 的类型通过 setMapOutputKeyClass 设置，Value 的类型通过 setMapOutputValueClass 设置。

3．设置 Reduce 输出类型

Reduce 输出 Key 的类型通过 setOutputKeyClass 设置，Value 类型通过 setOutputValueClass 设置。

4.2.3 MapReduce 输入处理类

MapReduce 处理的数据文件，一般情况下输入文件是存储在 HDFS 上的。这些文件的格式是任意的，可以使用基于行的日志文件，也可以使用二进制格式、多行输入记录或者其他一些格式。这些文件一般会很大，达到数十 GB，甚至更大。

1．InputFormat 接口

InputFormat 接口决定了输入文件如何被 Hadoop 分块。InputFormat 能够从一个 job 中得到一个 split 集合，然后再为这个 split 集合配上一个合适的 RecordReader（getRecordReader）来读取每个 split 中的数据。下面是 InputFormt 接口的成员方法。

```
public abstract class InputFormat<K, V> {
  public abstract
    List<InputSplit> getSplits(JobContext context
                               ) throws IOException, InterruptedException;
  public abstract
    RecordReader<K,V> createRecordReader(InputSplit split,
                                         TaskAttemptContext context
                                        ) throws IOException,
                                                 InterruptedException;
}
```

方法说明：

1）getSplits(JobContext context)方法负责将一个大数据在逻辑上分成许多片。比如数据表有 100 条数据，按照主键 ID 升序存储。假设每 25 条分成一片，这个 List 的大小就是 4，然后每个 InputSplit 记录两个参数，第一个参数是这个分片的起始 ID，第二个参数是这个分片数据的大小，如 25。很明显 InputSplit 并没有真正存储数据，只是提供了一个如何将数据分片的方法。

2）createRecordReader(InputSplit, TaskAttemptContext context)方法根据 InputSplit 定义的方法，返回一个能够读取分片记录的 RecordReader。getSplits 用来获取由输入文件计算出来的 InputSplit，而 createRecordReader()提供了 RecordReader 的实现，将 Key/Value 对从 InputSplit 中正确读出，比如 LineRecordReader，它以 Key 为偏移量，Value 为每行数据，使得所有 createRecordReader()返回 LineRecordReader 的 InputFormat 都是以偏移量为 Key、每行数据为 Value 的形式读取输入分片的。

2．InputFormat 接口实现类

InputFormat 接口实现类有很多，具体层次结构如图 4-16 所示。

下面对常用的 InputFormat 实现类进行简要介绍。

1）FileInputFormat

FileInputFormat 是所有使用文件作为数据源的 InputFormat 实现的基类，其主要作用是指出作业的输入文件位置。因为作业的输入被设定为一组路径，这对指定作业输入提供了很强的灵活性。FileInputFormat 提供了以下 4 种静态方法来设定作业的输入路径。

```
public static void addInputPath(Job job, Path path);
public static void addInputPaths(Job job, String commaSeparatedPaths);
public static void setInputPaths(Job job, Path… inputPaths);
public static void setInputPaths(Job job, String commaSeparatedPaths);
```

2）KeyValueTextInputFormat

每一行均为一条记录，被分隔符（默认是〈Tab〉键）分割为 key（Text）/value（Text），可以通过 mapreduce.input.keyvaluelinerecordreader.key.value.separator 属性（或者旧版本 API 中的 key.value.separator.in.input.line）来设定分隔符。

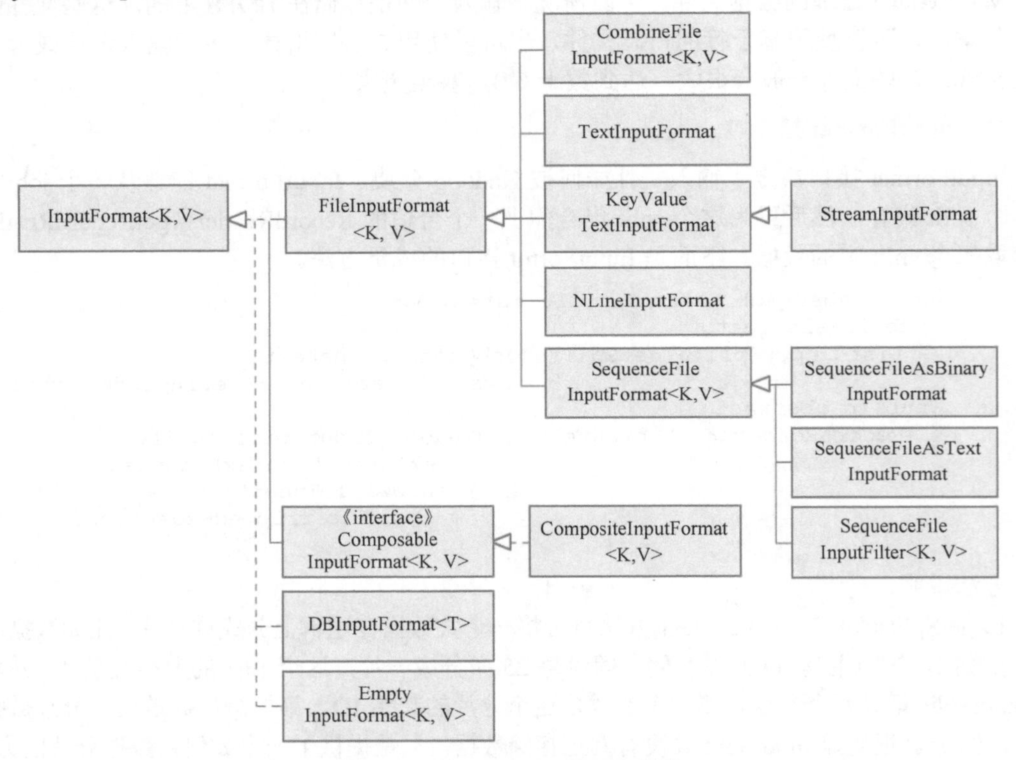

图 4-16 InputFormat 接口实现类

4.2.4 MapReduce 输出处理类

针对前面介绍的输入格式，Hadoop 都有相对应的输出格式。默认情况下只有一个 Reduce，即输出只有一个文件，文件名为 part-r-0000。输出文件的个数与 Reduce 的个数一致，如果有两个 Reduce，输出结果就有两个文件，第一个为 part-r-0000，第二个为 part-r-0001，其余情况依此类推。

1．OutputFormat 接口

OutputFormat 主要用于描述输出数据的格式，它能够将用户提供的 key/value 对写入特定格式的文件中。通过 OutputFormat 接口，也可以实现具体的输出格式，但过程有些复杂也没有必要。Hadoop 自带了很多 OutputFormat 接口的实现类，它们与 InputFormat 接口的实现类相对应，足以满足日常的业务需要。

2．OutputFormat 接口实现类

OutputFormat 接口实现类有很多，具体层次结构如图 4-17 所示。

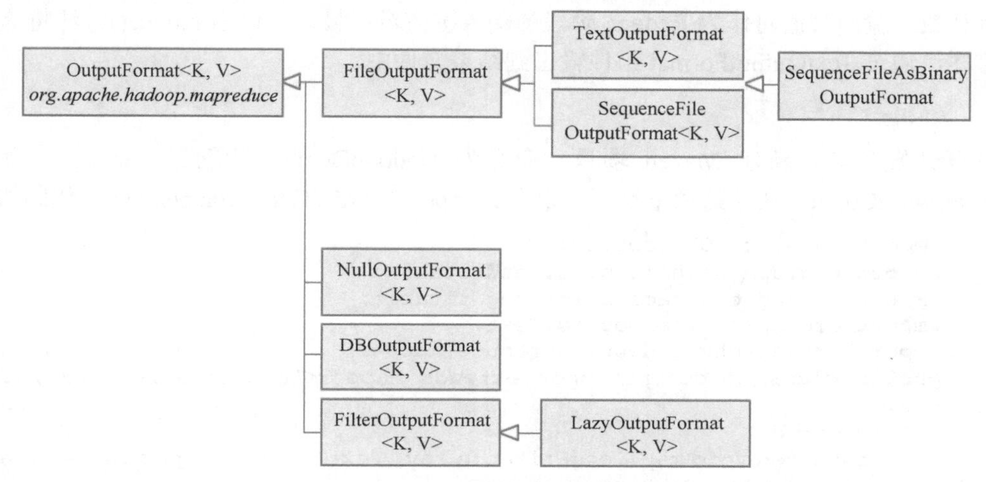

图 4-17 OutputFormat 实现类

OutputFormat 是 MapReduce 输出的基类，所有的 MapReduce 输出都实现了 OutputFormat 接口。常用的 OutputFormat 实现类介绍如下。

（1）文本输出

默认的输出格式是 TextOutputFormat，它把每条记录写为文本行，利用它的键和值可以实现 Writable 的任意类型，因为 TextOutputFormat 调用 toString()方法把它们转换为字符串。每个键值对由制表符进行分割，当然也可以设定 mapreduce.output.textoutputformat.separator 属性（旧版本 API 中为 mapred.textoutputformat.separator）来改变默认的分隔符。与 FileOutputFormat 对应的输入格式是 KeyValueTextInputFormat，它通过可配置的分隔符将文本分割成 key/value。

可以使用 NullWritable 来省略输出的 key 或 value（或两者都省略），相当于 NullOutputFormat 输出格式，它什么也不输出，这也会导致无分隔符输出，使得输出只适合用 TextInputFormat 读取。

（2）二进制输出

SequenceFileOutputFormat 将输出内容写入一个顺序文件。如果输出需要作为后续 MapReduce 任务的输入，这将是一种好的输出格式，因为其格式紧凑，很容易被压缩。

4.2.5 典型案例：WordCount

WordCount（词频统计）是 MapReduce 编程的一个典型案例，下面以词频统计为例，来学习 MapReduce 编程开发。

假设有文件 word.txt，其内容如下。

```
hello world
hello java
hello hadoop
hello mapreduce
spark scala
```

要统计 word.txt 中各个单词出现的次数，输出到结果文件中。首先，MapReduce 通过默认组件 TextInputFormat 将数据文件（如 word.txt）的每一行数据转变为键值对<key, value>的形式，其中 key 为偏移量，value 为该行数据内容；其次，调用 map()方法，将单词进行切割并进行计数，输出键值对作为 Reduce 阶段的输入键值对；最后，调用 reduce()方法将单词汇总、排序，通过 TextOutputFormat 组件输出到结果文件中。

1. Mapper 阶段实现

打开开发工具，新建 Maven 项目，命名为 HadoopDemo，新创建 package，命名为 cn.cvit.mr.WordCount，在该路径下编写自定义 Mapper 类 WordCountMapper.java，代码如下。

```
import java.io.IOException;
import org.apache.hadoop.io.IntWritable;
import org.apache.hadoop.io.LongWritable;
import org.apache.hadoop.io.Text;
import org.apache.hadoop.mapreduce.Mapper;
public class WordCountMapper extends Mapper<LongWritable, Text, Text,
IntWritable> {
    @Override
    protected void map(LongWritable key, Text value, Mapper<LongWritable,
Text, Text, IntWritable>.Context context)
            throws IOException, InterruptedException {
        // 拿到传入进来的一行内容，把数据类型转换为 String
        String line = value.toString();
        // 将这行内容按照分隔符切割
        String[] words = line.split(" ");
        // 遍历数组，每出现一个单词就标记一个数组 1，例如：<单词,1>
        for (String word : words) {
        // 使用 MR 上下文，把 Map 阶段处理的数据发送给 Reduce 阶段作为输入数据
            context.write(new Text(word), new IntWritable(1));

        }
    }
}
```

这里就是 MapReduce 程序 Map 阶段业务逻辑实现的类 Mapper<KEYIN, VALUEIN, KEYOUT, VALUEOUT>。

KEYIN：表示 Mapper 数据输入时 key 的数据类型，默认读取数据组件时叫作 ImportFormat，它的行为是以行为单位读取待处理的数据。读取一行，就返回一行数据发送到 MR 程序，这种情况下 KEYIN 就表示每一行的起始偏移，因此数据类型是 Long。

VALUEIN：表示 Mapper 数据输入时 value 的数据类型，在默认读取数据组件中 VALUEIN 就表示读取的一行内容，因此数据类型是 String。

KEYOUT：表示 Mapper 阶段数据输出时 key 的数据类型，在本案例中输出的 key 是单词，因此数据类型是 String。

ValueOUT：表示 Mapper 阶段数据输出的时候 value 的数据类型，在本案例中输出的 value

是单词出现的次数，因此数据类型是 Integer。

这里所说的数据类型 String、Long 都是 JDK 自带的类型，数据在分布式系统中跨网络传输就需要将数据序列化，默认 JDK 序列化的时效率低下，因此使用 Hadoop 封装的序列化类型。例如：Long 对应 LongWritable，String 对应 Text，Integer 对应 IntWritable 等。

2. Reduce 阶段实现

根据 Map 阶段的输出结果形式，同样在 cn.cvit.mr.WordCount 包下，自定义 Reducer 类，命名为 WordCountReducer.java。代码如下。

```
        import java.io.IOException;
        import org.apache.hadoop.io.IntWritable;
        import org.apache.hadoop.io.Text;
        import org.apache.hadoop.mapreduce.Reducer;
        public class WordCountReducer extends Reducer<Text, IntWritable, Text,
IntWritable> {
            @Override
            protected void reduce(Text key, Iterable<IntWritable> value,
                    Reducer<Text, IntWritable, Text, IntWritable>.Context context)
throws IOException, InterruptedException {
                // 定义一个计数器
                int count = 0;
                // 遍历一组迭代器，把每一个数量 1 累加起来就构成了单词的总次数
                for (IntWritable iw : value) {
                    count += iw.get();
                }
                context.write(key, new IntWritable(count));
            }
        }
```

这就是 MapReduce 程序 Reducer 阶段处理的类。

- KEYIN：Reducer 阶段输入的数据 key 类型，对应 Mapper 阶段输出 KEY 类型，在本案例中就是单词。
- VALUEIN：Reducer 阶段输入的数据 value 类型，对应 Mapper 阶段输出 VALUE 类型，在本案例中就是单词个数。
- KEYOUT：Reducer 阶段输出的数据 key 类型，在本案例中，就是单词。
- VALUEOUT：Reducer 阶段输出的数据 value 类型，在本案例中，就是单词的总次数。

3. Driver 程序主类实现

编写 MapReduce 程序运行主类 WordCountDriver.java，代码如下。

```
import org.apache.hadoop.conf.Configuration;
import org.apache.hadoop.fs.Path;
import org.apache.hadoop.io.IntWritable;
import org.apache.hadoop.io.Text;
import org.apache.hadoop.mapreduce.Job;
import org.apache.hadoop.mapreduce.lib.input.FileInputFormat;
import org.apache.hadoop.mapreduce.lib.output.FileOutputFormat;
/**
 * Driver 类就是 MR 程序运行的主类，本类中组装了一些程序运行时所需要的信息
 * 比如：使用的 Mapper 类是什么，Reducer 类是什么，数据在什么地方，输出在哪里
 */
public class WordCountDriver {
    public static void main(String[] args) throws Exception {
```

```
        // 通过 Job 来封装本次 MR 的相关信息
        Configuration conf = new Configuration();
        conf.set("mapreduce.framework.name", "local");
        Job wcjob = Job.getInstance(conf);
        // 指定 MR Job jar 包运行主类
        wcjob.setJarByClass(WordCountDriver.class);
        // 指定本次 MR 所有的 Mapper Reducer 类
        wcjob.setMapperClass(WordCountMapper.class);
        wcjob.setReducerClass(WordCountReducer.class);
        // 设置业务逻辑 Mapper 类的输出 key 和 value 的数据类型
        wcjob.setMapOutputKeyClass(Text.class);
        wcjob.setMapOutputValueClass(IntWritable.class);
        // 设置业务逻辑 Reducer 类的输出 key 和 value 的数据类型
        wcjob.setOutputKeyClass(Text.class);
        wcjob.setOutputValueClass(IntWritable.class);
        // 指定要处理的数据所在的位置
        FileInputFormat.setInputPaths(wcjob, "C:/mr/input");
        // 指定处理完成之后的结果所保存的位置
        FileOutputFormat.setOutputPath(wcjob, new Path("C:/mr/output"));
        // 提交程序并且监控打印程序执行情况
        boolean res = wcjob.waitForCompletion(true);
        System.exit(res ? 0 : 1);
    }
}
```

4. 任务执行

为了保证 MapReduce 程序能够正常执行，需要在本地目录下（程序中为 C:/mr/input）创建文件 word.txt。文件内容如下。

```
hello world
hello java
hello hadoop
hello mapreduce
spark scala
```

然后执行 MapReduce 程序的 WordCountDriver 类，正常执行完成之后，会在指定的目录（程序中为 C:/mr/output）下生成结果文件，如图 4-18 所示。

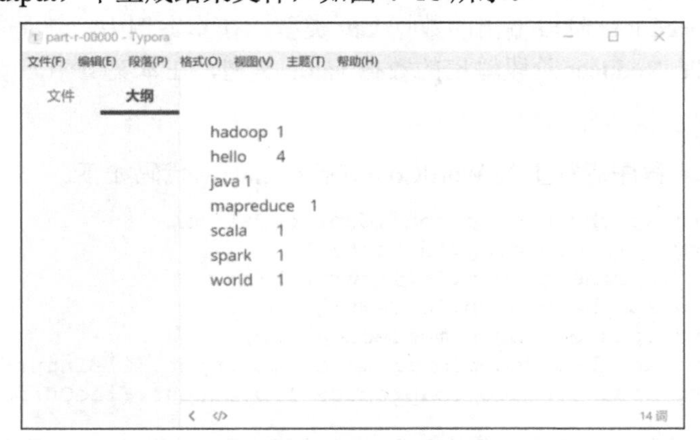

图 4-18　词频统计结果

从图 4-18 可以看出，通过 Hadoop 的 MapReduce 程序统计出了源文件中的各单词数目，达到了案例的需求，实现了词频统计的功能。

项目实现

任务 1　POJO 类编写

首先，编写统计网站最大访问次数的 POJO 类，代码如下。

```
public class Web implements Comparable<Web> {
    private int num;
    private String www;

    public Web() {
    }

    public Web(int num, String www) {
        this.num = num;
        this.www = www;
    }

    public int getNum() {
        return num;
    }

    public void setNum(int num) {
        this.num = num;
    }

    public String getWww() {
        return www;
    }

    public void setWww(String www) {
        this.www = www;
    }

    @Override
    public int compareTo(Web o) {
        return  o.getNum() - this.num  ;
    }
}
```

任务 2　Map 网站访问数据

在 POJO 类的相同路径下编写自定义 Mapper 类，代码如下。

```
import java.io.IOException;
import java.util.TreeMap;
import org.apache.hadoop.io.IntWritable;
import org.apache.hadoop.io.LongWritable;
import org.apache.hadoop.io.NullWritable;
import org.apache.hadoop.io.Text;
import org.apache.hadoop.mapreduce.Mapper;
public class WebMapper extends Mapper<LongWritable,Text,Text,LongWritable> {
    @Override
```

```
        protected void map(LongWritable key, Text value, Context context) throws
IOException, InterruptedException {
            String s = value.toString();
            String[] s1 = s.split("\t");
            String www = s1[1];
            context.write(new Text(www),new LongWritable(1));
        }
    }
```

任务 3 Reduce 网站访问数据

根据 Map 阶段的输出结果形式自定义 Reducer 类，代码如下。

```
import java.io.IOException;
import java.util.ArrayList;
import java.util.Collections;
import java.util.Comparator;
import java.util.List;
import java.util.TreeMap;

import org.apache.hadoop.conf.Configuration;
import org.apache.hadoop.io.IntWritable;
import org.apache.hadoop.io.LongWritable;
import org.apache.hadoop.io.NullWritable;
import org.apache.hadoop.io.Text;
import org.apache.hadoop.mapreduce.Reducer;
public class WebReducer extends Reducer<Text, LongWritable,Text,LongWritable> {

    List<Web> list = new ArrayList<Web>();

    @Override
    protected void reduce(Text key, Iterable<LongWritable> values, Context
context) throws IOException, InterruptedException {
        int a = 0;

        for (LongWritable value : values) {
            a += value.get();
        }
        Web user = new Web(a,key.toString());
        list.add(user);
    }

    @Override
    protected void cleanup(Context context) throws IOException, Interrupt-
edException {
        Configuration cof = context.getConfiguration();
        int a = cof.getInt("top",3);

        Collections.sort(list);
        int num = 0;

        for (Web user : list) {
            context.write(new Text(user.getWww()),new LongWritable(user.
getNum()));
            num++;
            if(num==a){
                return;
```

```
                }
            }
        }
    }
```

任务 4　项目驱动类编写

编写 MapReduce 项目驱动类，代码如下。

```
import java.io.File;
import java.io.IOException;
import org.apache.hadoop.conf.Configuration;
import org.apache.hadoop.fs.FileSystem;
import org.apache.hadoop.fs.FileUtil;
import org.apache.hadoop.fs.Path;
import org.apache.hadoop.io.LongWritable;
import org.apache.hadoop.io.Text;
import org.apache.hadoop.mapreduce.Job;
import org.apache.hadoop.mapreduce.lib.input.FileInputFormat;
import org.apache.hadoop.mapreduce.lib.output.FileOutputFormat;

public class WebRunner {
    public static void main(String[] args) throws IOException, ClassNot-
FoundException, InterruptedException {

        Configuration configuration = new Configuration();
        Job job = Job.getInstance(configuration);

        job.setJarByClass(WebRunner.class);
        job.setMapperClass(WebMapper.class);
        job.setReducerClass(WebReducer.class);

        job.setMapOutputKeyClass(Text.class);
        job.setMapOutputValueClass(LongWritable.class);

        job.setOutputKeyClass(Text.class);
        job.setOutputValueClass(LongWritable.class);

        Configuration conf = new Configuration();
        Path outfile = new Path("D:\\outfile2");
         FileSystem fs = outfile.getFileSystem(conf);
         if(fs.exists(outfile)){
             fs.delete(outfile,true);
         }

        FileInputFormat.addInputPath(job, new Path("d:\\inputweb\\web.dat"));
        FileOutputFormat.setOutputPath(job, outfile);

        job.waitForCompletion(true);
        System.out.println(job.isSuccessful()?0:1);
    }
}
```

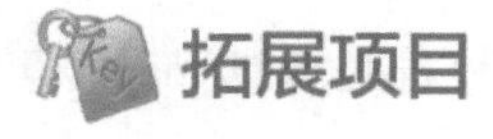

拓展项目

“数据去重”是利用并行化思想，对数据进行有意义的筛选，统计大数据集上不同数据出现的个数、从网站日志中计算访问地等庞大的任务都会涉及数据去重。本实例要求通过编写 MapReduce 程序，对数据文件中的数据实现“数据去重”功能。

file1.txt 和 file2.txt 这两个文件中的每行都是一个数据，样例如下。

```
file1.txt:
2018-3-1     a
2018-3-2     b
2018-3-3     c
2018-3-4     d
2018-3-5     a
2018-3-6     b
2018-3-7     c
2018-3-3     c
file2.txt:
2018-3-1     b
2018-3-2     a
2018-3-3     b
2018-3-4     d
2018-3-5     a
2018-3-6     c
2018-3-7     d
2018-3-3     c
```

对上面两个文件去重之后，结果如下。

```
2018-3-1     a
2018-3-1     b
2018-3-2     a
2018-3-2     b
2018-3-3     b
2018-3-3     c
2018-3-4     d
2018-3-5     a
2018-3-6     b
2018-3-6     c
2018-3-7     c
2018-3-7     d
```

课后练习

一、填空题

1．在 MapReduce 中，________阶段负责将任务分解，________阶段负责将任务合并。

2．ReduceTask 工作过程主要经历了 5 个阶段，分别是________阶段、________阶段、________阶段、________阶段和________阶段。

3．________又叫“洗牌”，它是 MapReduce 的核心，用来确保每个 Reducer 的输入都是按键排序的。

二、判断题

1．MapReduce 借鉴了函数式程序设计语言的设计思想，其程序实现过程是通过 map()和 reduce()函数来完成的。

2．MapReduce 作为分布式文件存储系统，是 Hadoop 系统的核心组件之一。

3．MapTask 处理的结果会暂时放入一个内存缓冲区中，默认大小为 100MB。

三、选择题

1．下面关于 MapReduce 模型中 Map 函数与 Reduce 函数的描述正确的是（　　）。

A．一个 Map 函数就是对一部分原始数据进行指定的操作

B．一个 Map 操作就是对每个 Reduce 所产生的一部分中间结果进行合并操作

C．Map 与 Map 之间不是相互独立的

D．Reduce 与 Reduce 之间不是相互独立的

2．MapReduce 适用于（　　）。

A．任意应用程序

B．任意可以在 Windows Server 2008 上应用的程序

C．可以串行处理的应用程序

D．可以并行处理的应用程序

3．下列哪个方法负责将一个大数据在逻辑上分成许多片（　　）。

A．map()　　B．getSplits()

C．createRecordReader()　　D．reduce()

四、简答题

1．MapReduce 的核心思想是什么？

2．简述 MapReduce 的执行过程。

项目 5 用 MapReduce 实现课程名称和成绩的二次排序

学习目标：

- ✧ 了解 MapReduce 合并编程
- ✧ 了解 MapReduce 分区编程
- ✧ 理解 MapReduce 连接操作
- ✧ 掌握 MapReduce 排序操作
- ✧ 掌握使用 MapReduce 实现二次排序

思维导图：

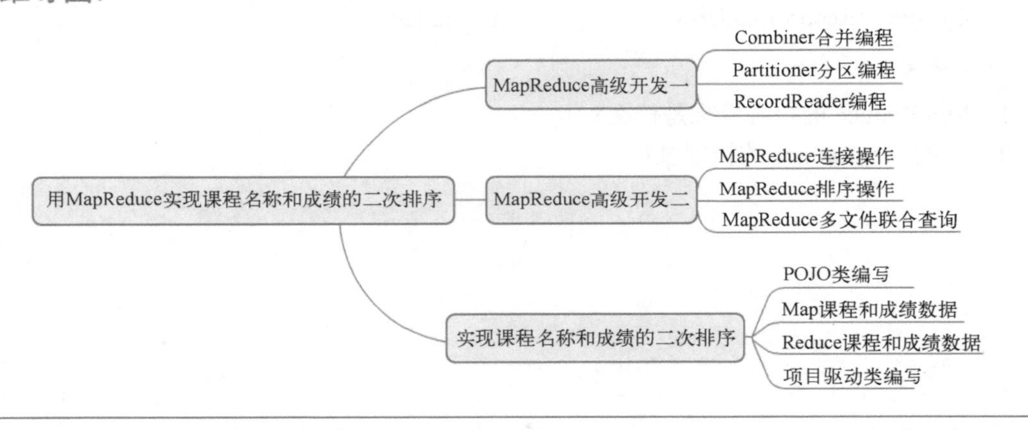

MapReduce 在 Shuffle 阶段会自动进行排序，且这种自动排序是根据 key 值的顺序来进行的。在实际开发中，也可以先按照 key 值进行排序，如果 key 值相同，再按照 value 值进行排序，这种排序方式称为二次排序。

5.1 MapReduce 高级开发一

使用 MapReduce 程序来实现二次排序功能，需要借助 MapReduce 提供的一些编程组件来实现。

5-1 Combiner 合并编程

5.1.1 Combiner 合并编程

通过前面的学习可以知道，Hadoop 使用 Mapper 将数据处理成一个键值对<key,value>，再在网络节点间对其进行整理（Shuffle），然后使用 Reducer 处理数据并进行最终输出。在实际开发中，如果数据量非常大，可以在每个节点上先做一次局部汇总的操作，以减轻 Reduce 阶段的压力，这就是 Combiner 操作。

试想一下，如果有 100 亿条数据，Mapper 会生成 100 亿个 key/value 对并在网络间进行传输，但如果只是对数据求最大值，那么很明显，Mapper 只需要输出它所知道的最大值即可。这样做不仅减轻网络压力，也可以大幅提高程序效率。

在 MapReduce 框架中，Combiner 就是为了避免 map 任务和 reduce 任务之间的无效数据传输而设置的。Hadoop 允许用户针对 map 任务的输出指定一个合并函数，即减少传输到 Reduce 中的数据量。它主要是为了消减 Mapper 的输出数量，从而减少网络带宽和 Reducer 的负载。

可以把 Combiner 操作看成是在每个单独的节点上先做一次 Reducer 操作，其输入及输出的参数和 Reducer 是一样的。以 WordCount 为例，可以在 Map 输出之后添加一步 Combiner 的操作，先进行一次聚合，再由 Reducer 来处理，进而使得传输数据减少，提高执行效率。

如果想要自定义 Combiner，需要继承 Reducer 类，并且重写 reduce()方法。具体代码如下。

```
import org.apache.hadoop.conf.Configuration;
import org.apache.hadoop.fs.Path;
import org.apache.hadoop.io.IntWritable;
import org.apache.hadoop.io.Text;
import org.apache.hadoop.mapreduce.Job;
import org.apache.hadoop.mapreduce.Mapper;
import org.apache.hadoop.mapreduce.Reducer;
import org.apache.hadoop.mapreduce.lib.input.FileInputFormat;
import org.apache.hadoop.mapreduce.lib.output.FileOutputFormat;

import java.io.IOException;
import java.util.StringTokenizer;

/**
 * WordCount 中使用 Combiner
 */
public class WordCountCombinerApp {
    public static class TokenizerMapper
            extends Mapper<Object, Text, Text, IntWritable>{

        private final static IntWritable one = new IntWritable(1);
        private Text word = new Text();

        public void map(Object key, Text value, Mapper.Context context
        ) throws IOException, InterruptedException {
            StringTokenizer itr = new StringTokenizer(value.toString());
            while (itr.hasMoreTokens()) {
                word.set(itr.nextToken());
                context.write(word, one);
            }
        }
    }

    public static class IntSumReducer
            extends Reducer<Text,IntWritable,Text,IntWritable> {
        private IntWritable result = new IntWritable();

        public void reduce(Text key, Iterable<IntWritable> values,
```

```
                        Context context
        ) throws IOException, InterruptedException {
            int sum = 0;
            for (IntWritable val : values) {
                sum += val.get();
            }
            result.set(sum);
            context.write(key, result);
        }
    }
}
```

5-2 Partitioner 分区编程

5.1.2 Partitioner 分区编程

在进行 MapReduce 计算时，有时候需要把最终的输出数据分到不同的文件中，比如按照班级划分的情况，需要把同一班级的数据放到一个文件中；按照成绩划分的情况，需要把同一科目的数据放到一个文件中。最终的输出数据来自于 Reducer 任务，如果要得到多个文件，就意味着有同样数量的 Reducer 任务在运行。Reducer 任务的数据来自于 Mapper 任务，也就是说，Mapper 任务要划分数据，把不同的数据分配给不同的 Reducer 任务运行。Mapper 任务划分数据的过程称作 Partition，负责划分数据的类称作 Partitioner 类。

MapReduce 默认的 Partitioner 是 HashPartitioner。通常 Partitioner 先计算 key 的散列值（也叫哈希值），然后通过 Reducer 个数执行取模运算，即 key.hashCode%(reducer 个数)。这种方式不仅能够随机地将整个 key 空间平均分配给每个 Reducer，同时也能确保不同 Mapper 产生的相同 key 能被分配到同一个 Reducer。

如果想要定义一个 Partitioner 组件，需要继承 Partitioner 类，并重写 getPartition()方法。在重写 getPartition()方法时，通常的做法是使用 hash 函数对文件数量进行分区，即通过 hash 操作，获得一个非负整数的 hash 码，然后用当前作业的 reduce 节点数进行取模运算，从而实现使数据均匀分布在 ReduceTask 的目的。

下面以手机销售情况为例，来说明如何进行 Partitioner 编程。案例要求分别统计每种类型手机的销售情况，每种类型手机的统计数据单独存放在一个结果中。

```
import org.apache.hadoop.conf.Configuration;
import org.apache.hadoop.fs.FileSystem;
import org.apache.hadoop.fs.Path;
import org.apache.hadoop.io.IntWritable;
import org.apache.hadoop.io.LongWritable;
import org.apache.hadoop.io.Text;
import org.apache.hadoop.mapreduce.Job;
import org.apache.hadoop.mapreduce.Mapper;
import org.apache.hadoop.mapreduce.Partitioner;
import org.apache.hadoop.mapreduce.Reducer;
import org.apache.hadoop.mapreduce.lib.input.FileInputFormat;
import org.apache.hadoop.mapreduce.lib.input.TextInputFormat;
import org.apache.hadoop.mapreduce.lib.output.FileOutputFormat;
import org.apache.hadoop.mapreduce.lib.output.TextOutputFormat;

import java.io.IOException;
import java.net.URI;
```

```
/**
 * 自定义 Partitoner 在 MapReduce 中的应用
 */
public class PartitionerApp {

    private static class MyMapper extends Mapper<LongWritable, Text, Text,
IntWritable> {
        @Override
        protected void map(LongWritable key, Text value, Context context)
                throws IOException, InterruptedException {
            String[] s = value.toString().split("\t");
            context.write(new Text(s[0]),new IntWritable(Integer.parseInt(s[1])));
        }

    }

    private static class MyReducer extends Reducer<Text, IntWritable, Text,
IntWritable> {

        @Override
        protected void reduce(Text key, Iterable<IntWritable> value, Context
context)
                throws IOException, InterruptedException {
            int sum = 0;
            for (IntWritable val : value) {
                sum += val.get();
            }
            context.write(key, new IntWritable(sum));
        }

    }

    public static class MyPartitioner extends Partitioner<Text, IntWritable>{

        //转发给 4 个不同的 Reducer
        @Override
        public int getPartition(Text key,IntWritable value,int numPartitons){
            if (key.toString().equals("xiaomi"))
                return 0;
            if (key.toString().equals("huawei"))
                return 1;
            if (key.toString().equals("iphone7"))
                return 2;
            return 3;
        }
    }


    // driver
    public static void main(String[] args) throws Exception {

        String INPUT_PATH = "hdfs://hadoop000:8020/partitioner";
        String OUTPUT_PATH = "hdfs://hadoop000:8020/outputpartitioner";

        Configuration conf = new Configuration();
        final FileSystem fileSystem = FileSystem.get(new URI(INPUT_PATH),
conf);
        if (fileSystem.exists(new Path(OUTPUT_PATH))) {
```

```
            fileSystem.delete(new Path(OUTPUT_PATH), true);
        }

        Job job = Job.getInstance(conf, "PartitionerApp");

        // run jar class
        job.setJarByClass(PartitionerApp.class);

        // 设置 map
        job.setMapperClass(MyMapper.class);
        job.setMapOutputKeyClass(Text.class);
        job.setMapOutputValueClass(IntWritable.class);

        // 设置 reduce
        job.setReducerClass(MyReducer.class);
        job.setOutputKeyClass(Text.class);
        job.setOutputValueClass(IntWritable.class);

        //设置 Partitioner
        job.setPartitionerClass(MyPartitioner.class);
        //设置 4 个 reducer，每个分区一个
        job.setNumReduceTasks(4);


        // input formart
        job.setInputFormatClass(TextInputFormat.class);
        Path inputPath = new Path(INPUT_PATH);
        FileInputFormat.addInputPath(job, inputPath);

        // output format
        job.setOutputFormatClass(TextOutputFormat.class);
        Path outputPath = new Path(OUTPUT_PATH);
        FileOutputFormat.setOutputPath(job, outputPath);

        // 提交 job
        System.exit(job.waitForCompletion(true) ? 0 : 1);
    }
}
```

5-3
RecordReader
编程

5.1.3 RecordReader 编程

RecordReader 表示以怎样的方式从分片中读取一条记录，每读取一条记录都会调用一次 RecordReader 类。系统默认的 RecordReader 是 LineRecordReader，它是 TextInputFormat 对应的 RecordReader；而 SequenceFileInputFormat 对应的 RecordReader 是 SequenceFileRecordReader。LineRecordReader 以每行的偏移量作为读入 Map 的 Key，每行的内容作为读入 Map 的 Value。很多时候，Hadoop 内置的 RecordReader 并不能满足程序开发的需求，例如读取记录的时候，希望 Map 读入的 Key 值不是偏移量而是行号或者文件名，此时需要自定义 RecordReader。

自定义 RecordReader 的实现步骤如下。

1）继承抽象类 RecordReader，实现 RecordReader 的一个实例。

2）实现自定义 InputFormat 类，重写 InputFormat 类中的 CreateRecordReader()方法，返回值是自定义的 RecordReader 实例。

3）配置 job.setInputFormatClass()为自定义的 InputFormat 实例。

下面以具体案例说明如何进行 RecordReader 编程。例如，分别统计数据文件中的奇数行和偶数行的和。

```
import org.apache.hadoop.fs.FileSystem;
import org.apache.hadoop.fs.Path;
import org.apache.hadoop.io.LongWritable;
import org.apache.hadoop.io.Text;
import org.apache.hadoop.mapreduce.InputSplit;
import org.apache.hadoop.mapreduce.RecordReader;
import org.apache.hadoop.mapreduce.TaskAttemptContext;
import org.apache.hadoop.mapreduce.lib.input.FileInputFormat;
import java.io.IOException;

/**
 * 自定义 InputFormat
 */
public class MyInputFormat extends FileInputFormat<LongWritable, Text> {

    @Override
    public RecordReader<LongWritable, Text> createRecordReader(InputSplit
split, TaskAttemptContext context) throws IOException, InterruptedException {
        //返回自定义的 RecordReader
        return new RecordReaderApp.MyRecordReader();
    }

    /**
     * 为了使得切分数据的时候行号不发生错乱，这里设置为不进行切分
     */
    protected boolean isSplitable(FileSystem fs, Path filename) {
        return false;
    }
}


import org.apache.hadoop.io.LongWritable;
import org.apache.hadoop.io.Text;
import org.apache.hadoop.mapreduce.Partitioner;

/**
 * 自定义 Partitioner
 */
public class MyPartitioner extends Partitioner<LongWritable, Text> {

    @Override
    public int getPartition(LongWritable key, Text value, int numPartitions) {
        //偶数放到第二个分区进行计算
        if (key.get() % 2 == 0) {
            //将输入到 reduce 中的 key 设置为 1
            key.set(1);
            return 1;
        } else {//奇数放在第一个分区进行计算
            //将输入到 reduce 中的 key 设置为 0
            key.set(0);
            return 0;
        }
    }
}
```

```
import org.apache.hadoop.conf.Configuration;
import org.apache.hadoop.fs.FSDataInputStream;
import org.apache.hadoop.fs.FileSystem;
import org.apache.hadoop.fs.Path;
import org.apache.hadoop.io.LongWritable;
import org.apache.hadoop.io.Text;
import org.apache.hadoop.mapreduce.*;
import org.apache.hadoop.mapreduce.lib.input.FileInputFormat;
import org.apache.hadoop.mapreduce.lib.input.FileSplit;
import org.apache.hadoop.mapreduce.lib.output.FileOutputFormat;
import org.apache.hadoop.mapreduce.lib.output.TextOutputFormat;
import org.apache.hadoop.util.LineReader;
import java.io.IOException;
import java.net.URI;

/**
 * 自定义 RecordReader 在 MapReduce 中的使用
 */
public class RecordReaderApp {

    public static class MyRecordReader extends RecordReader<LongWritable,
Text> {

        //起始位置(相对整个分片而言)
        private long start;

        //结束位置(相对整个分片而言)
        private long end;

        //当前位置
        private long pos;

        //文件输入流
        private FSDataInputStream fin = null;
        //key、value
        private LongWritable key = null;
        private Text value = null;
        //定义行阅读器(hadoop.util 包下的类)
        private LineReader reader = null;

        @Override
        public void initialize(InputSplit split, TaskAttemptContext context)
throws IOException {

            //获取分片
            FileSplit fileSplit = (FileSplit) split;
            //获取起始位置
            start = fileSplit.getStart();
            //获取结束位置
            end = start + fileSplit.getLength();
            //创建配置
            Configuration conf = context.getConfiguration();
            //获取文件路径
            Path path = fileSplit.getPath();
            //根据路径获取文件系统
            FileSystem fileSystem = path.getFileSystem(conf);
```

```
            //打开文件输入流
            fin = fileSystem.open(path);
            //找到开始位置开始读取
            fin.seek(start);
            //创建阅读器
            reader = new LineReader(fin);
            //将当前位置置为 1
            pos = 1;

        }

        @Override
        public boolean nextKeyValue() throws IOException,InterruptedException{
            if (key == null) {
                key = new LongWritable();
            }
            key.set(pos);
            if (value == null) {
                value = new Text();
            }
            if (reader.readLine(value) == 0) {
                return false;
            }
            pos++;

            return true;

        }

        @Override
        public   LongWritable   getCurrentKey()   throws   IOException,
InterruptedException {
            return key;
        }

        @Override
        public    Text    getCurrentValue()    throws    IOException,
InterruptedException {
            return value;
        }

        @Override
        public float getProgress() throws IOException, InterruptedException {

            return 0;
        }

        @Override
        public void close() throws IOException {
            fin.close();

        }

    }

    public static class MyMapper extends Mapper<LongWritable, Text,
LongWritable, Text> {
        @Override
```

```
        protected void map(LongWritable key, Text value, Mapper<LongWritable,
Text, LongWritable, Text>.Context context) throws IOException,
                InterruptedException {
            // 直接将读取的记录写出去
            context.write(key, value);
        }
    }

    public static class MyReducer extends Reducer<LongWritable, Text, Text,
LongWritable> {

        // 创建写出去的 key 和 value
        private Text outKey = new Text();
        private LongWritable outValue = new LongWritable();

        protected void reduce(LongWritable key, Iterable<Text> values,
Reducer<LongWritable, Text, Text, LongWritable>.Context context) throws IOException,
                InterruptedException {

            System.out.println("奇数行还是偶数行：" + key);

            // 定义求和的变量
            long sum = 0;
            // 遍历 value 求和
            for (Text val : values) {
                // 累加
                sum += Long.parseLong(val.toString());
            }

            // 判断奇偶数
            if (key.get() == 0) {
                outKey.set("奇数之和为：");
            } else {
                outKey.set("偶数之和为：");

            }
            // 设置 value
            outValue.set(sum);

            // 把结果写出去
            context.write(outKey, outValue);
        }
    }

    // driver
    public static void main(String[] args) throws Exception {

        String INPUT_PATH = "hdfs://hadoop000:8020/recordreader";
        String OUTPUT_PATH = "hdfs://hadoop000:8020/outputrecordreader";

        Configuration conf = new Configuration();
        final FileSystem fileSystem = FileSystem.get(new URI(INPUT_PATH),
conf);
        if (fileSystem.exists(new Path(OUTPUT_PATH))) {
            fileSystem.delete(new Path(OUTPUT_PATH), true);
        }

        Job job = Job.getInstance(conf, "RecordReaderApp");
```

```
            // run jar class
            job.setJarByClass(RecordReaderApp.class);

            // 1.1 设置输入目录和设置输入数据格式化的类
            FileInputFormat.setInputPaths(job, INPUT_PATH);
            job.setInputFormatClass(MyInputFormat.class);

            // 1.2 设置自定义 Mapper 类和设置 map 函数输出数据的 key 和 value 的类型
            job.setMapperClass(MyMapper.class);
            job.setMapOutputKeyClass(LongWritable.class);
            job.setMapOutputValueClass(Text.class);

            // 1.3 设置分区和 reduce 数量(reduce 的数量，和分区的数量对应，因为分区为一
个，所以 reduce 的数量也是一个)
            job.setPartitionerClass(MyPartitioner.class);
            job.setNumReduceTasks(2);

            // 2.1 Shuffle 把数据从 Map 端复制到 Reduce 端
            // 2.2 指定 Reducer 类、输出 key 和 value 的类型
            job.setReducerClass(MyReducer.class);
            job.setOutputKeyClass(Text.class);
            job.setOutputValueClass(LongWritable.class);

            // 2.3 指定输出的路径和设置输出的格式化类
            FileOutputFormat.setOutputPath(job, new Path(OUTPUT_PATH));
            job.setOutputFormatClass(TextOutputFormat.class);

            // 提交 job
            System.exit(job.waitForCompletion(true) ? 0 : 1);
        }
    }
```

5.2 MapReduce 高级开发二

还可以使用 MapReduce 完成连接操作、排序操作、多文件联合查询和二次排序等，并实现相应功能。

5.2.1 MapReduce 连接操作

1．概述

在关系型数据库中，要实现 join 操作是非常方便的，只需要一条 SQL 语句就可以实现，对于庞大的数据量使用关系数据库中的 join 操作，在实现数据连接时势必会降低执行效率，尽管在大数据场景下，使用 MapReduce 编程模型实现 join 操作还是相对比较复杂的，但是带来的好处就是提高执行效率。在实际开发中，可以借助 Hive、Spark SQL 等框架来实现 MapReduce join 操作。下面详细介绍如何使用 MapReduce API 来实现 join 操作。

2．需求

例如：要实现如下 SQL 的功能。

```
select e.empno,e.ename,d.deptno,d.dname from emp e join dept d on e.deptno=d.deptno;
//测试数据 emp.txt
7389    PETTER  CLERK       7902    1978-11-8   900.00          20
7599    JOHN    SALESMAN    9689    1980-4-25   1600.00 300.00  30
7523    TOM     SALESMAN    9869    1981-2-12   1250.00 500.00  20
7655    JOE     MANAGER     7839    1981-5-9    2980.00         20
…
//测试数据 dept.txt
10  ACCOUNTING  NEW YORK
20  RESEARCH    DALLAS
30  SALES       CHICAGO
40  OPERATIONS  BOSTON
```

3. 实现原理

使用 MapReduce 实现 join 原理如下。

1）Map 端读取所有文件，并在输出的内容里加上标识，代表数据是从哪个文件读取的。

2）在 reduce 处理函数中，按照标识对数据进行处理。

3）根据 key 用 join 来求出结果直接输出。

4. 代码实现

（1）定义员工类

```
import java.io.DataInput;
import java.io.DataOutput;
import java.io.IOException;
import org.apache.hadoop.io.WritableComparable;

/**
 * 员工对象
 */
public class Emplyee implements WritableComparable {

    private String empNo = "";
    private String empName = "";
    private String deptNo = "";
    private String deptName = "";
    private int flag = 0;  //区分是员工还是部门

    public Emplyee() {
    }

    public Emplyee(String empNo, String empName, String deptNo, String deptName, int flag) {
        this.empNo = empNo;
        this.empName = empName;
        this.deptNo = deptNo;
        this.deptName = deptName;
        this.flag = flag;
    }

    public Emplyee(Emplyee e) {
        this.empNo = e.empNo;
        this.empName = e.empName;
        this.deptNo = e.deptNo;
        this.deptName = e.deptName;
```

```
        this.flag = e.flag;
    }

    public String getEmpNo() {
        return empNo;
    }

    public void setEmpNo(String empNo) {
        this.empNo = empNo;
    }

    public String getEmpName() {
        return empName;
    }

    public void setEmpName(String empName) {
        this.empName = empName;
    }

    public String getDeptNo() {
        return deptNo;
    }

    public void setDeptNo(String deptNo) {
        this.deptNo = deptNo;
    }

    public String getDeptName() {
        return deptName;
    }

    public void setDeptName(String deptName) {
        this.deptName = deptName;
    }

    public int getFlag() {
        return flag;
    }

    public void setFlag(int flag) {
        this.flag = flag;
    }

    @Override
    public void readFields(DataInput input) throws IOException {
        this.empNo = input.readUTF();
        this.empName = input.readUTF();
        this.deptNo = input.readUTF();
        this.deptName = input.readUTF();
        this.flag = input.readInt();
    }

    @Override
    public void write(DataOutput output) throws IOException {
        output.writeUTF(this.empNo);
        output.writeUTF(this.empName);
        output.writeUTF(this.deptNo);
        output.writeUTF(this.deptName);
```

```
            output.writeInt(this.flag);
        }

        //不进行排序
        @Override
        public int compareTo(Object o) {
            return 0;
        }

        @Override
        public String toString() {
            return this.empNo + "," + this.empName + "," + this.deptNo + ","
+ this.deptName;
        }
    }
```

（2）自定义 Mapper 类

```
    import org.apache.hadoop.io.LongWritable;
    import org.apache.hadoop.io.Text;
    import org.apache.hadoop.mapreduce.Mapper;

    import java.io.IOException;

    public class MyMapper extends Mapper<LongWritable, Text, LongWritable,
Emplyee> {

        @Override
        protected void map(LongWritable key, Text value,
                        Context context)
                throws IOException, InterruptedException {
            String val = value.toString();
            String[] arr = val.split("\t");

            System.out.println("arr.length=" + arr.length + " arr[0]=" + arr[0]);

            if (arr.length <= 3) {//dept
                Emplyee e = new Emplyee();
                e.setDeptNo(arr[0]);
                e.setDeptName(arr[1]);
                e.setFlag(1);

                context.write(new LongWritable(Long.valueOf(e.getDeptNo())), e);
            } else {//emp
                Emplyee e = new Emplyee();
                e.setEmpNo(arr[0]);
                e.setEmpName(arr[1]);
                e.setDeptNo(arr[7]);
                e.setFlag(0);

                context.write(new LongWritable(Long.valueOf(e.getDeptNo())), e);
            }
        }
    }
```

（3）自定义 Reducer 类

```
    import org.apache.hadoop.io.LongWritable;
```

```
import org.apache.hadoop.io.NullWritable;
import org.apache.hadoop.io.Text;
import org.apache.hadoop.mapreduce.Reducer;

import java.io.IOException;
import java.util.ArrayList;
import java.util.List;

public class MyReducer extends
      Reducer<LongWritable, Emplyee, NullWritable, Text> {

   @Override
   protected void reduce(LongWritable key, Iterable<Emplyee> iter,
                    Context context)
         throws IOException, InterruptedException {

      Emplyee dept = null;
      List<Emplyee> list = new ArrayList<Emplyee>();

      for (Emplyee tmp : iter) {
         if (tmp.getFlag() == 0) {//emp
            Emplyee emplyee = new Emplyee(tmp);
            list.add(emplyee);
         } else {
            dept = new Emplyee(tmp);
         }
      }

      if (dept != null) {
         for (Emplyee emp : list) {
            emp.setDeptName(dept.getDeptName());
            context.write(NullWritable.get(), new Text(emp.toString()));
         }
      }
   }
}
```

（4）驱动类开发

```
import org.apache.hadoop.conf.Configuration;
import org.apache.hadoop.fs.FileSystem;
import org.apache.hadoop.fs.Path;
import org.apache.hadoop.io.LongWritable;
import org.apache.hadoop.io.NullWritable;
import org.apache.hadoop.mapreduce.Job;
import org.apache.hadoop.mapreduce.lib.input.FileInputFormat;
import org.apache.hadoop.mapreduce.lib.output.FileOutputFormat;

import java.net.URI;

/**
 * 使用MapReduce API完成Reduce Join的功能
 */
public class EmpJoinApp {


   public static void main(String[] args) throws Exception {
      String INPUT_PATH = "hdfs://hadoop000:8020/inputjoin";
```

```
                String OUTPUT_PATH = "hdfs://hadoop000:8020/outputmapjoin";

                Configuration conf = new Configuration();
                final FileSystem fileSystem = FileSystem.get(new URI(INPUT_PATH),
conf);
                if (fileSystem.exists(new Path(OUTPUT_PATH))) {
                    fileSystem.delete(new Path(OUTPUT_PATH), true);
                }

                Job job = Job.getInstance(conf, "Reduce Join");

                //设置主类
                job.setJarByClass(EmpJoinApp.class);

                //设置 Map 和 Reduce 处理类
                job.setMapperClass(MyMapper.class);
                job.setReducerClass(MyReducer.class);

                //设置 Map 输出类型
                job.setMapOutputKeyClass(LongWritable.class);
                job.setMapOutputValueClass(Emplyee.class);

                //设置 Reduce 输出类型
                job.setOutputKeyClass(NullWritable.class);
                job.setOutputValueClass(Emplyee.class);

                //设置输入和输出目录
                FileInputFormat.addInputPath(job, new Path(INPUT_PATH));
                FileOutputFormat.setOutputPath(job, new Path(OUTPUT_PATH));

                System.exit(job.waitForCompletion(true) ? 0 : 1);
            }
        }
```

5. 提交作业到集群运行

1）使用 mvn clean package -DskipTests 打包成 hadoop-1.0-SNAPSHOT.jar，然后上传到/home/hadoop/lib 目录下。

2）将测试数据上传到 HDFS 目录中。

```
hadoop fs -mkdir /inputjoin
hadoop fs -put emp.txt dept.txt /inputjoin
```

3）提交 MapReduce 作业到集群运行。

```
    hadoop jar /home/hadoop/lib/Hadoop-1.0-SNAPSHOT.jar cn.cvit.hadoopDemo.
mr.reducejoin.
    EmpJoinApp
```

4）查看输出结果。

```
hadoop fs -text /outputmapjoin/part*
```

5.2.2 MapReduce 排序操作

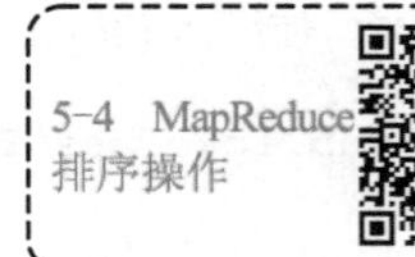

1. 需求

要求对输入文件中的数据进行排序。输入文件中的每行内容均为一个数字，也就是一个数据。要求在每行输出两个间隔的数字，其中，第一个数字代表原始数据在原始数据集中的排位，第二个数字代表原始数据。

2．实现原理

在 MapReduce 中默认可以进行排序，如果 key 为封装成 int 的 IntWritable 类型，那么 MapReduce 会对 key 按照数字大小进行排序；如果 key 为封装成 String 的 Text 类型，那么 MapReduce 会对 key 按照字典顺序进行排序。也可以使用内置排序来实现这个功能。

首先要清楚排序规则是按照 key 值进行排序。应该使用封装 int 的 IntWritable 数据类型，而不是在 map 中将读入的数据转化成 IntWritable 型，然后作为 key 值输出（value 任意）。Reduce 在得到<key,value-list>之后，会将输入的 key 作为 value 输出，并根据 value-list 中元素的个数决定输出的次数。输出的 key 是一个全局变量，用来统计 key 的当前排位。

3．代码实现

```java
import org.apache.hadoop.conf.Configuration;
import org.apache.hadoop.fs.FileSystem;
import org.apache.hadoop.fs.Path;
import org.apache.hadoop.io.IntWritable;
import org.apache.hadoop.io.LongWritable;
import org.apache.hadoop.io.Text;
import org.apache.hadoop.mapreduce.Job;
import org.apache.hadoop.mapreduce.Mapper;
import org.apache.hadoop.mapreduce.Reducer;
import org.apache.hadoop.mapreduce.lib.input.FileInputFormat;
import org.apache.hadoop.mapreduce.lib.output.FileOutputFormat;

import java.io.IOException;
import java.net.URI;

/**
 * 使用 MapReduce API 实现排序
 */
public class SortApp {
    public static class MyMapper extends
            Mapper<LongWritable, Text, IntWritable, IntWritable> {
        private static IntWritable data = new IntWritable();

        public void map(LongWritable key, Text value, Context context)
                throws IOException, InterruptedException {
            String line = value.toString();
            data.set(Integer.parseInt(line));
            context.write(data, new IntWritable(1));
        }

    }

    public static class MyReducer extends
            Reducer<IntWritable, IntWritable, IntWritable, IntWritable> {
        private static IntWritable data = new IntWritable(1);

        public void reduce(IntWritable key, Iterable<IntWritable> values,
                        Context context)
                throws IOException, InterruptedException {
            for (IntWritable val : values) {
                context.write(data, key);
                data = new IntWritable(data.get() + 1);
```

```
            }
        }
    }

    public static void main(String[] args) throws Exception {

        String INPUT_PATH = "hdfs://hadoop000:8020/sort";
        String OUTPUT_PATH = "hdfs://hadoop000:8020/outputsort";

        Configuration conf = new Configuration();
        final FileSystem fileSystem = FileSystem.get(new URI(INPUT_PATH),
conf);
        if (fileSystem.exists(new Path(OUTPUT_PATH))) {
            fileSystem.delete(new Path(OUTPUT_PATH), true);
        }

        Job job = Job.getInstance(conf, "SortApp");

        //设置主类
        job.setJarByClass(SortApp.class);

        //设置 Map 和 Reduce 处理类
        job.setMapperClass(MyMapper.class);
        job.setReducerClass(MyReducer.class);

        //设置输出类型
        job.setOutputKeyClass(IntWritable.class);
        job.setOutputValueClass(IntWritable.class);

        //设置输入和输出目录
        FileInputFormat.addInputPath(job, new Path(INPUT_PATH));
        FileOutputFormat.setOutputPath(job, new Path(OUTPUT_PATH));

        System.exit(job.waitForCompletion(true) ? 0 : 1);
    }
}
```

4. 提交作业到集群运行

1）使用 mvn clean package -DskipTests 打包成 hadoop-1.0-SNAPSHOT.jar，然后上传到/home/hadoop/lib 目录下。

2）将测试数据上传到 HDFS 目录中。

```
hadoop fs -mkdir /sort
hadoop fs -put emp.txt dept.txt /sort
```

3）提交 MapReduce 作业到集群运行。

```
hadoop jar /home/hadoop/lib/Hadoop-1.0-SNAPSHOT.jar cn.cvit.hadoopDemo.
mr.sort.SortApp
```

4）查看输出结果。

```
hadoop fs -text /outputsort/part*
```

5.2.3 MapReduce 多文件联合查询

5-5 MapReduce 多文件联合查询

1. 需求

该实例要实现多文件联合查询，要求从给出的数据中寻找所关心的数据，它是对原始数据包含信息的挖掘。

例如，吉林省要在各大城市建立民航机场，现有两份数据，一份数据包含吉林省所有的城市，另一份数据包含吉林省已经有机场的城市，现要求统计出目前吉林省还没有机场的城市。

allCity.txt 文件中保存了吉林省所有城市的名称，内容如下。

```
长春
吉林
蛟河
四平
辽源
通化
白山
松原
白城
延吉
图们
敦化
珲春
龙井
舒兰
```

someCity.txt 文件中保存了吉林省已有机场的城市，内容如下。

```
长春　　长春机场
吉林　　吉林机场
松原　　松原机场
延吉　　延吉机场
白城　　白城机场
白山　　白山机场
```

样例输出：统计出吉林省还没有机场的城市如下。

```
蛟河
四平
辽源
通化
图们
敦化
珲春
龙井
舒兰
```

2．设计思路

现在拥有两份数据，一份是吉林省所有城市的数据，另一份是吉林省已有机场的城市数据。如果要在吉林省尚未建机场的城市建设新机场，那么需要去除吉林省已经建有机场的城市，整理出没有建设机场的城市。此时需要针对两份数据文件进行联合查询，称为 MapReduce 的多文件联合查询。

首先要为吉林省所有城市的数据写一个 AllCityMap 的程序进行映射处理，然后，对吉林省已有机场的城市写一个 SomeCityMap 程序进行映射处理，再让这两个 map 的处理结果进行连接操作，进入同一个 shuffle 进行分区、合并、排序，最后在 reduce 端过滤出没有机场的城市名称。

3. 代码实现

```
import java.io.IOException;
import java.util.ArrayList;
import java.util.List;
import org.apache.hadoop.conf.Configuration;
import org.apache.hadoop.fs.Path;
import org.apache.hadoop.io.LongWritable;
import org.apache.hadoop.io.Text;
import org.apache.hadoop.mapred.FileOutputFormat;
import org.apache.hadoop.mapred.TextInputFormat;
import org.apache.hadoop.mapreduce.Job;
import org.apache.hadoop.mapreduce.Mapper;
import org.apache.hadoop.mapreduce.Reducer;
import org.apache.hadoop.mapreduce.lib.input.MultipleInputs;

public class CityMapJoinDemo {
    public static void main(String[] args) throws IOException {
        // 判断输入路径
        if (args.length != 3 || args == null) {
            System.err.println("Please Input Full Path!");
            System.exit(1);
        }

        // 创建 Job
        Job job = Job.getInstance(new Configuration(), CityMapJoinDemo.
class.getSimpleName());
        job.setJarByClass(CityMapJoinDemo.class);
        MultipleInputs.addInputPath(job, new Path(args[0]), TextInputFormat.
class, AllCity.class);
        MultipleInputs.addInputPath(job, new Path(args[1]), TextInputFormat.
class, SomeCity.class);
        FileOutputFormat.setOutputPath(job, new Path(args[2]));

        job.setOutputKeyClass(Text.class);
        job.setOutputValueClass(Text.class);
        job.setReducerClass(CityReduce.class);
        job.waitForCompletion(true);
    }

    // 处理所有城市的 map
    static class AllCity extends Mapper<LongWritable, Text, Text, Text> {
        public static final String LABEL = "a_";

        @Override
        protected void map(LongWritable key, Text value,
                org.apache.hadoop.mapreduce.Mapper<LongWritable, Text, Text,
Text>.Context context)
                throws IOException, InterruptedException {
            String cityName = value.toString();
            context.write(new Text(cityName), new Text(LABEL + cityName));
        };
    }

    // 处理已经建有机场的城市
    static class SomeCity extends Mapper<LongWritable, Text, Text, Text> {
        public static final String LABEL = "s_";
```

```
        @Override
        protected void map(LongWritable key, Text value,
                org.apache.hadoop.mapreduce.Mapper<LongWritable, Text, Text,
Text>.Context context)
                throws IOException, InterruptedException {
            String[] lines = value.toString().split("\t");
            String cityName = lines[0];
            context.write(new Text(cityName), new Text(LABEL + value.
toString()));
        }
    }

    // 经过 shuffle 过程
    static class CityReduce extends Reducer<Text, Text, Text, Text> {
        @Override
        protected void reduce(Text key, java.lang.Iterable<Text> values,
                org.apache.hadoop.mapreduce.Reducer<Text, Text, Text, Text>.
Context context)
                throws IOException, InterruptedException {
            // 城市的名字
            String cityName = null;
            // 保存符合条件过滤出来的城市
            List<String> list = new ArrayList<String>();
            for (Text value : values) {
                // 如果列表中包含有_s 开头的数据，则表明该数据是已建有机场的城市
                if (value.toString().startsWith(SomeCity.LABEL)) {
                    int index = value.toString().indexOf("_");
                    cityName = value.toString().substring(index + 1, index + 3);
                } else if (value.toString().startsWith(AllCity.LABEL)) {
                    list.add(value.toString().substring(2));
                }
            }
            //如果城市名称为空，且 list 列表中的值大于 0，则列表中的值就是符合条件的数据
            if (cityName == null && list.size() > 0) {
                for (String str : list) {
                    context.write(new Text(str), new Text(""));
                }
            }
        };
    }
}
```

4. 提交作业到集群运行

1）使用 Eclipse 将源程序打包成 city.jar，然后上传到/home/hadoop/lib 目录下。

2）将测试数据上传到 HDFS 目录中。

```
hadoop fs -mkdir /city
hadoop fs -put allCity.txt /city
hadoop fs -put someCity.txt /city
```

3）提交 MapReduce 作业到集群运行。

```
Hadoop jar /home/hadoop/lib/city.jar /city/allCity.txt /city/someCity.txt
/city/output_city
```

4）查看输出结果。

```
hadoop fs -text /city/output_city/part*
```

项目实现

任务 1　POJO 类编写

首先，编写实现课程名称和成绩二次排序项目所需要的 POJO 类，代码如下。

```
import java.io.DataInput;
import java.io.DataOutput;
import java.io.IOException;
import org.apache.hadoop.io.IntWritable;
import org.apache.hadoop.io.Text;
import org.apache.hadoop.io.WritableComparable;

public class CourseScoreBean  implements WritableComparable<CourseScoreBean>{
    private Text courseName;
    private IntWritable score;
    public CourseScoreBean() {
        setCourseName(new Text());
        setScore(new IntWritable());
    }
    public CourseScoreBean(Text courseName, IntWritable scorescore) {
        this.courseName = courseName;
        this.score = score;
    }
    @Override
    public void write(DataOutput out) throws IOException {
        courseName.write(out);
        score.write(out);
    }
    @Override
    public void readFields(DataInput in) throws IOException {
        courseName.readFields(in);
        score.readFields(in);
    }
    @Override
    public int compareTo(CourseScoreBean o) {
        int tmp = courseName.compareTo(o.courseName);
        if(tmp ==0){
            return score.compareTo(o.score);
        }
        return tmp;
    }
    public Text getCourseName() {
        return courseName;
    }

    public void setCourseName(Text courseName) {
        this.courseName = courseName;
    }

    public IntWritable getScore() {
        return score;
    }
```

```
    public void setScore(IntWritable score) {
        this.score = score;
    }
    @Override
    public String toString() {
    return courseName + "\t" + score;
    }
}
```

任务 2　Map 课程和成绩数据

接下来，编写自定义 Mapper 类 SecondarySortMapper，代码如下。

```
import java.io.IOException;
import java.util.StringTokenizer;
import org.apache.hadoop.io.IntWritable;
import org.apache.hadoop.io.LongWritable;
import org.apache.hadoop.io.NullWritable;
import org.apache.hadoop.io.Text;
import org.apache.hadoop.mapreduce.Mapper;

public  class  SecondarySortMapper  extends  Mapper<LongWritable,  Text,
CourseScoreBean, NullWritable> {
    private CourseScoreBean csb = new CourseScoreBean();
    @Override
    protected void map(LongWritable key, Text value,Context context)
            throws IOException, InterruptedException {
        StringTokenizer st = new StringTokenizer(value.toString());
        while (st.hasMoreTokens()) {
            csb.setCourseName(new Text(st.nextToken()));
            csb.setScore(new IntWritable(Integer.parseInt(st.nextToken())));
        }
        context.write(csb ,NullWritable.get());
    }
}
```

任务 3　Reduce 课程和成绩数据

然后，依据 Map 阶段的输出结果形式，编写 Reduce 阶段的类 SecondarySortReducer，代码如下。

```
import java.io.IOException;
import org.apache.hadoop.io.NullWritable;
import org.apache.hadoop.mapreduce.Mapper;
import org.apache.hadoop.mapreduce.Reducer;

public  class  SecondarySortReducer  extends  Reducer<CourseScoreBean,
NullWritable, CourseScoreBean, NullWritable>{
    @Override
    protected void reduce(CourseScoreBean key, Iterable<NullWritable>
values,Context context) throws IOException, InterruptedException
    {
        for (NullWritable nullWritable : values) {
            context.write(key, NullWritable.get());
        }
```

```
        }
    }
```

任务 4　项目驱动类编写

最后，编写项目驱动类 TestRunner，代码如下。

```
import org.apache.hadoop.conf.Configuration;
import org.apache.hadoop.fs.FileSystem;
import org.apache.hadoop.fs.Path;
import org.apache.hadoop.io.NullWritable;
import org.apache.hadoop.mapreduce.Job;
import org.apache.hadoop.mapreduce.lib.input.FileInputFormat;
import org.apache.hadoop.mapreduce.lib.output.FileOutputFormat;

public class TestRunner {

    public static void main(String[] args) throws Exception {
        Configuration conf = new Configuration();
        Path outfile = new Path("D:\\outfile1");
        FileSystem fs = outfile.getFileSystem(conf);
        if(fs.exists(outfile)){
            fs.delete(outfile,true);
        }
        Job job = Job.getInstance(conf);
        job.setJarByClass(TestRunner.class);
        job.setJobName("Secondary Sort");
        job.setMapperClass(SecondarySortMapper.class);
        job.setReducerClass(SecondarySortReducer.class);

        job.setOutputKeyClass(CourseScoreBean.class);
        job.setOutputValueClass(NullWritable.class);

        FileInputFormat.addInputPath(job, new Path("D:\\input\\course-
score.dat"));
        FileOutputFormat.setOutputPath(job,outfile);
        System.exit(job.waitForCompletion(true)?0:1);
    }
}
```

拓展项目

编写 MapReduce 程序，实现求学生平均成绩的功能。对输入文件中的数据进行学生平均成绩的计算。输入文件中的每行内容均为一个学生的姓名和其对应的成绩。如果有多门学科，则每门学科为一个文件。要求在输出中每行有两个间隔的数据，第一个数据代表学生的姓名，第二个数据代表学生的成绩。

```
Maths:          Chinese:        English:        结果输出:
张三丰   88      张三丰   78      张三丰   80      张三丰   82
洪七公   99      洪七公   89      洪七公   82      洪七公   90
王老五   66      王老五   96      王老五   84      王老五   82
赵老六   77      赵老六   67      赵老六   86      赵老六   76
```

课后练习

一、填空题

1．在实际开发中，如果数据量非常大的时候，可以在每个节点上先做一次局部汇总，即________操作，以减轻 Reduce 阶段的压力。

2．MapReduce 工作流程分为________、________、________、________、________。

3．定义 Partitioner 组件目的是________。

二、判断题

1．Map 阶段处理数据时，是按照 Key 的哈希值与 ReduceTask 数量取模进行分区的规则。

2．分区数量是 ReduceTask 的数量。

3．在 MapReduce 程序中，必须开发相应的 Map 和 Reduce 业务代码才能执行程序。

三、选择题

1．自定义 MapReduce 排序规则时需要重写下列哪种方法？（　　）

A．readFields()　　B．compareTo()

C．map()　　D．reduce()

2．如果想要自定义 Combiner，需要继承下列哪个类，并且重写 reduce()方法？（　　）

A．Mapper　　B．Reducer

C．InputFormat　　D．OutputFormat

3．如果想要定义一个 Partitioner 组件，需要继承下列哪个类，并且重写 getPartition()方法？（　　）

A．Mapper　　B．Reducer

C．Partitioner　　D．Combiner

四、简答题

1．为什么要进行 Combiner 操作？

2．MapReduce 是如何进行 Partitioner 分区的？

项目 6 用 Hive 实现购物用户数据清洗

学习目标：

- ✧ 了解 Hive 的应用领域
- ✧ 了解 Hive 在 Hadoop 生态圈中的地位
- ✧ 掌握 Hive 体系架构
- ✧ 掌握 Hive 的安装
- ✧ 掌握 Hive 的 DDL 和 DML 操作技术

思维导图：

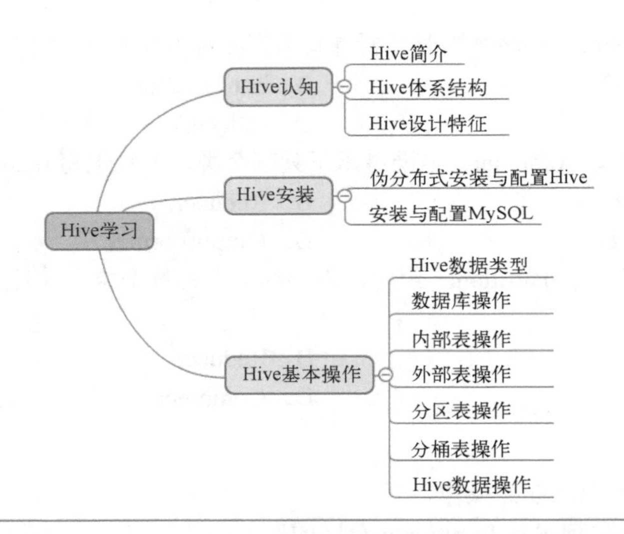

Hive 在大数据技术体系中占有重要的地位，它是一个基于 Hadoop 的数据仓库工具，用来进行数据提取、转化和加载，是一种可以存储、查询和分析存储在 Hadoop 中的大规模数据的机制。Hive 数据仓库工具能将结构化的数据文件映射成一张数据库表，并提供 SQL 查询功能，能将 SQL 语句转变成 MapReduce 任务来执行。

本章的思路是：以安装部署 Hive1.2 版本为起点，以利用 DDL、DML 的操作为重点学习内容，以数据分析为核心。

6.1 Hive 认知

6.1.1 Hive 简介

数据仓库（Data Warehouse）是一个面向主题的、集成的、相对稳定的、随时间变化的数据集合，数据仓库有效集成了来自不同部门、不同地理位置、具有不同格式的数据，为管理决策者提供了相应范围内的单一数据视图，从而为综合分析和科学决策奠定了坚实的基础。

数据仓库的体系结构包含四个层次：数据源、数据存储及管理、OLAP 服务器、前端工具，数据仓库的体系结构如图 6-1 所示。

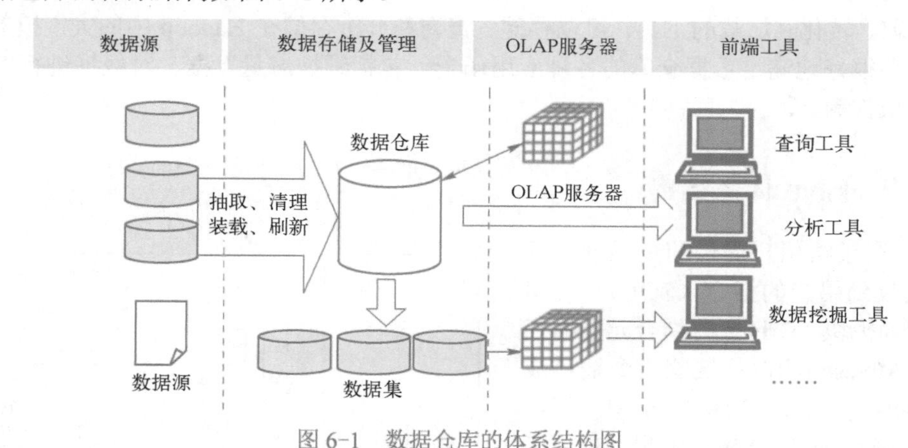

图 6-1 数据仓库的体系结构图

- 数据源：是数据仓库的数据来源，包括了外部数据、现有业务系统和文档资料等。
- 数据存储及管理：是整个数据仓库的核心，完成数据的抽取、清洗、转换和加载任务，按照主题组织数据。
- OLAP 服务器：对需要分析的数据进行不同聚集粒度的多维数据模型重组，使得应用不需要再直接访问数据仓库中的底层细节数据，大大减少了数据计算量，提高了查询响应速度。
- 前端工具：直接面向最终用户，包括数据查询工具、自由报表工具、数据分析工具、数据挖掘工具和各类应用系统。

Hive 是一个构建于 Hadoop 顶层的数据仓库工具，由 Facebook 公司开发，是用于解决海量结构化日志的数据系统，并在 2008 年 8 月开源。它可以对存储在 Hadoop 文件中的数据集进行存储、查询和分析，将结构化的数据文件映射为一张表，并提供类似关系数据库中的 SQL 查询功能——HiveSQL。

HiveSQL 与大部分 SQL 语法兼容，但是，并不完全支持 SQL 标准，比如，HiveSQL 不支持更新操作，也不支持索引和事务，它的子查询和连接操作也存在很多局限。

HiveSQL 语句可快速实现简单的 MapReduce 任务，用户通过编写的 HiveSQL 语句就可以运行 MapReduce 任务，不必再去编写复杂的 MapReduce 应用程序。对于 Java 开发工程师而言，就不必将大量精力花费在记忆常见的数据运算与底层 MapReduce Java API 的对应关系上；对于 DBA 来说，可以很容易把原来构建在关系数据库上的数据仓库应用程序移植到 Hadoop 平台上。所以说，Hive 是一个可以有效、合理、直观地组织和使用数据的分析工具。

Hive 在某种程度上可以看作是用户编程接口，其本身并不存储和处理数据，而是依赖 HDFS 来存储数据，依赖 MapReduce 来处理数据。通过 HiveSQL 语句快速实现简单的 MapReduce 统计，Hive 自身可以将 HiveSQL 语句快速转换成 MapReduce 任务进行运行，而不必开发专门的 MapReduce 应用程序，因而十分适合数据仓库的统计分析。

现在，Hive 作为 Hadoop 平台上的数据仓库工具，其应用已经十分广泛，主要是因为它具有的特点非常适合数据仓库应用程序。首先，Hive 把 HiveSQL 语句转换成 MapReduce 任务后，采用批处理的方式对海量数据进行处理。数据仓库存储的是静态数据，构建于数据仓库上的应用程序只进行相关的静态数据分析，不需要快速响应给出结果，而且数据本身也不会频繁变化，因而很适合采用 MapReduce 进行批处理。其次，Hive 本身还提供了一系列对数据进行提取、转化、加载的工具，可以存储、查询和分析存储在 Hadoop 中的大规模数据。这些工具能够很好地满足数据仓库的各种应用场景，包括维护海量数据、对数据进行挖掘、形成意见和报告等。

6.1.2 Hive 体系结构

Hive 通过给用户提供的一系列交互接口，接收到用户的指令（SQL），使用自己的驱动模块（Driver），结合元数据存储模块（Metastore），将这些指令翻译成 MapReduce，并提交到 Hadoop 中执行，最后，将执行返回的结果输出到用户交互接口。其体系结构主要包含 3 个部分，分别为用户接口模块、驱动模块以及元数据存储模块，具体如图 6-2 所示。

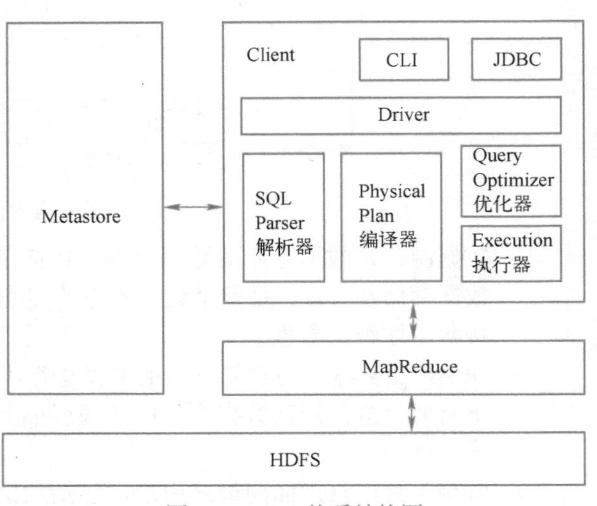

图 6-2　Hive 体系结构图

- 用户接口模块（Client）：由 CLI、JDBC/ODBC 等组成，其中 CLI 是 Shell 终端命令行，是最常用的方式；JDBC/ODBC 是 Hive 的 Java 实现，与传统关系数据库的 JDBC 方式类似。
- 驱动模块（Driver）：主要包含 SQL Parser 解析器、Physical Plan 编译器、Query Optimizer 优化器、Execution 执行器，用于完成 HQL（Hive Query Language）查询语句词法分析、语法分析、编译、优化及查询的生成。
- 解析器（SQL Parser）：将 SQL 字符串转换成抽象语法树（AST），这一步一般都用第三方工具库完成，比如语法分析器（antlr）对 AST 进行语法分析，判断表是否存在、字段是否存在、SQL 语义是否有误。
- 编译器（Physical Plan）：将 AST 编译生成逻辑执行计划。
- 优化器（Query Optimizer）：对逻辑执行计划进行优化。
- 执行器（Execution）：把逻辑执行计划转换成可以运行的物理计划。对于 Hive 来说，就是 MR/Spark。
- 元数据存储模块（Metastore）：Hive 中的元数据通常包含表名、列、分区、存储位置及相关属性，单用户时默认存储在自带的 Derby 数据库中，多用户时数据存储在 MySQL 数据库中。
- 数据存储模块（Hadoop）：Hive 的数据文件存储在 HDFS 中，大部分的查询由 MapReduce 完成。

6.1.3 Hive 设计特征

Hive 作为 Hadoop 的数据仓库处理工具，它所有的数据都存储在与 Hadoop 兼容的文件系统中。Hive 在加载数据过程中不会对数据进行任何的修改，只是将数据移动到 HDFS 中 Hive 设定的目录下，因此，Hive 不支持对数据的改写和添加，所有的数据都是在加载时确定，Hive 的设计特点如下。

- 支持索引，加快数据查询。
- 支持不同的存储类型，如纯文本文件、HBase 中的文件。
- 将元数据保存在关系数据库中，减少了在查询中执行语义检查的时间。
- 可以直接使用存储在 Hadoop 文件系统中的数据。
- 内置大量用户函数（UDF）来操作时间、字符串和其他的数据挖掘工具，支持用户扩展 UDF 来完成内置函数无法实现的操作。
- 类 SQL 的查询方式，将 SQL 转译成 MapReduce 的 Job 在 Hadoop 集群上执行。
- 编码和 Hadoop 同样使用 UTF-8 字符集。

由于 Hive 采用了类似 SQL 的查询语言 HQL(Hive Query Language)，因此很容易将 Hive 理解为数据库。表 6-1 将 Hive 和传统数据库进行了对比分析，从中可以看出 Hive 和传统数据库的差异。数据库可以用在 Online 的应用中，但是 Hive 是为数据仓库而设计的，清楚这一点，有助于从应用角度理解 Hive 的特性。

表 6-1 Hive 与传统数据库的对比

对比项	Hive	MySQL
查询语言	HQL	SQL
数据存储位置	HDFS	块设备或本地文件系统
数据格式	用户自定义	系统定义
数据更新	不支持	支持
事务	不支持	支持
执行延迟	高	低
可扩展性	高	低
数据规模	大	小
多表插入	支持	不支持

传统数据库同时支持导入单条数据和批量数据，而 Hive 中仅支持批量导入数据，因为 Hive 主要用来支持大规模数据集上的数据仓库应用程序的运行，常见操作是全表扫描，所以，单条插入功能对 Hive 并不实用。传统数据库中的更新和索引是很重要的特性，Hive 不支持数据更新，在 Hive0.7 版本以后可以支持索引，从而加速一些查询操作，Hive 中给一个表创建的索引数据会被保存在另外的表中。Hive 是一个数据仓库工具，而数据仓库中存放的是静态数据，所以，Hive 不支持对数据进行更新。

传统数据库提供分区功能来改善大型表及具有各种访问模式的表的可伸缩性、可管理性以及提高数据库效率。Hive 也支持分区功能，Hive 表根据每个分区中的列值对表进行粗略划分，加快数据的查询速度。因为 Hive 构建在 HDFS 与 MapReduce 之上，所以相对于传统数据库，Hive 的延迟会比较高。传统数据库中 SQL 语句的延迟一般少于 1s，而 HiveSQL 语句的延迟会达到分钟级。传统关系数据库很难实现横向扩展，纵向扩展的空间也有限，而 Hive

的开发和运行环境是基于 Hadoop 集群的，所以具有较好的横向可扩展性。

6.2 Hive 安装

6.2.1 伪分布式安装与配置 Hive

Hive 安装模式分为 3 种，分别是嵌入模式、本地模式和远程模式。

嵌入模式：是 Hive 默认的安装模式，使用内嵌的 Derby 数据库来存储元数据信息，缺点是一次只能连接一个客户端，适合用来测试和教学。嵌入模式结构如图 6-3 所示。

本地模式：采用外部数据库 MySQL 存储元数据，该模式使用的是和 Hive 处在同一个进程中的 Metastore 服务，本地模式结构如图 6-4 所示。

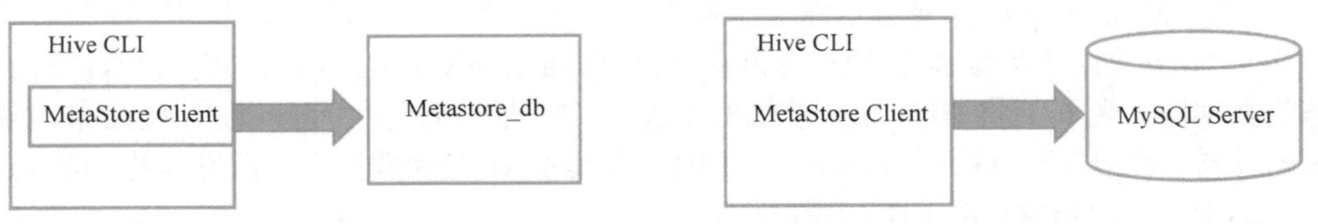

图 6-3 嵌入模式结构图　　图 6-4 本地模式结构图

远程模式：与本地模式一样，远程模式采用外部数据库存储元数据信息，不同的是远程模式需要单独开启 Metastore 服务，然后每个客户端都在配置文件中配置连接该 Metastore 服务,远程模式中 Metastore 服务和 Hive 运行在不同的进程中，远程模式结构如图 6-5 所示。

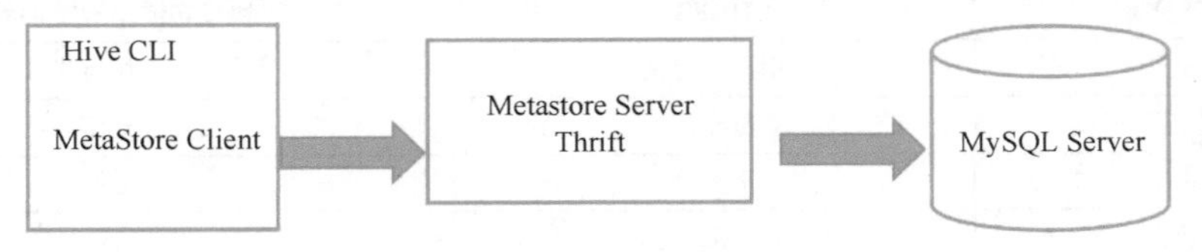

图 6-5 远程模式结构图

由于嵌入模式仅限一个用户，而远程模式适用于企业，因此在这里主要讲解本地模式安装与部署。

Hive 软件可通过其官网 http://hive.apache.org/，其文档说明可以查看地址 https://cwiki.apache.org/confluence/display/Hive/GettingStarted 来下载。

1. 前期准备

1）启动 Hadoop 中的 HDFS 和 YARN。

```
$ sbin/start-dfs.sh
$ sbin/start-yarn.sh
```

2）在 HDFS 上创建/tmp 和/user/hive/warehouse 两个目录并修改它们的写权限。

```
$ bin/hadoop fs -mkdir /tmp
$ bin/hadoop fs -mkdir -p /user/hive/warehouse
$ bin/hadoop fs -chmod g+w /tmp
$ bin/hadoop fs -chmod g+w /user/hive/warehouse
```

2．Hive 的下载

本书采用的是 1.2.1 版本，Hive 软件的下载地址为http://archive.apache.org/dist/hive/。

3．Hive 的部署

1）上传 Hive 压缩包到 linux 相关目录下。

把 apache-hive-1.2.1-bin.tar.gz 上传到 Linux 的/usr/local/src 目录下。

2）解压 apache-hive-1.2.1-bin.tar.gz 到/usr/local/src 目录下。

```
$ tar -zxvf apache-hive-1.2.1-bin.tar.gz -C /usr/local/src
```

3）修改 apache-hive-1.2.1-bin.tar.gz 的名称为 hive。

```
$ mv apache-hive-1.2.1-bin/ hive
```

4）修改/usr/local/src/hive/conf 目录下的 hive-env.sh.template 名称为 hive-env.sh。

```
$ mv hive-env.sh.template hive-env.sh
```

5）配置 hive-env.sh 文件。

① 配置 HADOOP_HOME 路径。

```
export  HADOOP_HOME=/usr/local/src/hadoop
```

② 配置 HIVE_CONF_DIR 路径。

```
export=/usr/local/src/hive/conf
```

6.2.2　安装与配置 MySQL

1．安装 MySQL 服务

MySQL 服务的安装方式有多种，可以直接解压安装包进行配置，也可以选择在线安装，本节介绍在线安装，具体指令如下。

```
//下载安装 MySQL
$ yum install mysql mysql-server-mysql-devel
//启动 MySQL 服务
$ /etc/init.d/mysqld start
//MySQL 服务连接、登录
$ mysql
```

接下来，进入 MySQL 客户端，修改 MySQL 数据库 root 用户的登录密码，并设置允许远程登录权限，具体命令如下。

```
//修改登录 MySQL 用户名和密码
mysql> use mysql;
mysql> update user set Password=PASSWORD('root') where user='root';
//设置允许远程登录
mysql> grant all privileges on *.* to 'root'@'%'identified by 'root' with
grant option;
//强制写入
mysql> flush privileges;
```

2．Hive 元数据配置到 MySQL

（1）复制驱动

1）在/opt/software/mysql-libs 目录下解压已下载的 mysql-connector-java-5.1.27.tar.gz 压缩

安装包。

```
$ tar -zxvf mysql-connector-java-5.1.27.tar.gz
```

2）复制/opt/software/mysql-libs/mysql-connector-java-5.1.27 目录下的 mysql-connector-java-5.1.27-bin.jar 到/opt/module/hive/lib/。

```
$ cp mysql-connector-java-5.1.27-bin.jar  /opt/module/hive/lib/
```

（2）配置 Metastore 到 MySQL

1）在/opt/module/hive/conf 目录下创建一个 hive-site.xml。

```
$ touch hive-site.xml
$ vi hive-site.xml
```

2）将数据复制到 hive-site.xml 文件中，官方网址 https://cwiki.apache.org/confluence/display/Hive/AdminManual+Metastor+Administration，配置信息如下。

```
<?xml version="1.0" encoding="UTF-8" standalone="no"?>
<?xml-stylesheet type="text/xsl" href="configuration.xsl"?>
<configuration>
<property>
 <name>javax.jdo.option.ConnectionURL</name>
<value>jdbc:mysql://192.168.1.42:3306/metastore?createDatabaseIfNotExi
st=true</value>
 <description>JDBC connect string for a JDBC metastore</description>
</property>
<property> <name>javax.jdo.option.ConnectionDriverName</name>
 <value>com.mysql.jdbc.Driver</value>
 <description>JDBC connect string for a JDBC metastore</description>
</property>
<property>
 <name>javax.jdo.option.ConnectionDriverName</name>
 <value>com.mysql.jdbc.Driver</value>
 <description>Driver class name for a JDBC metastore</description>
</property>
<property>
 <name>javax.jdo.option.ConnectionUserName</name>
 <value>root</value>
 <description>username to use against metastore database</description>
</property>
 <property>
 <name>javax.jdo.option.ConnectionPassword</name>
 <value>root</value>
 <description>password to use against metastore database</description>
</property>
 <property>
 <name>hive.metastore.schema.verificatio</name>
 <value>false</value>
 </property>
</configuration>
```

（3）配置完毕后，MySQL 进行初始化。

```
$ schematool -initSchema -dbType mysql
```

（4）启动 Hive。

```
[root@master192 src]# cd hive
[root@master192 hive]# ./bin/hive
```

正常启动后，显示效果如图 6-6 所示。

```
[root@master192 hive]# ./bin/hive

Logging initialized using configuration in jar:file:/usr/local/src/hive/lib/hive
-common-1.2.2.jar!/hive-log4j.properties
SLF4J: Class path contains multiple SLF4J bindings.
SLF4J: Found binding in [jar:file:/usr/local/src/hadoop/share/hadoop/common/lib/
slf4j-log4j12-1.7.5.jar!/org/slf4j/impl/StaticLoggerBinder.class]
SLF4J: Found binding in [jar:file:/usr/local/src/hbase/lib/slf4j-log4j12-1.7.7.j
ar!/org/slf4j/impl/StaticLoggerBinder.class]
SLF4J: See http://www.slf4j.org/codes.html#multiple_bindings for an explanation.
SLF4J: Actual binding is of type [org.slf4j.impl.Log4jLoggerFactory]
hive> █
```

图 6-6　进入 Hive 运行环境

6.3 Hive 基本操作

6.3.1　Hive 数据类型

Hive 的数据类型大致可分为两大类，一类是基础类型，另一类为复杂数据类型，下面通过两张表来说明两者的区别，表 6-2 为基础类型数据，表 6-3 为复杂类型数据。

表 6-2　基础类型数据

类型	描述	示例
TINYINT	1 个字节（8 位）有符号整数	-128～127
SMALLINT	2 个字节（16 位）有符号整数	-32768～32767
INT	4 个字节（32 位）有符号整数	-231～231-1
BIGINT	8 个字节（64 位）有符号整数	-263～263-1
FLOAT	4 个字节（32 位）单精度浮点数	1.0
DOUBLE	8 个字节（64 位）双精度浮点数	1.0
BOOLEAN	布尔类型	true/false
STRING	字符串，可以指定字符集	字符串，如“xmu”
TIMESTAMP	整数、浮点数或者字符串	精度到纳秒的时间戳
BINARY	字节数组	[0，1，0，0，0，1]

表 6-3　复杂类型数据

类型	描述	示例
ARRAY	一组有序字段，字段的类型必须相同	Array(1,2)
MAP	一组无序的键/值对，键的类型必须是原子数据类型，值可以是任何数据类型，同一个映射的键和值的类型必须相同	Map("id1": "11111", "id2": "22222")
STRUCT	一组命名的字段，字段类型可以不同	struct('math',90,'english',80)

Hive 的数据类型多数对应 Java 中相应数据类型。Hive 的原子数据类型是可以进行隐式转换的，类似于 Java 的类型转换。

1. 隐式类型转换规则

- 任何整数类型都可以隐式地转换为一个范围更广的类型，如 TINYINT 可以转换成 INT，INT 可以转换成 BIGINT。
- 所有整数类型、FLOAT 和 STRING 类型都可以隐式地转换成 DOUBLE。
- TINYINT、SMALLINT、INT 都可以转换为 FLOAT。
- BOOLEAN 类型不可以转换为其他的数据类型。

2. 使用 CAST 操作实现数据类型转换

例如，使用 CAST('1' AS INT)将字符串'1'转换成整数 1。如果强制类型转换失败，如执行 CAST('X' AS INT)，则表达式返回 NULL。

6-1 数据库操作

6.3.2 数据库操作

作为一个“数据库”，Hive 在结构上积极向传统数据库看齐，它的每个数据库下面都会包含若干个表。Hive 可以定义数据库和数据表来分析结构化数据，下面将就数据库的相关操作进行介绍。

1. 创建数据库

语法格式：

```
CREATE  (DATABASE|SCHEMA) [IF NOT EXISTS] database_name
  [COMMENT database_comment]
  [LOCATION hdfs_path]//默认在仓库根目录
  [WITH DBPROPERTIES (property_name=property_value, ...)];
```

使用说明：

- DATABASE|SCHEMA，在所有数据库的相关命令里，DATABASE 都可以被替换成 SCHEMA。
- IF NOT EXISTS，当数据库不存在时创建。
- COMMENT，对所创建的数据库添加注释说明。
- LOCATION，设定数据的存储位置。Hive 数据存储在 HDFS 上的默认根目录，在 hive-site.xml 中，由参数 hive.metastore.warehouse.dir 指定，默认值为/user/hive/warehouse。
- WITH DBPROPERTIES：为数据库增加一些与其相关的键值对属性信息，例如创建的时间、作者等。

示例代码：

创建学生信息库 student。

```
hive> create database student;
```

2. 显示数据库

语法格式：

```
show databases;
```

使用说明：

可查看当前所有数据库，其中 default 是默认数据库，在不指定要进行操作的数据库的情况下，系统将所有操作都放在 default 数据库下。

示例代码：

显示当前所有数据库名称。

```
hive> show databases;
```

显示以 stu 开头的数据库名称。

```
hive> show databases like 'stu%';
```

3. 查看数据库结构

语法格式：

```
DESCRIBE DATABASE [EXTENDED] database_name
```

使用说明：

EXTENDED，会显示在创建数据库时增加的键值对属性信息，不使用则不包含。

示例代码：

显示数据库的结构。

```
hive> desc database student;
```

4. 切换数据库

语法格式：

```
USE database_name;
```

示例代码：

打开学生数据库。

```
hive> use student;
```

5. 修改数据库

语法格式：

```
ALTER  (DATABASE|SCHEMA) database_name SET LOCATION hdfs_path;
```

使用说明：

- Hive 不支持对数据库元数据信息的修改，只能修改数据库的键值对属性值，而数据库名和数据库所在的目录位置不能修改。
- SET，此属性适用于 Hive 2.2.1、Hive 2.4.0 和以后的版本。

示例代码：

修改数据库 student 的 author 属性值为 xianwei，其他值不能修改。

```
hive> alter database student set dbproperties('author'='xianwei');
```

6. 删除数据库

语法格式：

```
DROP (DATABASE|SCHEMA) [IF EXISTS] database_name [RESTRICT|CASCADE];
```

使用说明：

- RESTRICT，该参数表示在执行数据库删除时，数据库中不允许含有数据表，即用户在删除数据库的时候，必须先删除数据库中所有的表，然后再删除数据库。

➢ CASCADE，添加该参数，Hive会先自动删除数据库中的所有表，再删除数据库。

示例代码：

student数据库中有一个表info，要求删除student数据库，在使用drop命令时如果不设置CASCADE参数，默认为RESTRICT参数，所以先要删除数据库中所存在的数据表。操作如下。

方法一：默认RESTRICT参数。

```
hive> use student;
hive> drop table info;
hive> drop database student;
```

方法二：设置CASCADE参数。

```
hive>  drop database student cascade;
```

6-2 内部表操作

6.3.3 内部表操作

Hive表操作主要是数据表的创建和修改。下面先讲解表的创建方法。

1. 创建数据表

语法格式：

```
CREATE [EXTERNAL] TABLE [IF NOT EXISTS]    table_name
  [(col_name   data_type   [COMMENT col_comment], ...)]
  [COMMENT   table_comment]
  [PARTITIONED BY(col_name data_type [COMMENT col_comment], ...)]
  [CLUSTERED BY (col_name, col_name, ...)
  [SORTED BY(col_name [ASC|DESC], ...)] INTO num_buckets BUCKETS]
  [ROW FORMAT row_format]
  [STORED AS file_format]
  [LOCATION hdfs_path]
```

使用说明：

➢ CREATE TABLE，创建数据表。如果相同名字的表已经存在，则抛出异常。

➢ EXTERNAL，创建外部表，默认为创建内部表（管理表），外部表在创建时需指定实际数据的存储路径（即设置LOCATION属性），内部表创建无须指定数据存储路径，会自动将数据移动到数据仓库指向的默认路径。

➢ IF NOT EXISTS，判断表名是否存在，不能判断表结构是否一致，创建数据表时指定的数据表名称如果已经存在，将不能创建新表，此时可设置IF NOT EXISTS 选项来忽略这个异常。

➢ data_type，hive中属性的类型，主要有primitive_type,array_type,map_type,struct_type,union_type，具体说明如下。

```
array_type:   ARRAY < data_type >
map_type:     MAP < primitive_type, data_type >
struct_type: STRUCT <
col_name : data_type [COMMENT col_comment],
...>
union_type: UNIONTYPE < data_type, data_type, ... >
```

其中，union类似C语言中的union，每一个union单元的值只能解析成后面所有类型中的一种。

➢ COMMENT，该参数后的字符串是给数据表的字段或者数据表的内容添加注释说明，它对于表之间的计算没有影响，添加这个属性是为了后期的有效维护。

➢ PARTITIONED BY，用于创建分区表，所谓分区表就是往表里新增加一个字段，作为分区的名字，对表进行数据分析操作时，可以按分区字段进行过滤。

➢ ROW FORMAT DELIMITED FIELDS TERMINATED BY ','，指定表存储中各列的划分格式，默认是逗号分隔符。如果指定表的分隔符，通常后面要与以下关键字连用。

```
FIELDS TERMINATED BY ','      //指定每行中字段分隔符为逗号
LINES TERMINATED BY '\n'      //指定行分隔符
COLLECTION ITEMS TERMINATED BY ',' //指定集合中元素之间的分隔符
MAP KEYS TERMINATED BY ':' //指定数据中 Map 类型 Key 与 Value 之间的分隔符
```

➢ STORED AS　SEQUENCEFILE|TEXTFILE|RCFILE，指定表在 HDFS 上的文件存储格式，如果文件数据是纯文本，可以使用 STORED AS TEXTFILE。如果数据需要压缩存储，则使用 STORED AS SEQUENCEFILE。这里可选的文件存储格式主要有以下几种。

```
TEXTFILE          //文本，默认值
SEQUENCEFILE      // 二进制序列文件
RCFILE        //列式存储格式文件 Hive0.6 以后开始支持
ORC           //列式存储格式文件，比 RCFILE 有更高压缩比和读写效率，Hive0.11 后支持
PARQUET       //列出存储格式文件，Hive0.13 以后开始支持
```

➢ CLUSTERED BY，对于每一个表（table）或者分区，Hive 可以进一步组织成桶，桶是更为细粒度的数据范围划分。Hive 也采用对指定列进行哈希计算的方法，针对某一列进行桶的组织，然后通过哈希值除以桶的个数进行求余的方式来决定该条记录存放在哪个桶当中。

➢ LOCATION，指定表在 HDFS 上的存储位置，一般管理表（内部表）会使用默认路径；外部表则需要直接指定一个路径，不指定时也会使用默认路径。

由于 create table 创建表的类型有多种，本节以内部表的简单创建作为内容，来说明数据表的相关基本操作。

示例代码：

创建数据表 info，包含字段 id（int）和 name（string）。

```
hive> create table  info(id int, name string)
```

2. 显示数据表

（1）查看表

语法格式：

```
SHOW TABLES;
```

使用说明：

显示当前数据库下的所有数据表名称。

示例代码：

```
hive> show tables;
```

显示以 info 开头的所有数据表。

```
hive> show tables info*;
```

（2）查看表结构

语法格式：

```
DESCRIBE table_name;
```

使用说明：

查看指定表的结构信息。

示例代码：

查看当前数据库中的 info 表的结构。

```
hive> desc  info;
```

（3）查看表的类型

语法格式：

```
DESCRIBE FORMATTED table_name;
```

使用说明：

查看表的结构化数据，如表类型信息 Table Type（内部表等）、存储位置等表结构的详细信息，但并不列出表中的数据，比 DESCRIBE 显示的信息多。

示例代码：

显示 info 表的结构信息。

```
hive> desc formatted student2;
```

3. 修改数据表

Alter table 语句允许用户改变现有表的结构。用户可以增加列/分区，改变字段，增加表和字段，下面讲解常用的几种命令。

（1）改变表名称

语法格式：

```
ALTER TABLE table_name RENAME TO new_table_name ;
```

使用说明：

将数据表重新命名。

示例代码：

将数据表 info 重新命名为 new_info。

```
hive> alter table info rename to new_info ;
```

（2）修改表属性

语法格式：

```
ALTER TABLE table_name SET TBLPROPERTIES (property_name =property_value,
property_name = property_value,... )
```

使用说明：

这个命令修改表的相关属性，注意表的存储目录等信息不可修改。

示例代码：

修改 info 的属性 author 值为 xiaoliu。

```
hive> alter table info set tblproperties('author'='xiaoliu');
```

（3）修改表注释

语法格式：

```
ALTER TABLE table_name SET TBLPROPERTIES('comment' = new_comment);
```

使用说明：

对表的注释进行修改。

示例代码：

```
hive> alter table info set tblproperties('comment'='xiaoliu');
```

（4）添加列字段

语法格式：

```
ALTER TABLE table_name ADD|REPLACE
COLUMNS (col_name data_type [COMMENT col_comment], ...)
```

使用说明：

ADD COLUMNS 允许用户在当前列的末尾增加新的列，但是新列要增加在分区列之前。

示例代码：

将 id 列的名字改为 sid，id 列的数据类型不变，将它放置在数据列 name 之后。

```
hive> alter table info change id sid int after name;
```

将 name 列的名字修改为 name1，并将它放在第一列。

```
hive> alter table info change name name1 string first;
```

注意：对列的改变只会修改 Hive 的元数据，而不会改变实际数据。用户应该确保元数据定义和实际数据结构的一致性。

（5）修改列字段

语法格式：

```
ALTER TABLE table_name CHANGE [COLUMN]
  col_old_name col_new_name column_type
    [COMMENT col_comment]
    [FIRST|AFTER column_name]
```

使用说明：

关于列字段的修改，可修改名称、类型等信息，在实际应用中由于数据量庞大，表结构极少会进行改变，因此这部分内容了解即可。

4. 删除数据表

语法格式：

```
DROP table_name
```

使用说明：

关于表的删除一定要小心，删除一个内部表，会同时删除表的元数据和数据，删除一个外部表，只删除元数据而保留数据。

示例代码：

删除数据表 info。

```
hive> drop table info;
```

5. 向表插入数据

（1）insert into 插入数据

语法格式：

```
INSERT INTO TABLE tablename [PARTITION (partcol1[=val1], partcol2
[=val2] ...)] VALUES values_row [, values_row ...]
```

使用说明：

向当前数据表的尾部追加一条或多条记录。

示例代码：

通过 insert into 语句在 info 表中插入一条数据，并查询结果。

```
hive> insert into info (id,name) values (1,'xiao liu');
```

在 info 表中插入两条记录。

```
hive> insert into info (id,name) values (2,'xiao wang'),(3,'xiaozhang');
```

Insert 插入命令是 SQL 语句中常用的数据插入方式，但在 Hive 的 HQL 语言中，每一条命令的执行都需要由 MapReduce 来完成，因此执行速度慢，不能作为主要的数据加载方式，仅用于少量数据的实验，关于大量数据的加载方式将在后面章节进行学习。

（2）insert overwrite 操作

语法格式：

```
INSERT OVERWRITE TABLE tablename1 [PARTITION (partcol1=val1, partcol2=
val2 ...) [IF NOT EXISTS]] select_statement1 FROM from_statement;
```

使用说明：

直接重写数据，即先删除 hive 表的数据，再执行写入操作。注意，如果 Hive 表是分区表的话，insert overwrite 操作只会重写当前分区的数据，不会重写其他分区数据。

示例代码：

```
hive> insert overwrite table test values(4,'zz');
hive> select * from test;
```

6. 查询数据命令

语法格式：

```
SELECT [ALL | DISTINCT] select_expr, select_expr, ...
FROM table_reference [WHERE where_condition] [GROUP BY col_list]
[CLUSTER BY col_list| [DISTRIBUTE BY col_list] [SORT BY col_list]
]
[LIMIT number]
```

使用说明：

根据条件对数据表中的数据进行查询。

示例代码：

```
hive> select * from student;
```

7. 数据导入

Hive 不支持使用 insert 执行每条语句的插入操作，也不支持 update 操作。数据是从其他表中通过查询或 load 方式加载到建立好的表中。数据一旦导入，则不可修改。

语法格式：

```
LOAD DATA [LOCAL] INPATH 'filepath' [OVERWRITE] INTO TABLE tablename
[PARTITION (partcol1=val1, partcol2=val2 ...)]
```

使用说明：

- LOAD DATA，表示加载数据。
- LOCAL，表示从本地文件系统加载，文件会被复制到 HDFS 中，若无该参数则表示从 HDFS 中加载数据,即文件本身被移动。
- OVERWRITE，表示覆盖表中已有数据，否则表示追加数据，即 APPEND。如果加载相同文件名的文件，会被自动重命名。
- INPATH，表示加载数据的存储路径。
- filepath，可以是一个文件也可以是目录，当指定 LOCAL 时，则 load 命令在本地查找 Filepath。如果 Filepath 是相对路径，则相对于当前路径，也可以指定一个 url 或本地文件，如 file:///user/hive/data1；如果没有指定 LOCAL，则 Hive 会使用全路径 url，url 中如没有指定 schema，则默认使用 fs.default.name 值；如果设置的路径不是绝对路径，则该路径是相对于/user/<username>的；
- INTO TABLE tablename，tablename 为要加载的数据表名称。
- PARTITION，表示上传数据到指定的分区中。

示例代码：

加载本地文件到 Hive 的 default 数据库的 student 表中。

```
hive> load data local inpath '/usr/local/src/datas/student.txt' into table default.student;
```

加载 HDFS 文件到 Hive 中。上传/usr/local/src/datas/stu.txt 到 HDFS 上。

```
hive> dfs -put /usr/local/src/datas/stu.txt /user/hive/warehouse
```

加载 HDFS 上的数据到 Hive 的表 info1。

```
hive> load data inpath '/user/hive/warehouse/student.txt' into table student.info1;
```

上传文件到 HDFS。

```
hive> dfs -put /usr/local/src/datas/student.txt /user/atguigu/hive;
```

加载数据覆盖表中已有的数据。

```
hive> load data inpath '/user/atguigu/hive/student.txt' overwrite
 into table student.info2;
```

在数据加载的过程中，如果加载后的数据列出现 NULL 的情况，一般来说是因为创建表的语句使用了 Hive 默认的 SerDe 存储格式，即序列化存储，默认是以'\001'作为字段分隔符，而本地文件的列与列之间是以'\t'作为分隔符，所以文件中两列被当作一个字段了。要去除 NULL 列，可以修改数据表的字段分隔符，使用如下语句。

```
hive> alter table info1 set SERDEPROPERTIES('field.delim'='\t');
```

8. 数据导出

（1）Insert 导出

1）查询的结果导出到本地。

```
hive> insert overwrite local directory '/usr/local/src/datas/export/student' select * from student;
```

2）查询的结果格式化导出到本地。

```
hive> insert overwrite local directory '/usr/local/src/datas/export/
```

```
student1'
        ROW FORMAT DELIMITED FIELDS TERMINATED BY '\t'
        COLLECTION ITEMS TERMINATED BY '\n'
        select * from student;
```

3）查询的结果导出到 HDFS 上(不使用 local 参数)。

```
hive> insert overwrite directory '/user/atguigu/hive/warehouse/student2'
ROW FORMAT DELIMITED FIELDS TERMINATED BY '\t'
COLLECTION ITEMS TERMINATED BY '\n'
 select * from student;
```

（2）使用 Hadoop 命令导出数据到本地

```
hive> dfs -get /user/hive/warehouse/student/month=201709/000000_0
/usr/local/src/datas/export/student3.txt;
```

（3）Hive Shell 命令导出

基本语法：（hive -f/-e 执行语句或者脚本 > file）

```
    $ bin/hive -e 'select * from default.student;' > /usr/local/src/datas/
export/student4.txt;
```

（4）Export 导出到 HDFS 上

```
    hive> export table default.student to '/user/hive/warehouse/export/
student';
```

Hive 中的所有数据都存储在 HDFS 中，没有专门的数据存储格式（可支持 Text、SequenceFile、ParquetFile、RCFILE 等），而是采用了数据模型来分层存储数据。数据库简称 DB，数据内部表简称 Table，数据外部表简称 External Table，分区表简称 Partition，分桶表简称 Bucket。

➢ DB：在 HDFS 中表现为${hive.metastore.warehouse.dir}目录下的一个文件夹。
➢ table：在 HDFS 中表现所属 DB 目录下的一个文件夹。
➢ external table：与 table 类似，不过其数据存放位置可以任意指定路径。
➢ partition：在 HDFS 中表现为 table 目录下的子目录。
➢ bucket：在 HDFS 中表现为同一个表目录下哈希操作之后的多个文件。

6.3.4 外部表操作

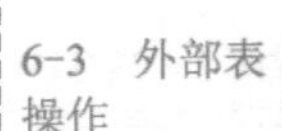

在 Hive 中未被 external 修饰的是内部表（managed table），被 external 修饰的是外部表（external table），两者存在着以下区别。

➢ 内部表数据由 Hive 自身管理，外部表数据由 HDFS 管理。
➢ 内部表数据存储的位置是 hive.metastore.warehouse.dir（默认/user/hive/warehouse），外部表数据的存储位置由用户指定。
➢ 删除内部表会直接删除元数据（metadata）及存储数据，删除外部表仅仅会删除元数据，而 HDFS 上的文件并不会被删除。
➢ 对内部表的修改会将修改内容直接同步到元数据中，而对外部表的表结构和分区进行修改，则需要修复（MSCK REPAIR TABLE table_name;）。

下面通过一个具体的任务来说明直接创建表的整个过程。

首先要创建外部表，创建的脚本如下。

```
hive> create external table if not exists info4(id int, name string)
row format delimited fields terminated by '\t'
```

```
stored as textfile;
```

外部表创建成功后，只需要导入数据到表中，关于外部表的数据导入和加载与上节介绍的内部表操作相同，不再进行赘述，关于外部表的详细描述，可通过desc formatted info4命令来进行结构查询。

6-4 分区表操作

6.3.5 分区表操作

对于大型数据处理系统而言，比如以Hive管理大型网站的浏览日志为例，如果日志数据表不采用分区设计，那么就单日网站流量分析这样的需求而言，Hive必然要通过遍历全量日志来完成查询。以一年日志为全量，单日查询的数据利用率将不到1%，这样的设计基本上将查询时间浪费在了数据加载中。

分区的优势在于利用维度分割数据。使用分区维度查询时，Hive只需加载少量数据，极大缩短数据加载时间。上述案例中，如以日期为维度设计日志数据表分区，对于自选日期范围的查询需求，Hive就只需加载日期范围所对应的分区数据。

由于HDFS被设计用于存储大型数据文件而非海量碎片文件，理想的分区方案不应该导致过多的分区文件，并且每个目录下的文件尽量超过HDFS块大小的若干倍。以每天的日志作为时间粒度进行分区就是一个好的分区策略，随着时间推移，分区数量增长均匀且可控。此外常用分区策略还有地域、语言种类等。设计分区的时候，还有一个误区需要避免。关于分区维度的选择，应尽量选取那些有限且少量的数据集作为分区，例如国家、省是一个良好的分区，而城市就可能不适合进行分区。

注意：分区是数据表中的一个列名，但是这个列并不占有表的实际存储空间。它作为一个虚拟数据列而存在。只需要在之前的创建表命令后面使用partition by加上分区字段就可以。

1. 创建分区表

例：在学生数据库student中创建一个分区表info（即学生信息表），以日期作为分区列，操作步骤如下。

（1）创建表info5

```
hive> create table info5 (
id int comment 'ID',
 name string comment 'name'
) partitioned by (dt date comment 'create time')
row format delimited
fields terminated by '\t';
```

（2）准备文本数据

在/usr/local/src目录下创建文件夹datas，用于存放文本数据，在datas中创建TEXTFILE类型文本文件stu.txt。

```
1       zhangsan
2       lisi
3       wangwu
4       sunliu
5       zhanqi
6       liubai
......
```

（3）导入数据

将准备的本地文件/usr/local/src/datas/stu.txt加载到info表中。

```
hive> load data local inpath '/usr/local/src/datas/stu.txt' into table info partition(dt='2015-12-12');
```

（4）查询数据

```
hive> select * from tblName where dt='2015-12-13';
```

在上面的命令中，分区相当于where的一个条件。

2. 手动创建分区表

在已创建表之后，可以手动添加分区列，命令如下。

```
hive> alter table info6 add partition(dt='2015-12-13');
```

3. 创建多个分区

多个分区表的创建可以进行多层次、细粒度的数据分类，命令如下。

```
hive> create table info7 (
 id int comment 'ID',
 name string comment 'name'
) partitioned by (year int comment 'admission year', school string comment 'school name')
row format delimited
fields terminated by '\t';
```

同单个分区类似，也可以从HDFS上引用数据,具体命令如下。

```
hive> alter table tblName partition(year='2015', school='crxy') set location hdfs_uri;
```

 注意：必须要使用现有的分区和HDFS绝对路径。

4. 修改分区表

语法格式：

```
ALTER TABLE table_name ADD
  partition_spec [ LOCATION 'location1' ]
  partition_spec [ LOCATION 'location2' ] ...
partition_spec:
  : PARTITION (partition_col = partition_col_value,
      partition_col = partition_col_value, ...)
```

使用说明：

Add Partitions的作用是让用户通过ALTER TABLE ADD PARTITION向表中增加分区。注意命令中的当前分区名，如果是字符串需要加引号。

```
hive> create table info7 (
id int comment 'ID', name string comment 'name')
partitioned by (year int comment 'admission year', school string comment 'school name')
row format delimited
fields terminated by '\t';
```

示例代码：

增加一个新分区info7，命令如下。

```
hive> alter table info7 add
   partition (dt='2008-08-08', country='us')
   location '/path/to/us/part080808'
    partition (dt='2008-08-09', country='us')
    location '/path/to/us/part080809';
```

5. 查看分区

语法格式：

```
SHOW PARTITIONS table_name
```

查看分区表有哪些分区，命令如下。

```
hive> show partitions info7;
```

6. 删除分区

语法格式：

```
ALTER TABLE table_name DROP partition_spec, partition_spec,...
hive> alter table info6 drop partition (dt='2008-08-08');
```

7. 查看分区内容

语法格式：

```
SELECT [ALL | DISTINCT] select_expr, select_expr, ...
FROM table_reference
[WHERE where_condition]
[LIMIT number]
hive> select student.info6 from invites student where student.dt=
'2008-08-15';
```

用 limit 关键词查看有限行内容。

```
hive> select student.info6 from invites student limit 3;
```

8. 查看表分区定义

语法格式：

```
DESCRIBE EXTENDED table_name partition_spec, partition_spec,...
hive> describe extended info6 partition (dt='2008-08-08');
```

6.3.6 分桶表操作

6-5　分桶表操作

分区针对的是数据的存储路径；分桶针对的是数据文件。分区提供了一种隔离数据和优化查询的便利方式。不过，并非所有数据集都可以形成合理的分区，特别是之前所提到过的要确定合适的划分大小这个疑虑。

分桶是将数据集分解成更容易管理的若干部分的另一种技术。桶表是对数据进行哈希取值，然后放到不同文件中存储，桶是通过对指定列进行哈希计算来实现的，根据哈希值将一个列名下的数据切分为一组桶，并使每个桶对应于该列名下的一个存储文件，目的是为了并行，每个桶对应一个文件。查看每个桶文件中的内容，可以看出是通过对桶的个数取模来确定的。下面学习关于创建桶表的方法。

语法格式：

```
create table tblName_bucket(id int) clustered by (id) into 3 buckets;
```

使用说明：

➢ clustered by，根据指定的字段将数据分到不同的桶。

➢ into x buckets，分成 x 个桶。

示例代码：

案例 1 在学生数据库 student 中创建一个分区表 info（即学生信息表），以日期作为分区列，操作步骤如下。

1．创建分桶表

```
create table stu_buck(id int, name string)
clustered by(id)
into 4 buckets
row format delimited fields terminated by '\t';
```

2．准备文本数据

在/usr/local/src 目录下创建文件夹 datas，用于存放文本数据，在 datas 中创建 TEXTFILE 类型文本文件 stu.txt。

```
1       zhangsan
2       lisi
3       wangwu
4       sunliu
5       zhanqi
6       liubai
7       xiaofeng
8       daliu
9       minglin
10      lili
11      feifei
12      xiaoyu
```

3．导入数据

创建分桶表时，桶表数据加载不能使用 load data 方式（可自行实验观察问题效果），需要从别的表来引用，数据通过子查询的方式导入（insert into table stu_buck select * from stu;），具体操作过程如下。

1）先建一个普通的 stu 表。

```
hive> create table stu(id int, name string)row format delimitedfields
terminated by '\t';
```

2）利用 load data 方式向普通的 stu 表中导入数据。

```
hive> load data local inpath '/opt/module/datas/student.txt' into table
stu;
```

3）通过子查询的方式导入数据到分桶表。

```
hive> insert into table stu_buck select id, name from stu cluster by(id);
hive> alter table tblName partition(year='2015', school='crxy') set
location hdfs_uri;
```

4．查询数据

对于查询表 stu_buck 中数据的操作，要注意不同显示结果的操作命令。

```
hive> select * from stu_buck;
```

1）当发现查询显示结果中只有一个分桶数据时，需要在 select 前添加两个属性设置，代码如下。

```
hive> set hive.enforce.bucketing=true;
hive> set mapreduce.job.reduces=-1;
hive> insert into table stu_buck select id, name from stu  cluster  by(id);
hive> alter  table  tblName  partition(year='2015',  school='crxy')  set
location hdfs_uri;
```

2）再次查询分桶的数据，将显示所有数据。

```
hive > select * from stu_buck;
```

分桶表的主要作用有两个，一是用于数据抽样，二是提高某些查询的效率。在插入数据之前需要先设置开启桶操作，clustered by 和 sorted by 不会影响数据的导入，因此用户必须自己负责数据的导入，包括数据的分桶和排序。'set hive.enforce.bucketing = true'可以自动控制上一轮 reduce 的数量，从而适配 bucket 的个数。当然，用户也可以自主设置 mapred.reduce.tasks 去适配 bucket 的个数，推荐使用'set hive.enforce.bucketing = true'。

6.3.7　Hive 数据操作

语法格式：

```
SELECT [ALL | DISTINCT] select_expr, select_expr, ...
FROM table_reference
[WHERE where_condition]
[GROUP BY col_list]
[ORDER BY col_list]
[CLUSTER BY col_list
| [DISTRIBUTE BY col_list] [SORT BY col_list]
]
[LIMIT number]
```

使用说明：

查询数据的语句用法与 SQL 类似，在此只做总结，不再详细讲解。关于 Hive 中的数据查询一般可分为以下几大类。

1．基本查询（select...from）

1）查询表中全部数据

```
hive> select * from emp;
```

2）查询表中部分列数据

```
hive> select empno, ename from emp;
```

2．WHERE 子句

使用 WHERE 子句，将不满足条件的行过滤掉，WHERE 子句紧随 FROM 子句。

1）查询工资额大于 1000 的所有员工。

```
hive> select * from emp where sal >1000;
```

2）查询工资额在 500～1000 之间的员工信息。

```
hive> select * from emp where sal between 500 and 1000;
```

3）查找工资额以2开头的员工信息。

```
hive> select * from emp where sal LIKE '2%';
```

3. 分组

分组查询主要使用group by语句和having语句，group by语句通常会和聚合函数一起使用，按照一个或者多个列的结果进行分组。

示例代码：

计算emp表中每个部门的平均工资。

```
hive> select t.deptno, avg(t.sal) avg_sal from emp t group by  t.deptno;
```

where 后面不能写分组函数，而 having 后面可以使用分组函数。

```
hive> select deptno, avg(sal) avg_sal from emp group by deptno
having avg_sal > 2000;
```

4. 多表查询语句

多表连接查询分为笛卡儿积查询、内连接查询、外连接查询等多种方式，下面简单举例说明。

利用员工表和部门表中的部门编号相等，查询员工编号、名称和部门编号。

```
hive> select e.empno, e.ename, d.deptno, d.dname from emp e join deptd on
e.deptno = d.deptno;
```

5. 排序

关于数据的排序方式有多种，下面简单说明常用的几种方式。

（1）全局排序（order by）

order by：在使用一个MapReduce的状况下，实现全局排序时，ASC表示升序方式（默认），DESC表示降序方式。

查询员工信息（按工资升序排列）的代码如下。

```
hive> select * from emp order by sal;
```

在每个MapReduce内部进行排序。

设置reduce个数的代码如下。

```
hive> set mapreduce.job.reduces=3;
```

查看当前所设置的reduce个数的代码如下。

```
hive> set mapreduce.job.reduces;
```

根据部门编号降序查看员工信息的代码如下。

```
hive> select * from emp sort by empno desc;
```

将查询结果导入到文件中（按照部门编号降序排序）的代码如下。

```
hive>insert overwrite local directory '/opt/module/datas/sortby-result'
select * from emp sort by deptno desc;
hive> alter table tblName partition(year='2015', school='crxy') set
location hdfs_uri;
```

（2）分区排序（distribute by）

distribute by排序类似MapReduce中的partition，注意，Hive要求将distribute by语句写

在 sort by 语句之前。先按照部门编号分区，再按照员工编号降序排序。

```
hive> set mapreduce.job.reduces=3;
hive> insert overwrite local directory '/opt/module/datas/distribute-result' select * from emp distribute by deptno sort by empno desc;
```

（3）cluster by

当 distribute by 和 sorts by 字段相同时，可以使用 cluster by 方式。cluster by 除了具有 distribute by 的功能外，还兼具 sort by 的功能。但是排序只能是倒序排序，不能指定排序规则为 ASC 或者 DESC。以下两种写法等价。

```
select * from emp cluster by deptno;
select * from emp distribute by deptno sort by deptno;
```

注意：按照部门编号分区，不一定就是固定数值，20 号部门和 30 号部门都有可能会被分到相同分区里。

6．分桶及抽样查询

分桶是将数据集分解成更容易管理的若干部分的一种技术。

对于非常大的数据集，有时用户需要使用的是一个具有代表性的查询结果而不是全部结果。Hive 可以通过对表进行抽样来满足这个需求。

查询表 stu_buck 中数据的代码如下。

```
hive> select * from stu_buck tablesample(bucket 1 out of 4 on id);
```

注意，tablesample 是抽样语句，语法为 TABLESAMPLE(BUCKET x OUT OF y)。y 必须是 table 中 bucket 总数的倍数或者因子。Hive 根据 y 的大小，决定抽样的比例。例如，table 总共分了 4 份，当 y=2 时，抽取(4/2=)2 个 bucket 的数据，当 y=8 时，抽取(4/8=)1/2 个 bucket 的数据。

x 表示从哪个 bucket 开始抽取。例如，table 中的 bucket 总数为 4，tablesample(bucket 4 out of 4)，表示从 table 中总共抽取（4/4=）1 个 bucket 的数据，并且抽取的是第 4 个 bucket 的数据。

注意：x 的值必须小于或等于 y 的值，否则会产生错误信息如下。

```
FAILED:SemanticException [Error 10061]: Numerator should not be bigger than denominator in sample clause for table stu_buck
```

Hive 还提供了另外一种按照百分比进行抽样的方式，也就是基于行数的，按照输入路径下的数据块百分比进行的抽样方式，代码如下。

```
hive> select * from stu tablesample(0.1 percent) ;
```

注意：这种抽样方式不一定适用于所有的文件格式。另外，这种抽样的最小抽样单元是一个 HDFS 数据块。因此，如果表的数据大小小于普通的块大小（128MB）的话，那么将会返回所有行。

项目实现

任务 1　导入数据

1．准备数据集

user.txt 数据集包含了 2017 年 11 月 25 日～2017 年 12 月 3 日之间，有行为的随机用户的所有行为（行为包括点击、购买、加购、喜欢）。数据集的每一行表示一条用户行为，由用户ID、商品 ID、商品类目 ID、行为类型和时间戳组成，并以逗号分隔。关于数据集中每一列的详细描述如表 6-4 所示。

表 6-4　user 数据

字段名称	列名称	说明
useid	用户 ID	整数类型，序列化后的用户 ID
goodid	商品 ID	整数类型，序列化后的商品 ID
category	商品类目 ID	整数类型，序列化后的商品所属类目 ID
behavior	行为类型	字符串，枚举类型，包括('pv', 'buy', 'cart', 'fav')
utime	时间戳	行为发生的时间戳

用户行为类型共有 4 种，如表 6-5 所示。

表 6-5　用户行为类型

行为类型	说明
pv	商品详情页 pv，等价于点击
buy	商品购买
cart	将商品加入购物车
fav	收藏商品

将数据添加到/usr/local/src/datas/user.txt。

2. 创建数据仓库

```
hive> create database userBuyData;
```

3. 创建事实表

```
    hive> use userBuyData;
    hive> create table if not exists userbuy(useid  int, goodid  int,category
int, behavior string,  utime string)
    row format delimited fields terminated by '\t'
    stored as textfile
    location '/usr/local/src/user';
```

向数据表 stu 中导入数据。

```
    hive> load data local inpath '/usr/local/
src/datas/user.txt' into table userbuy;
```

对导入的数据执行 select 命令进行显示，只获取部分数据，效果如图 6-7 所示。

```
hive> select * from userbuy1;
OK
1       2268318 2520377 pv      1511544070
1       2333346 2520771 pv      1511561733
1       2576651 149192  pv      1511572885
1       3830808 4181361 pv      1511593493
1       4365585 2520377 pv      1511596146
1       4606018 2735466 pv      1511616481
1       230380  411153  pv      1511644942
1       3827899 2920476 pv      1511713473
1       3745169 2891509 pv      1511725471
1       1531036 2920476 pv      1511733732
1       2266567 4145813 pv      1511741471
```

图 6-7　导入数据部分示意图

任务 2　数据分析

1）分析各个用户购买的商品类别，以挖掘不同用户的购买力，分析结果如图 6-8 所示。

```
hive> select useid,goodid,category from userbuy1 where behavior='buy';
```

```
hive> select useid,goodid,category from userbuy1 where behavior='buy';
OK
100     1603476 2951233
100     2971043 4869428
100     598929  2429887
100     1046201 3002561
100     1606258 4098232
100     4840649 1029459
100     251391  3738615
100     4075065 2881542
1000001 4088463 174239
1000011 3991727 3108044
1000011 404297  2578647
100002  2976687 772894
1000027 1934938 4718844
1000027 3241094 3548883
1000028 2621260 722945
1000028 1910706 1516409
1000028 863811  3338209
1000028 3947413 634390
1000037 4753136 890050
1000037 3233631 890050
1000037 4753136 890050
```

图 6-8　不同用户购买商品显示数据

2）按 category（商品类目 ID）进行分类，分析浏览量为前 5 个商品。

```
hive> SELECT category,COUNT(behavior) AS browsing amount
FROM userbuy1  WHERE behavior='pv'
GROUP BY category ORDER BY browsing amount DESC LIMIT 5 ;
```

分析结果如下。

```
3607361 555
4756105 437
4145813 322
2355072 214
982926  195
```

任务 3　数据导出

复制 buy 表，生成新表 buy1 用于保存导出的查询数据。从表中分析数据，统计数据表 buy 中最受欢迎的前 10 个商品，将统计数据导出到 buy1 表中。

```
    hive> INSERT OVERWRITE TABLE buy1  SELECT category,COUNT(behavior)   AS
goodbuyingamout FROM  userbuy1 WHERE behavior='buy' GROUP BY category ORDER BY
goodbuyingamout DESC LIMIT 10;
```

显示导出数据。

```
hive> SELECT  *  FROM  buy1 ;
```

显示结果如下。

```
1620537    5
835895     5
965809     4
2640118    3
890050     3
2355072    3
4602841    2
2096639    2
2885642    2
3184456    2
```

同理，可实现浏览量前 5 的商品的数据分析结果导出，请读者自行尝试与体验。

拓展项目

goods.txt 数据集包含了某购物车在某一时间段的商品信息和用户的行为（行为包括点击、购买、加购、喜欢）。商品描述数据集由商品 ID、用户 ID、商品类目 ID、行为类型和时间戳组成，并以逗号分隔。goods 数据表如表 6-6 所示。

表 6-6　goods 数据表

字段名称	列名称	说明
goodid	商品 ID	商品 ID，整数类型
userid	用户 ID	用户 ID，整数类型
goodstype	商品类目 ID	商品所属类目 ID，整数类型
goodsaction	行为类型	商品操作类型，字符串，枚举类型，包括('pv', 'buy', 'cart', 'fav')
goodstime	时间戳	操作发生的时间戳

针对上述数据源，进行如下数据分析。

1）按 goodstype（商品类目 ID）进行分类，分析出购买量最多的前 8 个商品。

2）统计商品收藏量 fav 最热门的前 8 个商品。

课后练习

分别求出单月访问次数和总访问次数

表字段：用户名，月份，访问次数。

数据源：

```
2018/6/1,10
2018/6/2,11
2018/6/3,11
2018/6/4,12
2018/6/5,14
2018/6/6,15
2018/6/7,13
2018/6/8,37
2018/6/9,18
2018/6/10,19
2018/6/11,10
2018/6/12,11
2018/6/13,11
2018/6/14,12
2018/6/15,14
```

操作要求如下。

1）按字段创建表 visitor。

2）导入数据源到表中。

3）分析每个用户截止到每月 30 号为止的最大单月访问次数和累计到该月的总访问次数。

4）结果数据要求输出用户、月份、最大访问次数、总访问次数和当月访问次数。

项目 7 用 HBase 实现学生成绩管理

学习目标：

- ✧ 掌握 HBase 体系架构
- ✧ 理解 HBase 的读写流程
- ✧ 掌握 HBase 的安装
- ✧ 掌握 HBase shell 操作
- ✧ 掌握 HBase API 操作

思维导图：

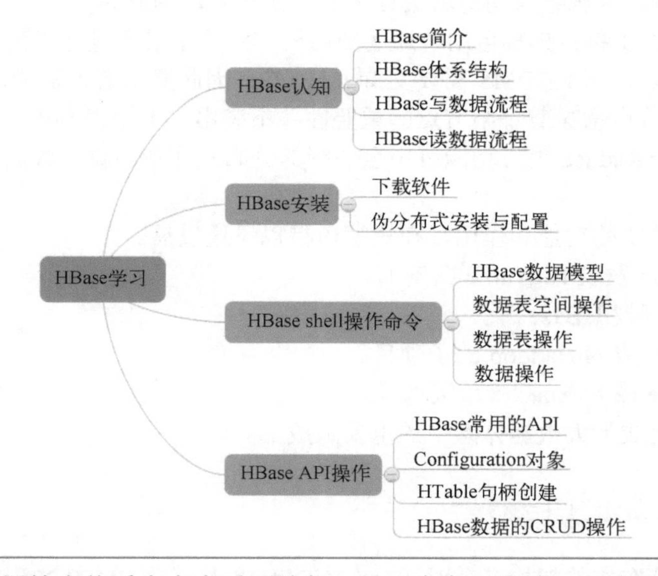

HBase 在大数据技术体系中占有重要地位，是一个高可靠性、高性能、面向列、可伸缩、实时读写的分布式数据库，主要存储非结构化和半结构化的松散数据。本章的思路是：以安装部署 HBase 1.0.2 版本，利用 HBase shell 和 HBase API 对 DDL、DML 操作为学习重点。

7.1 HBase 认知

7.1.1 HBase 简介

HBase 是 Hadoop Database 的简称，是 Google BigTable 的另一种开源实现方式，是一个

高可靠、高性能、面向列、可伸缩的分布式数据库，HBase 的目标是通过水平扩展的方式，利用廉价计算机集群处理由超过 10 亿行数据和数百万列元素组成的数据表。它为使用大量廉价的机器高速存取海量数据以及实现数据的分布式存储提供了可靠的方案。

从功能上来讲，HBase 是一个不折不扣的数据库，与常见的 Oracle、MySQL、MSSQL 等一样，能够对外提供数据的存储和读取服务。而从应用的角度来说，HBase 与一般的数据库又有所区别，HBase 本身的存取接口相当简单，不支持复杂的数据存取，更不支持 SQL 等结构化的查询语言；HBase 也没有 Row Key 以外的索引，所有的数据分布和查询都依赖 Row Key。所以，HBase 具有海量存储、列式存储（列族存储）、极易扩展、高并发、稀疏（列族中可以指定任意多的列，列数据可以为空，并且该情况下不会占用存储空间）等独有的特征，简单说明如下。

➢ 没有真正的索引：行是顺序存储的，每行中的列也是，所以不存在索引膨胀的问题，而且插入性能和表的大小无关。
➢ 自动分区：表在增长的时候会自动分裂成区域，并分布到可用的节点上。
➢ 线性扩展和对于新节点的自动处理：增加一个节点，把它指向现有集群并运行 RegionServer，区域会自动重新进行平衡，使负载均匀分布。
➢ 普通商用硬件支持：集群可用普通的商用机作为单个节点进行搭建，不需要使用昂贵机器作为节点，而 RDBMS 需要支持大量 I/O，因此要求更昂贵的硬件。
➢ 容错：大量节点意味着每个节点的重要性并不突出，不用担心单个节点失效。
➢ 批处理：MapReduce 集成功能可用全并行的分布式作业根据“数据的位置”来进行批处理。

HBase 由于其独特的功能和作用，在短期内得以迅速发展。

2006 年，Google 发表 BigTable 白皮书。

2006 年，开始开发 HBase。

2008 年，HBase 成为 Hadoop 的子项目。

2010 年，HBase 成为 Apache 顶级项目。

目前，HBase 已成为大数据体系中的重要组成部分。

7.1.2 HBase 体系结构

HBase 是一个分布式的架构，需要运行在 HDFS 之上，用 HDFS 实现底层数据存储，从功能上采用主从结构，可分为三大部分：Zookeeper 群、HMaster 群和 HRegionServer 群，其具体结构如图 7-1 所示。

下面根据图 7-1 的结构描述，对架构中的各个组成部分进行介绍。

1. Zookeeper

负责维护集群的状态，是 HBase 集群中不可缺少的重要部分，主要用于存储 Master 地址、协调 Master 和 RegionServer 等上下线、存储临时数据等工作。

2. HMaster

负责 Region 的分配及数据库/表的创建和删除等操作，主要功能有以下几方面。

➢ 将 HRegion 分配到某一个 RegionServer。

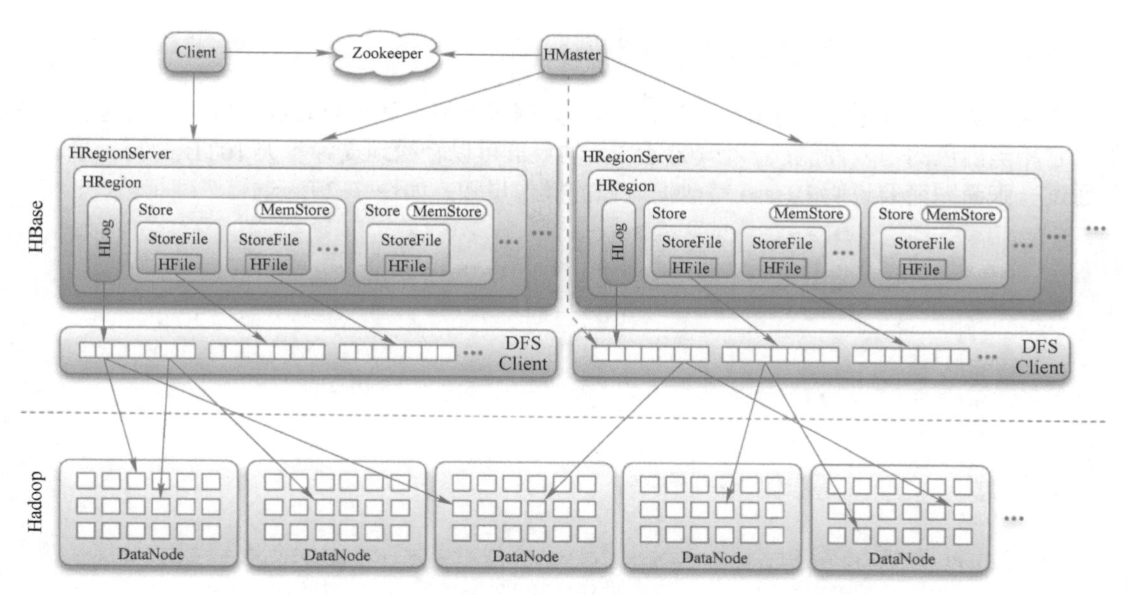

图 7-1　HBase 架构图（1.0 版本以后）

- 当某一台 RegionServer 宕机时，HMaster 可以把这台机器上的 HRegion 迁移到其他 RegionServer 上去。
- 实现 HRegionServer 的负载均衡。HMaster 没有单点问题，HBase 中可以启动多个 HMaster，通过 Zookeeper 的 Master Election 机制保证总有一个 HMaster 运行。

3．HRegionServer

负责数据的读写服务。每个 RegionServer 由若干个 HRegion 组成，而一个 HRegion 则维护了一定区间上 Row Key 值的数据。

4．HRegion

采用表方式存储海量数据。HBase 每一张表中的数据量都非常大，单机一般存储不下这么大的数据，故 HBase 会将一张表按照行水平划分为多个 Region，每个 Region 保存表的一段连续数据，初始只有 1 个 Region，当一个 Region 增大到某个阈值后，便分割为两个，因此 HBase 中的每一张表通常会被保存在多个 HRegionServer 的多个 Region 中。而 HRegion 是分布式存储和负载的最小单元，每个 HRegion 由多个 Store 和一个 HLog 构成。

Store 是存储数据的最小单元，每个 Store 保存一个列族（Columns Family），表中有几个列族就有几个 Store，每个 Store 由一个 MemStore 和多个 StoreFile 组成，MemStore 是 Store 在内存中的内容，写到文件后就是 StoreFile，而 StoreFile 的底层则是以 HFile 格式保存在 HDFS 上。

每一个 HRegion 都可以维护一个 HLog（WAL），WAL 意为 write ahead log（预写日志），用来做灾难恢复使用，HLog 记录数据的变更，包括序列号和实际数据，所以一旦 RegionServer 宕机，就可以从 HLog 中回滚还没有持久化的数据。

5．HDFS 底层

HBase 的数据最终是以 HFile 的形式存储在 HDFS 中的，HBase 中的 HFile 有着自己的格式。

DataNode 负责存储所有 RegionServer 所管理的数据。

NameNode 负责维护构成文件的所有物理数据块的元信息（metadata）。

7.1.3 HBase 写数据流程

在大数据应用体系中，HBase 默认适用于数据多次写入而少量读取的应用，而这也正是基于它相当出色的写入性能：一个 100 台 RS 的集群可以轻松地支撑每天 10TB 的写入量。下面通过一张简图简要说明 HBase 写数据流程的操作步骤，如图 7-2 所示。

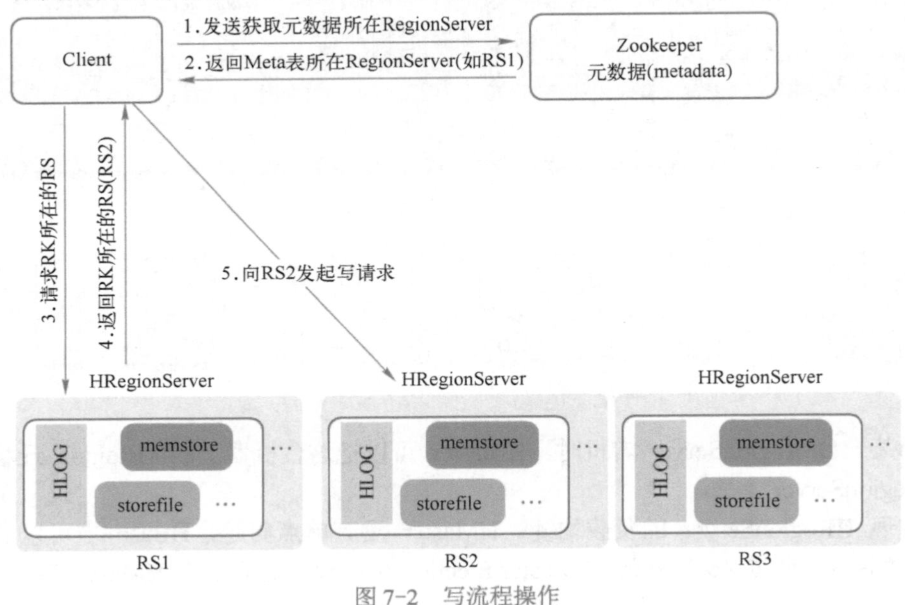

图 7-2 写流程操作

HBase 写操作是由用户发起，将数据存储到 HDFS 上终止。整个过程分为 5 个步骤。

1）Client 首先发送表、列族等信息到 Zookeeper 中，找到 Meta 表，并获取 Meta 表中的元数据。

2）Zookeeper 将要写入的数据返回给对应的 HRegion 和 HRegionServer 服务器，图 7-2 中假设 Meta 信息存储在 RS1 中。

3）Client 向该 HRegionServer 服务器（RS1）发起写入数据请求。

4）HRegionServer（RS1）收到请求，返回即将存放数据的 HRegionServer（RS2）。

5）Client 将数据写入到 HRegionServer（RS2），RS2 具体操作有以下阶段。

阶段 1：数据写入 HLog 日志文件中，以防止数据丢失。

阶段 2：将数据写入 MemStore 中，并保持有序，如果 HLog 和 Memstore 均写入成功，则这条数据写入成功。当 MemStore 的数据量超过阈值时，将溢出的数据缓冲到磁盘，生成一个 StoreFile 文件。当 Store 中的 StoreFile 数量越来越多，超过阈值时，会触发合并操作（Compact），将若干小 StoreFile 合并为一个大 StoreFile。当 StoreFile 越来越大时，Region 也会越来越大，达到阈值后，会触发 Split 操作，导致 StoreFile 将 Region 分成两个均等的子 Region。

7.1.4 HBase 读数据流程

在 HBase 体系中，HRegionServer 保存着 Meta 表以及表数据，下面通过图 7-3 来说明访问数据表中数据的简要过程。

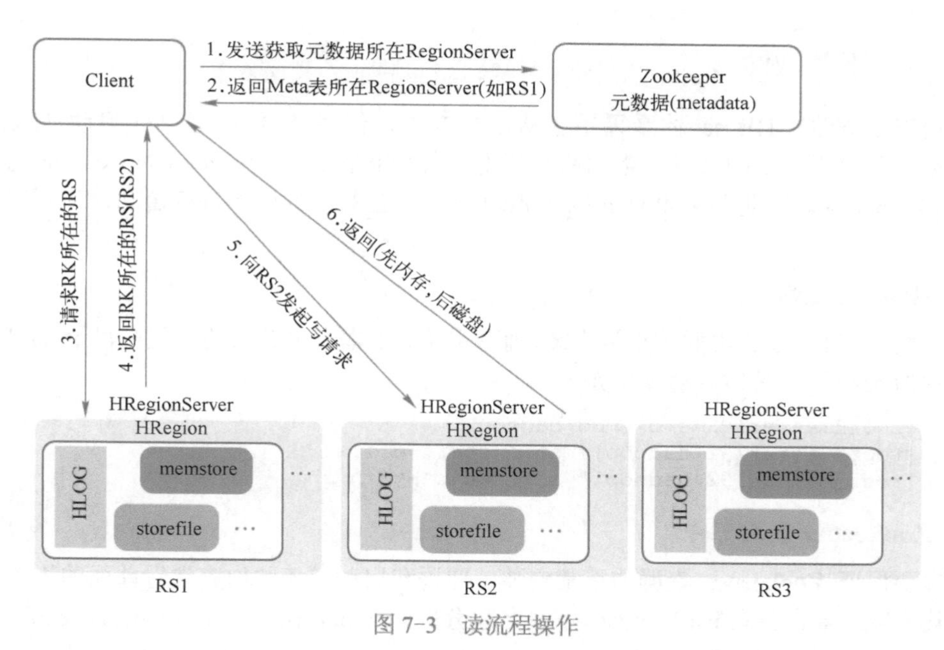

图 7-3　读流程操作

关于 HBase 数据获取过程，根据图 7-3 可简分为 6 个过程。

1）Client 首先访问 Zookeeper，从 Zookeeper 里面获取 Meta 表所在的位置信息。

2）Zookeeper 根据 Meta 表的位置信息找到相应的 HRegionServer 服务器（图 7-3 中假设为 RS1），将服务器的相关地址信息返回给 Client 端。

3）Client 通过刚才获取到的 HRegionServer 的 IP 地址访问 Meta 表所在的 HRegionServer，从而读取到存放数据的 HRegionServer（RS2）的 Meta 表中的元数据。

4）Client 通过元数据中存储的信息，访问对应的 HRegionServer（RS2），然后扫描所在 HRegionServer（RS2）的 Memstore 和 Storefile 来查询数据。根据 NameSpace、表名和 rowkey 在 Meta 表中找到对应的 region 信息，再根据 region 信息找到 region 对应的 HRegionserve 服务器。在查找 region 信息时，先从 MemStore 中找数据，如果没有，再到 BlockCache 中找数据，如果 BlockCache 中也没有，再到 StoreFile 上读取数据，此种做法是为了提高读取的效率。

5）如果是从 StoreFile 文件中读取数据，则不是直接返回给客户端，而是先写入 BlockCache 以后，再返回给 Client 端。

6）HRegionServer（RS2）将查询到的数据响应给 Client 端。

7.2　HBase 安装

在应用中，HBase 有单机、伪分布式、完全分布式三种安装模式，下面具体说明每一种。

- 单机模式：数据文件存放在单一的一台设备上，使用的是该设备的文件系统。
- 伪分布式模式：数据文件存放在一台设备构成的 HDFS 上，数据库分主从结构。
- 完全分布式模式：数据文件存放在多台设备构成的 HDFS 上，数据库也分主从结构。

在本书中，将采用伪分布式模式作为教学环境。

7.2.1 下载软件

从功能上来说，HBase 体系采用主从结构方式，使用 HBase 必须先启动 Hadoop 和 Zookeeper，用来支持 HDFS 存储数据和高可用，高可用是将集群中 NameNode 上的元数据存储在 Zookeeper 中。因此要按照 Hadoop、Zookeeper、HBase 的顺序进行启动，下面讲解一下具体过程。

1. Hadoop 正常部署

必须要保证 Hadoop 集群的正常安装、部署和启动，本章中其安装位置在目录/usr/local/src 下，名称为 hadoop，具体启动操作如下。

```
[root@master192 src]# cd hadoop
[root@master192 hadoop]# sbin/start-dfs.sh
[root@master192 hadoop]# sbin/start-yarn.sh
```

2. Zookeeper 正常部署

必须要保证 Zookeeper 集群的正常安装、部署和启动，相关内容参看前面的相关章节，本章中其安装位置在目录/usr/local/src 下，名称分别为 zookeeper1、zookeeper2、zookeeper3，具体启动 zookeeper1 操作如下。

```
[root@master192 src]# cd zookeeper1
[root@master192 zookeeper1]# bin/zkServer.sh start
```

通过同样方式可以启动 zookeeper2 和 zookeeper3。

3. HBase 安装

从 HBase 官网下载相关版本软件，并解压到/usr/local/src/hbase 目录，官网下载地址为 http://archive.apache.org/dist/hbase/stable/，具体操作如下。

1）下载安装包 hbase-1.1.2-bin.tar.gz。

2）解压安装包 hbase-1.1.2-bin.tar.gz 到路径 /usr/local 下。

```
[root@master192 src]# tar -zxvf hbase-1.3.1-bin.tar.gz -C /usr/local/src/
```

7.2.2 伪分布式安装与配置

启动 Hadoop 和 HBase 的顺序是 Hadoop、Zookeeper、HBase，其关闭顺序与启动顺序相反。一般来说，建议单机版 HBase 使用自带 Zookeeper；集群安装 HBase 则采用单独 Zookeeper 集群。本节主要讲解关于伪分布式环境下配置 HBase 文件的内容。

1. hbase-env.sh 修改内容

```
export JAVA_HOME=/opt/module/jdk1.8.0_144
export HBASE_MANAGES_ZK=false
```

2. hbase-site.xml 修改内容

```
<configuration>
    <property>
        <name>hbase.rootdir</name>
        <value>hdfs://hadoop102:9000/hbase</value>
```

```
    </property>
    <property>
        <name>hbase.cluster.distributed</name>
    <value>true</value>
    </property>
        <!-- 0.98 后的新变动，之前版本没有.port,默认端口为 60000 -->
    <property>
        <name>hbase.master.port</name>
        <value>16000</value>
    </property>
    <property>
        <name>hbase.zookeeper.quorum</name>
        <value>hadoop102:2181,hadoop103:2181,hadoop104:2181</value>
    </property>
    <property>
        <name>hbase.zookeeper.property.dataDir</name>
        <value>/opt/module/zookeeper-3.4.10/zkData</value>
    </property>
</configuration>
```

3．设置 regionservers 属性，确定 RegionServer 服务在本机启动

```
Localhost
```

4．启动 HBase 运行环境

（1）启动 Hadoop

进入 Hadoop 文件夹，执行命令后可输入 jps 命令观察已启动的进程名称。

```
[root@master192 hadoop]# ./sbin/start-all.sh
[root@master192 hadoop]# jps
```

当显示下面的五个进程时，表明 Hadoop 启动成功。

```
17858 NameNode
17970 DataNode
18152 SecondaryNameNode
18411 NodeManager
30717 Jps
```

（2）启动 zookeeper

退出 Hadoop 文件夹，打开 zookeeper1 文件夹，启动 zookeeper1 系统。

```
[root@master192 zookeeper1]# ./bin/zkServer.sh start
```

命令执行后可利用 jps 命令来观察已启动的进程名称，当增加了下面的三个进程时，表明 zookeeper1 启动成功，同理启动 zookeeper2 和 zookeeper3。

```
18845 QuorumPeerMain
18893 QuorumPeerMain
18958 QuorumPeerMain
```

（3）启动 HBase

打开 hbase 文件夹，启动 HBase 系统。

```
[root@master192 hbase]# ./bin/start-hbase.sh
```

命令执行后利用 jps 命令来观察已启动的进程名称，当增加下面两个进程时，表明 HBase 启动成功。

```
19306 HRegionServer
19182 HMaster
```

关闭 HBase 的顺序与开启的顺序正好相反，具体步骤如下。

第一步：关闭 HBase。

```
[root@master192 hbase]# ./bin/stop-hbase.sh
```

第二步：关闭 zookeeper1、zookeeper2、zookeeper3。

```
[root@master192 zookeeper1]# ./bin/zkServer.sh stop
```

第三步：关闭 Hadoop。

```
[root@master192 hadoop]# ./sbin/stop-all.sh
```

7.3 HBase shell 操作命令

7.3.1 HBase 数据模型

1. 认识 HBase 数据模型

HBase 被看作是键值存储数据库、面向列族的数据库，其数据存储结构不同于传统的关系型数据库，是一种结构松散、分布式、多维度、有序映射的持久化存储系统，索引的依据是行键（Row Key）、列键和时间戳（Time Stamp）。下面以概念视图为例，讲解 HBase 数据模型的特征和组成结构，如表 7-1 所示。

表 7-1 概念视图

Row Key	Time Stamp	cf1	cf2	cf3
20200101	t1	cf1:name=小明		cf3:english=80
	t2		cf2:sid=01	
	t3			cf3:math=70
20200102	t5	cf1:name=小花		cf3:math=80

【例 7-1】 现需要存储一个学生的信息，信息包含姓名、学号、学科成绩（若干）等内容。

实例分析：比较关系型数据库和 HBase 型数据库结构设计，注意两者的不同。

关系型数据库设计：需建立两张表，即学生信息表（姓名，学号）、学生成绩表（学号，学科成绩）

HBase 数据库设计：从表 7-1 可以看出，cf1 表示学生姓名，cf2 表示学号，cf3 表示学生成绩，可以看出，从关系型数据库角度看是一张表，但是从 HBase 角度看是一行数据。下面将 HBase 概念视图表的所有记录进行排列，如下所示。

```
ROW KEY      Timestamp 时间戳          Column Family 列族
20200101         t1                    cf1:name=小明
20200101         t2                    cf2:sid=01
20200101         t3                    cf3:english=80
20200102         t5                    cf1:name=小花
```

```
20200102            t5                          cf3:math=80
```

2．HBase 的概念视图与物理视图

HBase 表在实现物理存盘时，采用列的方式进行存储，概念视图中的空白列，不会被存储，其实际物理视图结构如图 7-4 所示。

Row Key	Time Stamp	cf1
20200101	t1	cf1:name=小明

Row Key	Time Stamp	cfF2
20200101	t2	cf2:sid=01

Row Key	Time Stamp	cf3
20200101	t1	cf3:english=80
	t3	cf3:math=70

Row Key	Time Stamp	cf1
20200102	t5	cf1:name=小花

Row Key	Time Stamp	cf3
20200102	t5	cf3:math=80

图 7-4　HBase 物理结构图

从图 7-4 可以看出，HBase 数据存储结构中主要包括表、行、列族、列限定符、单元格和时间戳，其中 Row Key 决定一条数据，列族中以固定格式存储任意数据，时间戳是针对列族中每一个单元格的，具体讲解如下。

表：表的作用是将存储在 HBase 的数据组织起来。

行：数据以行的形式存储。每一行数据都会被一个唯一的行键（Row Key）所标识，Row key 只能存储 64KB 的数据，按照字典顺序排序。

列族：行中的数据根据列族分组，由于列族会影响存储在 HBase 中数据的物理布置，所以列族在使用前定义，即在定义表的时候就定义列族，并且不易被修改。图 7-4 中的列族有 cf1、cf2、cf3。

列限定符：存储在列族中的数据通过列限定符来寻址，表中的每个列都归属于某个列族，列不需要提前定义，也就是不需要定义表和列族的时候就定义列，列与列之间也不需要保持一致。列和行键一样没有数据类型，并且在 HBase 存储系统中列也总是被看作一个字节（Byte）数组。图 7-4 中的列限定符有 cf1:name、cf2:sid、cf3:math 等，可以看出列名以列族作为前缀，每个“列族”都可以有多个列成员(column)，如 cf3:math,cf3:english。新的列族成员可以在后续操作中按需、动态加入，HBase 把同一列族里面的数据存储在同一目录下，由几个文件保存。

单元格：行键、列族和列可以映射到一个对应的单元格（cell），单元格是 HBase 存储数据的具体地址。在单元格中存储具体数据都是以字节数组的形式存储的，也没有具体的数据类型。由{row key,column(=<family> +<qualifier>), version}三个参数唯一确定某个单元。如图 7-4 中的单元格由{20200101，cf1:name=小明，t1}三个参数确定。

时间戳：时间戳是给单元格值的一个版本号标识，每一个值都会对应一个时间戳，时间戳是和每一个值同时写入 HBase 存储系统中的。在默认情况下，时间戳表示写入数据时的时间，但可以在将数据放入单元格时指定不同的时间戳值。

在 HBase 中，每个单元格对同一份数据有多个版本，根据唯一的时间戳来区分每个版本之间的差异，不同版本的数据按照时间倒序排序，最新的数据版本排在最前面。

时间戳的类型是 64 位整型，可以在数据写入时由 HBase 自动赋值，此时时间戳是精确到毫秒的当前系统时间，也可以由客户显式赋值，如果应用程序要避免数据版本冲突，就必须自己生成具有唯一性的时间戳。

HLog(WAL log)：HLog 文件就是一个普通的 Hadoop Sequence File，Sequence File 的 Key 是 HLogKey 对象，HLogKey 中记录了写入数据的归属信息，除了 table 和 region 名字，同时还包括 sequence number timestamp，timestamp 是“写入时间”，sequence number 的起始值为 0，或者是最近一次存入文件系统中的 sequence number。HLog Sequece File 的 Value 是 HBase 的 KeyValue 对象，即对应 HFile 中的 KeyValue。

7.3.2 数据表空间操作

在 HBase 中，NameSpace（命名空间）用来对表进行分类管理，功能类似于关系型数据库中的 DataBase。

HBase 系统定义了两个默认的 NameSpace。

- HBase 系统内建表，包括 NameSpace 和 meta 表。
- default 用户建表未指定 NameSpace 时，表都将默认存储在 default 命名空间下。

本节将从 HBase shell 角度，介绍操作 HBase 的相关命令。

7-1 创建 NameSpace

1. 创建 NameSpace

语法格式：

```
create_namespace 'ns1', {'PROERTY_NAME'=>'PROPERTY_VALUE'}
```

使用说明：

- 本命令用于创建指定名称的命名空间。
- ns1 代表某个 NameSpace 的名称。
- PROERTY_NAME 表示 NameSpace 属性名称，PROPERTY_VALUE 表示属性值，该项可省略。

示例代码：

1）创建命名空间 student。

```
hbase(main):016:0> create_namespace 'student'
```

2）创建命名空间 student1,并添加属性 user,属性值为 liuming。

```
hbase(main):016:0> create_namespace ' student1',{'user'=>'liuming'}
```

2. 显示已创建的所有 NameSpace 名称

语法格式：

```
list_namespace  'ns1'
```

使用说明：显示所有的命名空间。

示例代码：

1）显示当前所有命名空间。

```
hbase> list_namespace
```

2）显示以 stu 开头的所有命名空间。

```
hbase> list_namespace 'stu.*'
```

3. 查看 NameSpace 的结构

语法格式：

```
describe_namespace 'ns1'
```

使用说明：查看一个 NameSpace 的详细结构信息。

示例代码：

查看 student1 命名空间的结构信息。

```
hbase> describe_namespace 'student1'
```

4. 修改/删除 NameSpace 属性

语法格式：

```
alter_namespace 'ns1', {METHOD => 'set', 'PROERTY_NAME' => 'PROPERTY_VALUE'}
alter_namespace 'ns1', {METHOD => 'unset', NAME=>'PROERTY_NAME'}
```

使用说明：

上述两种格式中，第一种格式通过 METHOD => 'set'来实现添加或者修改 NameSpace 的属性。第二种格式通过 METHOD => 'unset'来实现删除 NameSpace 的属性。

示例代码：

1）为 student 命名空间添加属性 user,属性值为 zhang。

```
hbase> alter_namespace 'student',{METHOD=>'set','user'=>'zhang' }
```

显示 student 的详细结构信息。

```
hbase> describe_namespace 'student'
```

2）删除 student 命名空间中的属性 user。

```
hbase> alter_namespace student',{METHOD=>'unset','NAME'=>'user'}
```

3）显示 student 的详细结构信息。

```
hbase> describe_namespace 'student'
```

5. 删除 NameSpace

语法格式：

```
drop_namespace 'ns1'
```

使用说明：

- 当 NameSpace 为空时，可以直接删除。
- 当 NameSpace 空间下有数据表等信息时，首先要使用 disable 命令使数据表失效，然后删除失效的数据表，最后才能删除命名空间。

示例代码：

1）命名空间 student 为空状态。

```
hbase> drop_namespace 'student'
```

2）命名空间 student1 包括表 info。

```
hbase> disable 'info'
hbase> drop 'info'
hbase> drop 'student'
```

3）删除操作完成后，要进行显示，以确认命令是否执行。

```
hbase> list_namespace
```

7.3.3 数据表操作

1. 查看表

语法格式：

```
list
```

使用说明：显示表的相关信息。

示例代码：

1）显示当前 NameSpace 的所有表。

```
hbase> list
```

2）显示当前 NameSpace 下以 abc 开头的所有表。注意利用正则匹配所有表，字符串用单引号或双引号都可以，但不能不用。

```
hbase> list 'abc.*'
```

3）显示指定命名空间 ns 下的所有正则匹配表。

```
hbase> list 'ns:abc.*'
```

4）显示指定命名空间 ns 下的所有表。

```
hbase> list 'ns:.*'
```

2. 创建表

语法格式：

```
create 'ns: table', {NAME => '列族名', VERSIONS =>'版本数量'}
```

使用说明：

- ns 表示 NameSpace（命名空间名），table 表示数据表名称。ns:table 表示 ns 空间下的数据表，这样就唯一确定了一张表。
- NAME 表示列族，=>符号表示等于，NAME =>'f '表示包含名称为 f 的一个列族。
- VERSIONS 表示版本号，VERSIONS => 5 代表同时能存储的版本数是 5 个。
- 建表时要指定一个列族，也可以指定多个列族，一个列族就是一个大括号，一个大括号中只能指定一个 NAME（变量）。

示例代码：

创建表时可以添加多个设置，下面通过具体命令进行某些常用建表方法和属性的讲解。

1）blocksize（数据块大小）属性，设置数据块大小，默认值是 64K，数据块越小，索引越大，占用内存也越大。数据块设置得比较大适合于顺序查询，而数据块设置得比较小则适合随机查询。

```
hbase> create 'stu',{NAME => 'cf',BLOCKSIZE =>'65536'}
```

设置stu cf列族块的大小为64K，默认单位是字节，采用这种细粒度，目的是在进行块操作时更加有效地加载和缓存数据，不依赖于hdfs块尺寸设计，仅是HBase内部的一个属性。

2）BLOCKCACHE（数据块缓存）属性，用来配置数据块的缓存功能，列族缓存默认打开，如果经常顺序访问或很少被访问，可以关闭列族的缓存。

```
hbase> create  'stu',{NAME => 'cf',BLOCKCACHE =>'false'}
```

3）IN_MEMORY（激进缓存）属性，用来选择一个列族赋予更高的缓存优先级，IN_MEMORY默认值是false。

```
hbase> create 'stu',{NAME => 'cf',IN_MEMORY =>'true'}
```

4）指定在ns1命名空间下创建表table1，如果没有指定，则在默认的default命名空间下创建表。

```
hbase> create 'ns1:table1', {NAME => 'f1', VERSIONS => 5}
```

5）创建表table1,其包含f1、f2、f3等多个列族，一个大括号中只能指定一个NAME，一个大括号就是一个列族。

```
hbase> create 'table1', {NAME => 'f1'}, {NAME => 'f2'}, {NAME => 'f3'}
```

当列族属性默认时，可进行简写，下面命令中的所有列族属性均是默认的。

```
hbase> create 't1', 'f1', 'f2', 'f3'
```

6）建表时可指定列族、版本数、TTL、块缓存。

```
hbase> create 't1', {NAME => 'f1', VERSIONS => 1, TTL => 2592000, BLOCKCACHE
=> true}
```

7）region实际上就是表，一个region达到一定的大小就会自动分裂成两个region，在不满足切分条件时可以通过手动方式设置region进行强行分裂 。下面的命令是将ns1空间下的t1表强行分裂为4个region。

```
hbase> create 'ns1:t1', 'f1', SPLITS => ['10', '20', '30', '40']
```

8）通过读取文件预分区

在任意路径下创建一个保存分区Key的文件，在splits.txt文件中指定行键，路径为/usr/local/src/splits.txt。

通过HBase shell命令创建表，命令样例如下。

```
hbase> create 't1', {NAME =>'f1', TTL => 180}, SPLITS_FILE => '/usr/
local/src/splits.txt'
```

9）HBase 存储数据，根据行键进行排序。有以下三种排序方式。

- HexStringSplit：占用空间大，行键是以十六进制的字符串作为前缀的，使用十六进制字符比较排序。
- UniformSplit：占用空间小，行键前缀完全随机，用原始Byte值排序，即ASCII的256个字符进行比较。
- DecimalStringSplit：行键是以10进制数字字符串作为前缀的。

```
hbase> create 't1', 'f1', {NUMREGIONS => 15, SPLITALGO =>'HexStringSplit'}
```

3. 描述表结构

语法格式：

```
describe  'table'
```

使用说明：

查看表结构，table 表示数据表名称。

示例代码：

显示表 t1 的结构信息。

```
Hbase> describe 't1'
```

DESCRIBE 命令展示了表的所有属性设置，常用属性如下所示。

```
NAME => 'INFO',                           # 列族名
VERSIONS => '1',                          # 设置保存的版本数
EVICT_BLOCKS_ON_CLOSE => 'false',
NEW_VERSION_BEHAVIOR => 'false',
KEEP_DELETED_CELLS => 'FALSE',            # 是否保留删除的单元格
CACHE_DATA_ON_WRITE => 'false',
DATA_BLOCK_ENCODING => 'NONE',            # 数据块编码方式
TTL => 'FOREVER',                         # 数据过期时间
MIN_VERSIONS => '0',                      # 最小存储版本数
REPLICATION_SCOPE => '0',                 # 复制范围，配置 HBase 集群，replication 时
                                            将该参数设置为 1
BLOOMFILTER => 'ROW',                     # 布隆过滤器，优化 HBase 的随机读取性能，可
                                            选值 NONE|ROW|ROWCOL，默认为 NONE，该参
                                            数可以单独对某个列族启用
CACHE_INDEX_ON_WRITE => 'false',
IN_MEMORY => 'false',                     # 设置常驻内存，优先考虑将该列族放入块缓存中，
                                            除 meta 表外，一般表 IN_MEMORY 通常为 false
CACHE_BLOOMS_ON_WRITE => 'false',
PREFETCH_BLOCKS_ON_OPEN => 'false',
COMPRESSION => 'SNAPPY',                  # 设置压缩算法
BLOCKCACHE => 'true',                     # 数据块缓存属性，是否进行缓存
BLOCKSIZE => '65536'                      # 设置 HFile 数据块大小（默认 64kb）
```

4. 判断表

语法格式：

```
exists  'table'
```

使用说明：

查看一个表是否存在当前命名空间下。

示例代码：

查看表 t1 是否存在。

```
hbase> exists 't1'
```

5. 判断表是否可用

语法格式：

```
is_enabled 'table'
```

使用说明：

判断表的状态是否可用。

示例代码：

判断表t1是否可用。

```
hbase> is_enabled  't1'
```

6. 判断表是否失效

语法格式：

```
is_disabled  'table'
```

使用说明：

判断表table是否失效。

示例代码：

判断表t1是否失效。

```
hbase> is_disabled 't1'
```

7. 禁用满足正则表达式的所有表

语法格式：

```
disable_all
```

使用说明：

显示失效的所有表。

示例代码：

1）启用满足正则表达式的所有表enable_all，匹配以t开头的表名。

```
hbase> disable_all 't.*'
```

- "." 匹配除 "\n" 和 "\r" 之外的任何单个字符。
- "*" 匹配前面的子表达式任意次。

2）启用满足正则表达式的所有表enable_all，匹配指定ns命名空间下的以t开头的所有表。

```
hbase> disable_all 'ns:t.*'
```

3）启用满足正则表达式的所有表enable_all，匹配ns命名空间下的所有表。

```
hbase> disable_all 'ns:.*'
```

7-5 修改表结构

8. 修改表结构

语法格式：

```
alter 'table'  ,{NAME=><family>},{NAME=><family>,METHOD=>'delete'}
```

使用说明：

修改表结构。

示例代码：

1）删除表t1中的列族info。

```
hbase> alter  't1',{NAME=>'info',METHOD=>'delete'}
```

2）修改版本存储个数。

```
hbase> alter 't1' ,{name=>'info', VERSION=>3}
```

注意：凡是要修改表的结构，HBase 规定必须先禁用表，再修改表，最后启动表，直接修改会报错，代码如下。

```
disable <table>
alter 操作
enable <table>
```

3）修改列族的参数信息，如修改列族的版本等，比如数据表 student 中 Grades 列族的 VERSIONS 为 1，实际可能需要保存最近的 3 个版本，可使用如下命令进行修改。

```
hbase> alter 'student', {NAME => 'Grades', VERSIONS => 3}
```

4）增加列族，需要在 student 表中新增一个列族 hobby，可使用如下命令。

```
hbase> alter 'student', 'hobby'
```

5）删除列族，移除或者删除 student 已有的列族，可使用如下命令。

```
hbase> alter 'student', { NAME => 'hobby', METHOD => 'delete' }
hbase> alter 'student', 'delete' => 'hobby'
```

9. 删除表

7-6 删除表

语法格式：

1）禁用表。

```
disable  'table'
```

2）删除表。

```
drop  'table'
```

使用说明：

删除表。在 HBase 中表有启用和禁用的状态区分，在删除和修改前需要先禁用，如果是修改，那么完成后需要再启用，禁用命令是 disable 和 disable_all，启用命令是 enable 和 enable_all。

示例代码：

删除当前命名空间下的表 t1。

```
hbase> disable 't1'
hbase> drop 't1'
```

10. 删除所有表

语法格式：

```
drop_all 'table'
```

使用说明：

删除满足正则表达式的所有表。

示例代码：

启用正则表达式，删除多个表。

```
hbase> drop_all 't.*'
hbase> drop_all 'ns:t.*'
hbase> drop_all 'ns:.*'
```

11. 权限管理

HBase 的权限控制是通过 AccessController Coprocessor 协处理器框架实现的，可实现对用户的 RWXCA 的权限控制，Apache HBase 从 0.98.0 和 0.95.2 这两个版本开始支持 namespace 级别的授权操作，包括以下 4 种权限。

```
Read(R) 允许读取权限
Write(W) 允许写入权限
Execute(X) 允许执行权限
Create(C) 允许建表、删除表权限
```

Admin(A)允许管理操作，如 balance、split、snapshot 等。需要配置 hbase.security.authorization=true 及 hbase.coprocessor.master.classes，要特别注意的是，在 hbase.coprocessor.master.classes 中需要配置 org.apache.hadoop.hbase.security. access.AccessController 以提供安全管控能能。本节主要讲解相关的 shell 命令用法。

1）分配权限

语法格式：

```
grant  <user>,<permissions>,<table>,<column family>,<column qualifier>
```

2）查看权限

语法格式：

```
use_permission  'table'
```

3）收回权限

语法格式：

```
revoke  <user>,<table>,<column family>,<column qualifier>
```

7.3.4　数据操作

7-7　添加数据

1. 添加数据

语法格式：

```
put  'table'  ,'rowkey' ,'family:column' ,'value' ,timestamp
```

使用说明：向表中插入数据。

- table 属性为表名。
- Rowkey 属性为行键的名称，为字符串类型。
- family:column 属性为列族和列的名称，中间用冒号隔开。列族名必须是已经创建的，否则 HBase 会报错；列名是临时定义的，因此列族里的列是可以随意扩展的。
- value 为单元格的值。在 HBase 里，所有数据都是字符串的形式。
- timestamp 为时间戳，如果不设置时间戳，则系统会自动插入当前时间为时间戳。

示例代码：

1）在 ns1 命名空间下的 t1 表中添加数据。

```
hbase> put 'ns1:t1', 'r1', 'c1', 'value'
```

2）在 default 下的 t1 表中，添加行键、列族和值。

```
hbase> put 't1', 'r1', 'c1', 'value'
```

3）在 default 下的 t1 表中，添加行键、列族、值和时间戳（时间戳是 long 类型的，所以不需要加引号）。

```
hbase> put 't1', 'r1', 'c1', 'value', 1541039459299
```

4）在 default 下的 t1 表中，添加行键、列族、值和可见性标签。

```
Hbase> put 't1', 'r1', 'c1', 'value', ts1, {VISIBILITY=>'PRIVATE|SECRET'}
```

5）在 default 下的 t1 表中，添加行键、列族、值。

```
hbase> put 't1', 'r1', 'c1', 'value', {ATTRIBUTES=>{'mykey'=>'myvalue'}}
```

2. 用 get 查询数据

7-8 查询数据

语法格式：

```
get 'table' , 'rowkey' ,[ 'family:column' ,…]
```

使用说明：向表中查询数据。

命令中的属性名称在前面已介绍，不再重复。

示例代码：

1）查询 scores3 中 rk001 行 course:soft 列的值。

```
hbase> get 'scores3' ,'rk001','course:soft'
```

2）查询 scores3 中 rk001 行 course 列族的值。

```
hbase> get 'scores3' ,'rk001','course'
```

3）查询 scores3 中 rk001 行的值。

```
hbase> get 'scores3' ,'rk001'
```

4）查询 scores3 中 rk001 行 course 列族的值，版本数为 3。

```
hbase> get 'scores3' ,'rk001' ,{COLUMN=>'course', VERSION=>3}
```

5）查询 scores3 中 rk001 行 course 列族的值，版本数为 3，且时间戳 1517022047098 ~ 1517022054593 之间的值。

```
hbase> get 'scores3' ,'rk001' ,{COLUMN=>'course:soft ', TIMERANGE =>
[1517022047098 ,1517022054593],VERSION=>3}
```

6）查询 scores3 中 rk001 行中值是 database 的数据。

ValueFilter 属性用于对值进行过滤。

```
hbase> get 'scores3','rk001',{FILTER =>"ValueFilter(=,'binary:database')"}
```

7）查询 scores3 中 rk001 行中值含有 a 的数据。

```
hbase> get 'scores3' ,'rk001',{FILTER => "ValueFilter(=,'substring:a')"}
```

3. 用 scan 查询数据

语法格式：

```
scan 'table' ,{ COLUMNS=>[<family:column>,......], LIMIT=>num}
```

使用说明：

向表中查询数据。命令中的属性名称在前面已介绍，不再重复。

示例代码：

1）扫描整个表。

```
hbase> scan 'scores3'
```

2）限制条件，扫描整个表列族为 course 的数据。

```
hbase> scan 'scores3' ,{COLUMN => 'course'}
```

3）限制时间范围，扫描整个表列族为 course 的数据，同时设置扫描的开始和结束行键，此时包含行键的开始值而不包含行键的结束值。

```
hbase> scan 'scores3',{COLUMN => 'course',STARTROW=>'rk001', ENDROW=>'rk003'}
```

4）扫描整个表中列族为 course 的数据，同时设置版本为 3。

```
hbase> scan 'scores3' ,{COLUMN => 'course' ,VERSIONS=3}
```

5）限制查找条数，扫描整个表列族为 course 的数据，查询条数为 10。

```
hbase> scan 'scores3' ,{COLUMNS => 'course' , LIMIT => 10}
```

6）表的反向扫描，即倒序扫描整个表。

```
hbase> scan 'scores3', {REVERSED => true}
```

7）多版本扫描。

```
hbase> scan 'stu23:t1', {RAW => true, VERSIONS => 10}
```

8）PrefixFilter:rowKey 前缀过滤，基于行键的前缀值进行过滤。

```
hbase> scan 'scores3',{FILTER=>PrefixFilter('rk001')}
hbase> scan 'scores3',{FILTER=>PrefixFilter('t')}
```

9）QualifierFilter 即列过滤器，用来匹配列限定符，而不是列的值。

```
hbase> scan 'stu23:t1',{FILTER=>"(QualifierFilter(>=,'binary:soft'))"}
```

10）TimestampsFilter 即时间戳过滤器,该过滤器允许针对返回给客户端的时间版本进行更细粒度的控制，使用的时候，可以提供一个返回的时间戳的列表，只有与时间戳匹配的单元才可以返回。

```
hbase> scan 'scores3',{FILTER=>"TimestampsFilter(1448069941270,1548069941230)" }
hbase> scan 'scores3',{FILTER=>"(QualifierFilter(>=,'binary:b')) AND (TimestampsFilter(1348069941270,1548069941270))" }
```

4. 删除数据

语法格式：

```
delete 'table' ,'rowkey' ,'family:column' ,'value' ,'timestamp'
```

使用说明：

删除数据。也可以删除行中的某个列值（family:column），命令中的属性名称在前面已介绍，此处不再重复介绍。

7-9 删除数据

示例代码：

删除 scores3 中 rk001 行中的 course:soft 列的数据。

```
hbase> delete 'scores3','rk001','course:soft'
```

5. 删除行

语法格式：

```
deleteall 'table' ,'rowkey' ,'family:column' ,'value' ,'timestamp'
```

使用说明：
删除数据。也可以删除行中的某个列值，命令中的属性名称在前面已介绍，不再重复。
示例代码：
1）删除 t1 表中 rowkey 为 r1 的行。

```
hbase> deleteall 't1', 'r1'
```

2）删除 t1 表中 r1 行，且 column 为 c1 的所有数据。

```
hbase> deleteall 't1', 'r1', 'c1'
```

3）删除 t1 表中 r1 行，c1 列，且时间戳为 ts1 的所有数据。

```
hbase> deleteall 't1', 'r1', 'c1', ts1
```

6. 清空表

语法格式：

```
truncate  'table'
```

使用说明：清空表。由于 Hadoop 的 HDFS 文件系统不允许直接修改，所以只能先删除表，再重新创建以达到清空表的目的。
示例代码：
清空表 t1。

```
hbase> truncate  't1'
```

7. 查看记录条数

语法格式：

```
count   'table'
```

使用说明：统计表中总共有多少条数据。
示例代码：
统计表 t1 中有多少条数据。

```
hbase> count 't1'
```

7.4 HBase API 操作

HBase 支持很多种访问，本章中主要介绍了两种。

- HBase shell 方式：即 HBase 的命令行工具，是最简单的接口，适合 HBase 管理使用，为 7.3 节主要学习内容。
- Native Java API：即最常规和高效的访问方式，适合 Hadoop MapReduce Job 并行批处理 HBase 表数据，为本节主要学习内容。本节仅介绍通过 Java API 完成对表的常用相关操作。

7.4.1 HBase 常用的 API

在使用 Java 操作 HBase 数据库之前，需要配置 Hadoop 和 Zookeeper，详情见 7.2 节内容，利用 Java API 连接到 Zookeeper 配置文件 hbase-site.xml。根据 HBase 版本的不同，其连接的具体方法也有所差异，可以通过查询官方网站(http://hbase.apache.org/)的 Documentation and API 中的相关文档进行查看。本章安装 HBase 版本 1.1.2，以 1.4Documentation 作为参照文档，HBase Java API 相关核心类与 HBase 数据库、表、数据行的对应关系如表 7-2 所示。

表 7-2 HBase Java API 相关核心类与数据模型的对应关系

Java 类	HBase 数据模型
HBaseConfiguration	数据库 DataBase
NamespaceDescriptor	命名空间描述类
HTableDescriptor	表描述类，包含了表的名字及其对应表的列族
HColumnDescriptor	列族描述类，维护着关于列族的信息，例如版本号、压缩设置等。它通常在创建表或者为表添加列族的时候使用。列族被创建后不能直接修改，只能通过删除然后重新创建的方式。列族被删除的时候，列族里面的数据也会同时被删除
Put	用来对单个行执行添加操作
Get	用来获取单个行的相关信息
Scan	可以根据 rowkey,cf,column,timestamp,filter 来扫描表以获取数据
Result	存储 Get 或者 Scan 操作后获取表的单行值。使用此类提供的方法可以直接获取值 或者各种 Map 结构（ key-value 对）

7.4.2 Configuration 对象

HBase Java API 在操作数据库时，首先要创建 HBaseConfiguration 对象，连接到 Zookeeper，创建 HBase 的命名空间和表，才能进行数据操作，本节将学习 HBaseConfiguration 对象的相关内容。

1. 利用 HBase Java API 创建一个 Configuration 对象

```
Configutation conf = HbaseConfiguration.create();
configuration.set("hbase.zookeeper.property.clientPort", "2181");
configuration.set("hbase.zookeeper.quorum", "192.168.1.42");
connection = ConnectionFactory.createConnection(configuration);
admin = connection.getAdmin();
```

用法说明：

1）HbaseConfiguration.create()函数，加载 HBase 配置文件属性，默认加载当前类所在根目录下的配置文件 hbase-default.xml，然后加载 hbase-site.xml，后者会覆盖前者中的属性信息，该对象包含了客户端连接 HBase 服务所需的全部信息，如 Zookeeper 位置（只有连接到 Zookeeper 才能与 HBase 通信，master 仅负责负载均衡等），Zookeeper 连接超时时间，以及各种配置信息，如 hbase server zookeeper 访问地址和端口号等。

2）hbase.zookeeper.property.clientPort 设置端口号为 2181。

3）hbase.zookeeper.quorum 设置的 IP 地址为 192.168.1.42。

4）connection = ConnectionFactory.createConnection(configuration);

HBase 访问一条数据的过程中，需要连接三种不同的服务角色，Zookeeper、HBase Master、HBase RegionServer，HBase 客户端的 Connection 包含了对以上三种 socket 连接的封装，在 1.0 以上版本中，ConnectionFactory（连接工厂）用于创建 Connection 连接。

5）connection.getAdmin()提供了一个接口来管理 HBase 数据库的表信息。它提供的方法包括创建表、删除表、列出表项、使表有效或无效以及添加或删除表列族成员等。

2. 利用 HBase Java API 对命名空间和表进行操作

在 HBase 中 Connection 类已经实现了对连接的管理功能，创建连接即实现了一个 DDL 操作器：表管理器 admin。

下面介绍 NameSpace 的创建和删除这两个 HBase Java API 编程任务，并对关键语法添加了详细注释，方便读者体会与理解。

```
import org.apache.hadoop.conf.Configuration;
import org.apache.hadoop.hbase.*;
import org.apache.hadoop.hbase.client.*;
import java.io.IOException;
public class HbaseDDL2 {
    public static Configuration configuration = null;
    public static Connection connection = null;
    public static Admin admin = null;

// 公共类，连接 Zookeeper 配置文件，本例中 Zookeeper 地址为 192.168.1.42，请读者根据自己的具体配置进行填写
    public static void init() throws IOException {
        configuration = HBaseConfiguration.create();
        configuration.set("hbase.zookeeper.property.clientPort", "2181");
        configuration.set("hbase.zookeeper.quorum", "192.168.1.42");
        connection = ConnectionFactory.createConnection(configuration);
//创建表管理类
        admin = connection.getAdmin();
    }
//公共类，实现关闭连接
    public static void close() throws IOException {
        if(connection!=null){
            connection.close();
        }
        if(admin!=null){
            admin.close();
        }
    }

 //创建命名空间（NameSpace）
    public static void createNS(String namespace) throws IOException {
        //调用建立连接的公共类
        init();
                NamespaceDescriptor namespaceDescriptor = null;
        try {
// 创建命名空间描述类
            namespaceDescriptor = admin.getNamespaceDescriptor(namespace);
        } catch (NamespaceNotFoundException e) {

        }
 // 通过命名空间描述类是否为空，来判断该命名空间是否存在，如果命名空间描述类已存在，则程序直接返回，不创建
        if (namespaceDescriptor != null) {
            return;
        }
 // 如果命名空间描述类不存在，则命名空间不存在，建立新的 NameSpace
```

```
        namespaceDescriptor    =   NamespaceDescriptor.create(namespace).
build();
        admin.createNamespace(namespaceDescriptor);
        //关闭连接
        close();
    }

    //删除命名空间(NameSpace)
      public  static  void deleteNS(String namespace) throws IOException {
        //调用建立连接的公共类
        init();
        NamespaceDescriptor namespaceDescriptor =null;
        try {
    // 创建命名空间描述类
            namespaceDescriptor = admin.getNamespaceDescriptor(namespace);
        }catch (NamespaceNotFoundException ex)
        {

        }
    //通过命名空间描述类是否为空，来判断该命名空间是否存在，如果命名空间描述类不存在，则
程序直接返回，不创建
        if (namespaceDescriptor == null) {
            return;
        }
      // 如果命名空间描述类不存在，删除 namespace
        admin.deleteNamespace(namespace);
        //关闭连接
        close();
      }
    //程序测试入口 main 函数
      public static void main(String[] args) throws IOException {

          // 测试创建表空间(NameSpace)的方法
    createNS("nn");
           // 测试删除表空间(NameSpace)的方法
    deleteNS("nn");
      }
    }
```

7.4.3 HTable 句柄创建

在命名空间（NameSpace）实现创建、连接之后，就要进行表结构的创建等相关操作，本节将学习关于表（Table）的相关 HBase Java API 操作。

下面介绍 Table 的创建和删除这两个 HBase Java API 编程任务，并对关键语法添加了详细注释，为读者实现表的其他操作提供编程思路。

```
import org.apache.hadoop.conf.Configuration;
import org.apache.hadoop.hbase.*;
import org.apache.hadoop.hbase.client.*;
import java.io.IOException;

public class HbaseDDL2 {
    public static Configuration configuration = null;
    public static Connection connection = null;
    public static Admin admin = null;
```

// 公共类，连接 Zookeeper 配置文件，本例中 Zookeeper 地址为 192.168.1.42，请读者根据自己的具体配置进行填写

```
    public static void init() throws IOException {
        configuration = HBaseConfiguration.create();
        configuration.set("hbase.zookeeper.property.clientPort", "2181");
        configuration.set("hbase.zookeeper.quorum", "192.168.1.42");
        connection = ConnectionFactory.createConnection(configuration);
        admin = connection.getAdmin();
    }
//公共类，实现关闭连接
    public static void close() throws IOException {
        if(connection!=null){
            connection.close();
        }
        if(admin!=null){
            admin.close();
        }
    }

//创建表操作
    Public static void createTable(String tablename, String[] family) throws
IOException {
        //建立连接
        init();
        //通过 admin 类方法判断表名是否已存在，如存在，则程序直接返回
        if (admin.tableExists(TableName.valueOf(tablename))) {
            return;
        }
//通过表描述类，生成新的表
        HTableDescriptor hTableDescriptor = new HTableDescriptor(TableName.
valueOf(tablename));
        //通过列族描述类来添加新的列族
        for (String str : family) {
//创建列族描述类
            HColumnDescriptor hColumnDescriptor = new HColumnDescriptor
(str);
//列族加入表描述类中
            hTableDescriptor.addFamily(hColumnDescriptor);
        }
 //通过 admin 类创建表
        admin.createTable(hTableDescriptor);
        //关闭连接
        close();
    }

//删除表
    public static void dropTable(String tablename) throws IOException {
        //建立连接
        init();
        // 通过 admin 类获取当前表的 HTableDescriptor 实例名称
        HTableDescriptor tableDescriptor =
    admin.getTableDescriptor(TableName.valueOf(tablename));
 // 如果实例名称的表不存在，则程序直接返回
 if (tableDescriptor == null) {
     return;
   }
// 如果实例名称存在，则调用 disableTable 方法使表 tablename 失效
```

```
 admin.disableTable(TableName.valueOf(tablename));
// 如果要删除的表名称存在，则调用 deleteTable 方法删除失效表 tablename
 admin.deleteTable(TableName.valueOf(tablename));
  // 关闭连接
       close();
}
//程序测试入口 main 函数
   public static void main(String[] args) throws IOException {
    // 测试创建表 t2 的方法，表 t2 中含有两个列族 f1，f2。
 createTable("t2" ,new String[]{"f1","f2"});
// 测试删除表 t2 的方法。
dropTable("t2");
        }
}
```

7.4.4 HBase 数据的 CRUD 操作

CRUD 操作是指对数据表中的数据进行增、删、改、查等操作，HBase DML 主要是针对大数据情况下的数据处理，其主要关注点在数据的增加、删除和查询，因此下面将从数据添加（Put 和 List<Put>）、数据删除（Delete 和 List<Delete>）、数据查询（Get 和 Scan）的角度对表数据进行操作。

```
import org.apache.hadoop.conf.Configuration;
import org.apache.hadoop.hbase.*;
import org.apache.hadoop.hbase.client.*;
import org.apache.hadoop.hbase.util.Bytes;
import java.io.IOException;
import java.util.ArrayList;
import java.util.List;

public class HbaseDDL2 {
   public static Configuration configuration = null;
   public static Connection connection = null;
   public static Admin admin = null;


// 公共类，连接 Zookeeper 配置文件，本例中 Zookeeper 地址为 192.168.1.42，请读者根据自己的具体配置进行填写
   public static void init() throws IOException {
      configuration = HBaseConfiguration.create();
      configuration.set("hbase.zookeeper.property.clientPort", "2181");
      configuration.set("hbase.zookeeper.quorum", "192.168.1.42");
      connection = ConnectionFactory.createConnection(configuration);
      admin = connection.getAdmin();
   }
//公共类，实现关闭连接
   public static void close() throws IOException {
      if(connection!=null){
         connection.close();
      }
      if(admin!=null){
         admin.close();
      }
   }
```

```
        //添加数据方法一：利用 put 对象向表中逐条添加数据
            public static void putData1(String tablename, String rowkey, String
cf, String cm, String value) throws IOException {
                init();
        //建立表的连接
                Table table = connection.getTable(TableName.valueOf(tablename));
         // 实例化 Put 类,指定 rowkey 进行操作
         Put put = new Put(Bytes.toBytes(rowkey));
         // 设置参数：列族，列，值
         put.addColumn(Bytes.toBytes(cf), Bytes.toBytes(cm), Bytes.toBytes(value));
              //向表中添加该行数据
        table.put(put);
                table.close();
            }

        //添加数据方法二：利用 List<Put>对象向表中批量添加数据
            public static void putData2(String tablename, String[] rowkey, String[]
cf, String[] cn, String[] value) throws IOException {
                init();
                Table table = connection.getTable(TableName.valueOf(tablename));
               //putlist 这个集合中存放的元素是 Put 类型
         List<Put> putList = new ArrayList<Put>();
        //从集合中获取每一行数据，对每行数据以 rowkey 方式设置，并添加列族、列和值
                for (int i = 0; i < 3; i++) {
                    Put put = new Put(Bytes.toBytes(rowkey[i]));
                    put.addColumn(Bytes.toBytes(cf[i]),Bytes.toBytes(cn[i]),Bytes.
toBytes(value[i]));
                    putList.add(put);
                }
        //向表中添加批量数据
                table.put(putList);
            }
        //删除数据方法一：利用 Delete 对象向表中逐条删除数据
            public static void deleteData(String tablename, String rowkey, String
cf, String cn) throws IOException {
                init();
        //建立表的连接
                Table table = connection.getTable(TableName.valueOf(tablename));
                //设置要删除数据的 rowkey
                Delete delete = new Delete(Bytes.toBytes(rowkey));
                //设置参数：列族、列
                delete.addColumns(Bytes.toBytes(cf), Bytes.toBytes(cn));
               // 从表中删除数据
        table.delete(delete);
                close();
            }
        //删除数据方法二：利用 List<Delete>对象对表中数据批量删除
            public static void deleteListData(String tablename, String[] rowkey,
String[] cf, String[] cn) throws IOException {
                init();
        //建立表的连接
                Table table = connection.getTable(TableName.valueOf(tablename));
                  //putlist 这个集合中存放的元素是 Put 类型
         List<Delete> deletes = new ArrayList<Delete>();
        //从集合中获取每一行数据，对每行数据以 rowkey 方式设置，并设置列族、列
                for (int i = 0; i < 2; i++) {
                    Delete delete = new Delete(Bytes.toBytes(rowkey[i]));
                    delete.addColumns(Bytes.toBytes(cf[i]), Bytes.toBytes(cn[i]));
```

```
        /
                deletes.add(delete);
        }
        /删除所设置的数据
            table.delete(deletes);
                close();
        }

        //查询数据方法一：利用 Get 对象查询一行数据
        public static void getData(String tablename, String rowkey, String cf,
String cn) throws IOException {
            //创建连接
            init();
        //建立表的连接
            Table table = connection.getTable(TableName.valueOf(tablename));
        //设置 rowkey 实例化 Get 类
            Get get = new Get(Bytes.toBytes(rowkey));
        //设置要查询的列族、列
            get.addColumn(Bytes.toBytes(cf), Bytes.toBytes(cn));
        //获取这一行的数据集
            Result result = table.get(get);
        //输出这一行的所有数据
            Cell[] cells = result.rawCells();
            for (Cell cell : cells) {
                System.out.print("rowkey" + Bytes.toString(CellUtil.cloneRow
(cell))
                        +  ",family:"  +  Bytes.toString(CellUtil.cloneFamily
(cell))
                        + ",Qualifier:" + Bytes.toString(CellUtil.cloneQualifier
(cell))
                        + ",value:" + Bytes.toString(CellUtil.cloneValue(cell))
                );
            }
            //关闭连接
            close();
        }

        //查询数据方法二：利用 Scan 对象扫描查询全表数据

        public static void scanTable(String tablename) throws IOException {
            //创建连接
            init();
        //建立表的连接

        Table table = connection.getTable(TableName.valueOf(tablename));
        // 实例化 Scan 类
        Scan scan = new Scan();
         //获取数据结果集
        ResultScanner results = table.getScanner(scan);
             //输出所有数据
            Cell[] cells = result.rawCells();
            for (Cell cell : cells) {
                System.out.print("row:" + CellUtil.cloneRow(cell)
                        + ",cf:" + CellUtil.cloneFamily(cell)
                        + ",cn" + CellUtil.cloneQualifier(cell)
                        + ",values" + CellUtil.cloneValue(cell));
                }
            }
```

```
        }
        //查询数据方法三：利用 Scan 对象 scan 某一列。可任意设置相关的 cf（列族），column（列），timestamp（时间戳）等条件，实现按条件（可单一或组合）查询数据
         public static void scanData(String tablename,String cf,String cn,String startrow,String stoprow) throws IOException {
                init();
        //建立表的连接
                Table table = connection.getTable(TableName.valueOf(tablename));
        // 实例化 Scan 类
        Scan scan = new Scan();
                //scan.addFamily(Bytes.toBytes(cf));
                // scan.addColumn(Bytes.toBytes(cf),Bytes.toBytes(cn));
                scan.setStartRow(Bytes.toBytes(startrow));
        scan.setStopRow(Bytes.toBytes(stoprow));
        //获取数据结果集
                ResultScanner scanner = table.getScanner(scan);
                //输出所有数据
        for (Result result : scanner) {
                  Cell[] cells = result.rawCells();
                  for (Cell cell : cells) {
                    System.out.println("rowkey:"+Bytes.toString(CellUtil.cloneRow(cell))
                                  +",family:"+Bytes.toString(CellUtil.cloneFamily(cell))
                                  +",column:"+Bytes.toString(CellUtil.cloneQualifier(cell))
                                  +",value:"+Bytes.toString(CellUtil.cloneValue(cell))
                    );
                  }
                }
                close();
            }

        //程序测试入口 main 函数
          public static void main(String[] args) throws IOException {
        //添加数据方法一：利用 put 对象向表中逐条添加数据
        putData("t4","00123","f1","age","18");
        //添加数据方法二：利用 List<Put>对象向表中批量添加数据
        putListData("t4",new String[]{"1002","1003","1004"},new String[]{"f1","f1","f1"},new String[]{"age","sex","name"},new String[]{"18","male","lxm"});
        //删除数据方法一：利用 Delete 对象向表中逐条删除数据
        deleteData("t4","1002","f1","age");
        //删除数据方法二：利用 List<Delete>对象对表中数据批量删除
        deleteListData("t4", new String[]{"1002","1003"}, new String[]{"f1","f1"},newString[] {"age","sex"});
        //查询数据方法一：利用 Get 对象查询数据
        getData("t4","rk002","f1","age");
        //查询数据方法二：利用 Scan 对象进行全表扫描查询数据
        scanData("t4");
        //查询数据方法三：利用 Scan 对象设置相关的 cf（列族），column（列），timestamp
        （时间戳）等条件，实现按条件（可单一或组合）查询数据
        scanData("t4","f2","sex","rk002","rk004");
            }
        }
```

HBase 过滤器是一套为完成一些较高级的 CRUD 需求而提供的 API 接口，其过滤器主要由过滤器本身、比较器和比较运算符组成。

1. 操作符

操作符也叫比较运算符，常用的操作符如下。

- LESS：小于。
- LESS_OR_EQUAL：小于或等于。
- EQUAL：等于。
- NOT_EQUAL：不等于。
- GREATER：大于。
- GREATER_OR_EQUAL：大于或等于。
- NO_OP：排除一切值。

2. 比较器

常用的比较器如下。

- BinaryComparator：二进制比较器，用于按字典顺序比较指定字节数组。
- BinaryPrefixComparator：二进制比较器，只比较前缀是否与指定字节数组相同。
- NullComparator：控制比较式，判断当前值是不是为 null。
- BitComparator：位比较器，通过 BitwiseOp 提供的 AND（与）、OR（或）、NOT（非）进行比较。
- RegexStringComparator：提供一个正则的比较器，支持正则表达式的值比较，仅支持 EQUAL 和非 EQUAL。
- SubstringComparator：判断提供的子串是否出现在 value 中，并且不区分大小写。

3. 过滤器家族

HBase 内置了多种过滤器，这些过滤器或直接或间接都继承于 FilterBase 抽象类，本节通过案例的方法，分为单一和复合过滤两类，单一过滤由一种过滤器构成，复合过滤由多个过滤器构成，本节介绍常用的列值过滤器和复合过滤器的用法。

下面案例中的 filterData 类为列值过滤器，filterData1 是由两个列值过滤器组合的复合过滤器。

```
import org.apache.hadoop.conf.Configuration;
import org.apache.hadoop.hbase.*;
import org.apache.hadoop.hbase.client.*;
import org.apache.hadoop.hbase.filter.*;
import org.apache.hadoop.hbase.util.Bytes;
import java.io.IOException;
import java.util.ArrayList;
import java.util.List;

public class HbaseDDL2 {
    public static Configuration configuration = null;
    public static Connection connection = null;
    public static Admin admin = null;
// 公共类，连接 zookeeper 配置文件，本例中 zookeeper 地址为 192.168.1.42，请读者根据自己的具体配置进行填写
 public static void init() throws IOException {
      configuration = HBaseConfiguration.create();
      configuration.set("hbase.zookeeper.property.clientPort", "2181");
      configuration.set("hbase.zookeeper.quorum", "192.168.1.42");
```

```
                connection = ConnectionFactory.createConnection(configuration);
                admin = connection.getAdmin();
            }
        //公共类，实现关闭连接
            public static void close() throws IOException {
                if(connection!=null){
                    connection.close();
                }
                if(admin!=null){
                    admin.close();
                }
            }

        //单列值过滤器
        //用一列的值决定是否一行数据被过滤
            public static void filteData(String tablename) throws IOException {
                init();
                Table table = connection.getTable(TableName.valueOf(tablename));
                Scan scan = new Scan();
                 //列值过滤器，过滤 age=18 的数据
                SingleColumnValueFilter filter = new SingleColumnValueFilter(
                        Bytes.toBytes("f1"),
                        Bytes.toBytes("age"),
                        CompareFilter.CompareOp.EQUAL,
                        Bytes.toBytes("18")
                );
           //打破默认匹配，如果该行中没有此字段，则不会显示
                filter.setFilterIfMissing(true);
                scan.setFilter(filter);
                ResultScanner scanner = table.getScanner(scan);
                for (Result result : scanner) {
                    Cell[] cells = result.rawCells();
                    for (Cell cell : cells) {
                        System.out.println("rk:"+Bytes.toString(CellUtil.cloneRow
(cell))
                                +",cf:"+Bytes.toString(CellUtil.cloneFamily(cell))
                                +",cn"+Bytes.toString(CellUtil.cloneQualifier(cell))
                                +",value:"+Bytes.toString(CellUtil.cloneValue(cell))
                        );
                    }
                }

                close();
            }
        //复合过滤器
        public static void filterData1(String tablename) throws IOException {
                init();
                Table table = connection.getTable(TableName.valueOf(tablename));
                Scan scan = new Scan();
        //FilterList 代表一个过滤器列表
        // FilterList.Operator.MUST_PASS_ALL 取交集，相当于 and 操作
        // FilterList.Operator.MUST_PASS_ONE 取并集，相当于 or 操作
                FilterList   filterList   =   new   FilterList(FilterList.Operator.
MUST_PASS_ALL);
                //列值过滤器 1：age=18
                SingleColumnValueFilter filter = new SingleColumnValueFilter(
                        Bytes.toBytes("f1"),
```

```
                Bytes.toBytes("age"),
                CompareFilter.CompareOp.EQUAL,
                Bytes.toBytes("18")
        );
    //打破默认匹配，如果该行中没有此字段，则不会显示
        filter.setFilterIfMissing(true);
        SingleColumnValueFilter filter2 = new SingleColumnValueFilter(
                Bytes.toBytes("f1"),
                Bytes.toBytes("name"),
                CompareFilter.CompareOp.EQUAL,
                Bytes.toBytes("lxm")
        );
         //打破默认匹配，如果该行中没有此字段，则不会显示
        filter2.setFilterIfMissing(true);
    //将单一过滤器添加到复合过滤器中
        filterList.addFilter(filter);
        filterList.addFilter(filter2);
    //添加过滤器到扫描器中
    scan.setFilter(filterList);
    // 获取扫描的数据结果集
        ResultScanner scanner = table.getScanner(scan);
    //输出数据集中的所有数据
    for (Result result : scanner) {
            Cell[] cells = result.rawCells();
            for (Cell cell : cells) {
                System.out.println("rk:"+Bytes.toString(CellUtil.
cloneRow(cell))
                        +",cf:"+Bytes.toString(CellUtil.cloneFamily(cell))
                        +",cn"+Bytes.toString(CellUtil.cloneQualifier(cell))
                        +",value:"+Bytes.toString(CellUtil.cloneValue(cell))
                );
            }
        }
       close();
    }
      //程序测试入口 main 函数
     public static void main(String[] args) throws IOException {

         FilterData("t4");
         FilterData1("t4");
     }
    }
```

项目实现

学生成绩表数据分析，是以学生的HBase课程成绩作为数据源，通过importtsv方式，将数据源导入到HBase中，并完成对学生各道题成绩和总分成绩的分析。

本项目采用HBase shell命令完成，当然也可以通过Java API来实现同样的功能，相关代码在前面的章节中已经介绍了，在此不再重复。

任务1 学生成绩表数据准备

本次数据是学生的HBase课程的试卷情况记录，为本次任务的数据源，其数据字段及数

据情况如表 7-3 所示。

表 7-3 HBase 课程数据源表

学号	姓名	第一题	第二题	第三题	第四题	总分
······	······	······	······	······	······	······
18012304	汤杰雄	27.0	13.0	18.0	7.0	65.0
18012306	朱鹏博	30.0	24.0	23.0	6.0	83.0
18012307	马宁	15.0	21.0	21.0	1.0	58.0
······	······	······	······	······	······	······

1）将数据文件 score.txt 添加到当前文件夹/usr/local/src/datas 中，显示如图 7-5 所示。

```
[root@master192 datas]# ls
```

```
[root@master192 datas]# ls
dept.txt  emp.txt  export  score.txt  student.txt  stu.txt
```

图 7-5 score.txt 添加的效果

2）打开并编辑 score.txt 文件，显示如图 7-6 所示。

```
[root@master192 datas]# vi score.txt
```

```
hadoop@master192:/usr/local/src/datas
File  Edit  View  Search  Terminal  Help
18012301        21.0    19.0    17.0    5.0     62.0
18012302        30.0    24.0    22.0    8.0     84.0
18012303        27.0    13.0    11.0    1.0     52.0
18012304        27.0    13.0    18.0    7.0     65.0
18012306        30.0    24.0    23.0    6.0     83.0
```

图 7-6 编辑 score.txt

3）在 hdfs 上创建数据文件。

```
hbase(main):001:0> create 'Shbase','sid'
```

4）把数据文件上传到 HDFS 上。

```
[root@master datas]# hdfs dfs -mkdir -p /stu1
[root@master datas]# hdfs dfs -put score.txt /stu
[root@master datas]# hdfs dfs -ls /stu
```

5）把 HDFS 中的数据导入到 HBase 上。

```
[root@master datas]# hbase  org.apache.hadoop.hbase.mapreduce.ImportTsv
   -Dimporttsv.columns=HBASE_ROW_KEY,sid:one,sid:two,sid:three,s   id:
four,sid:scores  Shbase  /stu/score.txt
[root@master datas]# hbase shell
hbase(main):001:0> scan 'Shbase'
```

数据导入 HBase 的效果如图 7-7 所示。

```
ROW                COLUMN+CELL
 18012301          column=sid:four, timestamp=1600484402953, value=5.0
 18012301          column=sid:one, timestamp=1600484402953, value=21.0
 18012301          column=sid:scores, timestamp=1600484402953, value=62.0
 18012301          column=sid:three, timestamp=1600484402953, value=17.0
 .........
```

图 7-7 数据导入 HBase 结果

任务 2　学生成绩表设计分析

在创建完成 Shbase 数据表之后，接下来可以对这张学生成绩表进行各种操作，提取相关的数据，本项目主要完成数据维护与数据查询两方面功能。

1）查询单条数据：查询学号为 18012302 的相关学生信息。

```
hbase(main):001:0> get 'Shbase','18012303'
```

显示效果如图 7-8 所示。

```
COLUMN                          CELL
 sid:four                       timestamp=1600484402953, value=1.0
 sid:one                        timestamp=1600484402953, value=27.0
 sid:scores                     timestamp=1600484402953, value=52.0
 sid:three                      timestamp=1600484402953, value=11.0
 sid:two                        timestamp=1600484402953, value=13.0
```

图 7-8　查询单条数据

2）根据表中的列进行查询：查询第一题（sid:one 列）的所有数据，显示效果如图 7-9 所示。

```
ROW                  COLUMN+CELL
 18012301            column=sid:one, timestamp=1600484402953, value=21.0
 18012302            column=sid:one, timestamp=1600484402953, value=30.0
 18012303            column=sid:one, timestamp=1600484402953, value=27.0
 18012304            column=sid:one, timestamp=1600484402953, value=27.0
 18012306            column=sid:one, timestamp=1600484402953, value=30.0
 18012307            column=sid:one, timestamp=1600484402953, value=15.0
 18012308            column=sid:one, timestamp=1600484402953, value=21.0
 18012309            column=sid:one, timestamp=1600484402953, value=27.0
 18012310            column=sid:one, timestamp=1600484402953, value=30.0
```

图 7-9　根据列进行查询

3）实现过滤器查询：查询学号以 180123 开头的相关学生信息。

```
hbase(main):001:0> scan 'Shbase',{FILTER=>"PrefixFilter('180123')"}
```

显示效果如图 7-10 所示。

```
ROW                  COLUMN+CELL
 18012301            column=sid:four, timestamp=1600484402953, value=5.0
 18012301            column=sid:one, timestamp=1600484402953, value=21.0
 18012301            column=sid:scores, timestamp=1600484402953, value=62.0
 18012301            column=sid:three, timestamp=1600484402953, value=17.0
 18012301            column=sid:two, timestamp=1600484402953, value=19.0
 18012302            column=sid:four, timestamp=1600484402953, value=8.0
```

图 7-10　过滤器查询

任务 3　学生成绩表代码实现

1．利用 shell 脚本实现

1）向数据库添加数据：添加数据主键值 18012401，列 sid:one 值修改为 23。

```
hbase(main):008:0> put 'Shbase','18012401','sid:one','23'
```

显示效果如图 7-11 所示。

```
hbase(main):009:0> get 'Shbase','18012401'
COLUMN                 CELL
 sid:one               timestamp=1600497901759, value=23
1 row(s) in 0.0700 seconds
```

图 7-11　添加数据

同理，添加主键值 18012301 多条数据。

2）删除数据：删除主键值 18012301 的 sid:two 列。

删除前的数据如图 7-12 所示。

```
hbase(main):009:0> get 'Shbase','18012401'
COLUMN                 CELL
 sid:four              timestamp=1600498678505, value=22
 sid:one               timestamp=1600498234218, value=20
 sid:three             timestamp=1600498664431, value=22
 sid:two               timestamp=1600498650300, value=20
4 row(s) in 0.0340 seconds
```

图 7-12　删除前的数据

```
hbase(main):008:0> delete 'Shbase','18012301','sid:two'
```

删除后的数据如图 7-13 所示。

```
hbase(main):011:0> get 'Shbase','18012401'
COLUMN                 CELL
 sid:four              timestamp=1600498678505, value=22
 sid:one               timestamp=1600498234218, value=20
 sid:three             timestamp=1600498664431, value=22
3 row(s) in 0.0470 seconds
```

图 7-13　删除后的数据

2. 用 Java API 代码实现

对于本项目来说，利用 HBase Java API 也可以实现，由于前面介绍 CRUD 的数据操作时已经给出了完整代码，本任务只给出关键代码部分。

```
import org.apache.hadoop.conf.Configuration;
import org.apache.hadoop.hbase.*;
import org.apache.hadoop.hbase.client.*;
import org.apache.hadoop.hbase.util.Bytes;
import java.io.IOException;
import java.util.ArrayList;
import java.util.List;

public class HbaseDDL2 {
    public static Configuration configuration = null;
    public static Connection connection = null;
    public static Admin admin = null;


// 公共类
    public static void init() throws IOException {
        configuration = HBaseConfiguration.create();
        configuration.set("hbase.zookeeper.property.clientPort", "2181");
        configuration.set("hbase.zookeeper.quorum", "192.168.1.42");
        connection = ConnectionFactory.createConnection(configuration);
        admin = connection.getAdmin();
    }
```

```
        //公共类，关闭连接
            public static void close() throws IOException {
                if(connection!=null){
                    connection.close();
                }
                if(admin!=null){
                    admin.close();
                }
            }

        //添加数据方法
            public static void putData1(String tablename, String rowkey, String
cf, String cm, String value) throws IOException {
                init();
                Table table = connection.getTable(TableName.valueOf(tablename));
                Put put = new Put(Bytes.toBytes(rowkey));
        put.addColumn(Bytes.toBytes(cf), Bytes.toBytes(cm), Bytes.toBytes(value));
        table.put(put);
                table.close();
            }

        //删除数据
            public static void deleteData(String tablename, String rowkey, String
cf, String cn) throws IOException {
                init();
                Table table = connection.getTable(TableName.valueOf(tablename));
                Delete delete = new Delete(Bytes.toBytes(rowkey));
                delete.addColumns(Bytes.toBytes(cf), Bytes.toBytes(cn));
        table.delete(delete);
                close();
            }


        //程序测试入口 main 函数
           public static void main(String[] args) throws IOException {
        putData("Shbase","18012401","sid","one","23");
        deleteData("Shbase","18012301","'sid","two");
              }
        }
```

拓展项目

现有学生的 HBase 课程的数据源，其数据字段及数据情况如表 7-4 所示。

表 7-4　HBase 课程数据源表

学号	姓名	题一	题二	题三	题四	总分
……	……	……	……	……	……	……
18012304	汤杰雄	27.0	13.0	18.0	7.0	65.0
18012306	朱鹏博	30.0	24.0	23.0	6.0	83.0
18012307	马宁	15.0	21.0	21.0	1.0	58.0
……	……	……	……	……	……	……

针对上述已存在的数据源 Shbase，采用 Java API 进行如下数据分析。

1）向数据库添加数据：添加数据键值 18012304，将列 sid:one 值修改为 27，将列 sid:two 值修改为 13。

2）查询单条数据：查询学号为 18012304 的相关学生信息。

3）删除数据：删除主键值 18012304 的 sid:one 列。

4）实现过滤器查询：查询学号为 18012301、列 sid:two 值为 23 的数据行。

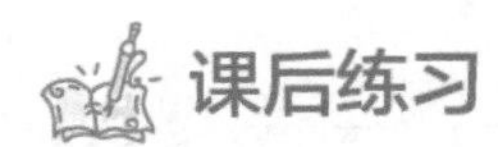

课后练习

现有以下关系型数据库中的表（见表 7-5～表 7-7）和数据，要求将其转换为适合于 HBase 存储的表并按要求进行相关操作。

表 7-5　学生表（Student）

S_No	Name	Sex	Age
2015001	Zhangsan	male	23
2015002	Mary	female	22
2015003	Lisi	male	24

表 7-6　课程表（Course）

C_No	C_Name	Credit
123001	Math	2.0
123002	Computer Science	5.0
123003	English	3.0

表 7-7　选课表

S_No	C_No	Score
2015001	123001	86
2015001	123003	69
2015002	123002	77
2015002	123003	99
2015003	123001	98
2015003	123002	95

功能实现要求：

1）用 HBase shell 命令实现建表及数据的增/删除/改操作。

2）用 HBase Java API 编程实现建表及数据的增/删除/改操作。

3）用 HBase shell 命令实现单条/多条记录查询。

4）用 HBase Java API 编程实现单条/多条记录查询。

项目 8 Sqoop 导入导出

学习目标：

- ✧ 了解 Sqoop 产生背景
- ✧ 理解 Sqoop 的作用
- ✧ 掌握 Sqoop 的导入机制
- ✧ 掌握 Sqoop 的导出机制
- ✧ 掌握 Sqoop 的基本命令

思维导图：

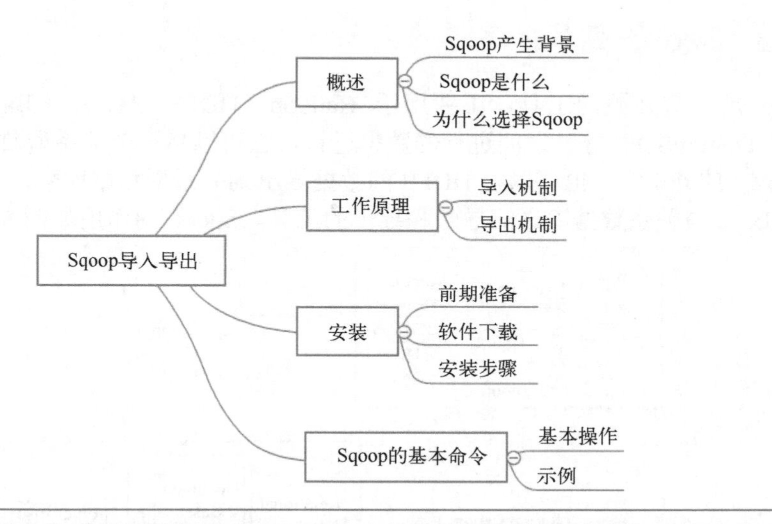

Sqoop 是一个用来将关系型数据库和 Hadoop 中的数据进行相互转移的工具，它可以将一个关系型数据库（例如 MySQL、Oracle）中的数据导入到 Hadoop（例如 HDFS、Hive、HBase）中，也可以将 Hadoop 中的数据导入到关系型数据库中。

Sqoop 工具接收到客户端的 Shell 命令或者 Java API 命令后，通过 Sqoop 中的任务翻译器(TaskTranslator)将命令转换为对应的 MapReduce 任务，实现关系型数据库和 Hadoop 中数据的相互转移，最终完成数据的复制。

8.1 概述

8.1.1 Sqoop 产生背景

Hadoop 是一个越来越通用的分布式计算环境，主要用来处理大数据。随着云端服务器对这个框架的使用，更多的用户需要在应用中实现数据在 Hadoop 和传统数据库之间的迁移，Sqoop 能够帮

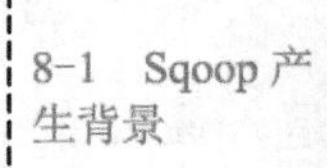
8-1 Sqoop 产生背景

助用户更方便地实现数据迁移工作。Apache Sqoop 是一款可以在 Hadoop 和关系型数据库之间转移大量数据的工具。

关系型数据库和 HDFS、Hive、HBase 之间的数据迁移在企业中的应用非常广泛，比如业务数据写入 MySQL，每天需要把它迁移到 Hive 中进行大数据批量统计分析，又比如数据经过 Hive 的一些处理后，把符合结果的部分数据迁移到 MySQL 中。

如何实现关系型数据库和 Hadoop 的互相迁移呢？可以使用 MapReduce 方式，MySQL 的数据通过 DBInputFormat 导入，再使用 TextOutputFormat 导出到 HDFS 上。当然还有很多种方式，在这里不一一列举。

众所周知，MR 的代码量比较大并且比较复杂，对于每一个新的业务线都需要写一个 MR 程序，执行效率也会变得很低。

基于以上原因诞生了 Sqoop 组件。

8-2 Sqoop 是什么

8.1.2 Sqoop 是什么

Sqoop 是一款开源的工具，主要用于 Hadoop（HDFS、Hive、HBase）与传统数据库（MySQL、PostgreSQL 等）之间进行的数据迁移，它可以将一个关系型数据库中的数据导入到 Hadoop 的 HDFS 中，也可以将 HDFS 的数据导出到关系型数据库中，即 Sqoop 是 Hive、HDFS、HBase 与关系数据库之间导入和导出的工具。Sqoop 的作用如图 8-1 所示。

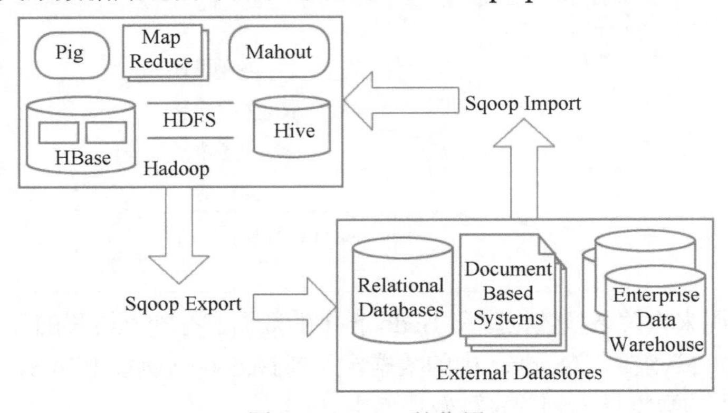

图 8-1　Sqoop 的作用

Sqoop 是 Hadoop 发展到一定程度的必然产物，是传统数据库与 Hadoop 之间实现数据同步的工具，主要解决的是传统数据库和 Hadoop 之间数据的迁移问题。

Sqoop 是连接传统关系型数据库和 Hadoop 的桥梁，包括以下两个方面。

1）将关系型数据库的数据导入到 Hadoop 及其相关的系统中，如 Hive 和 HBase。

2）将数据从 Hadoop 系统里抽取并导出到关系型数据库。

Sqoop 的核心设计思想是利用 MapReduce 加快数据传输速度，也就是 Sqoop 的导入和导出功能是通过 MapReduce 作业实现的。所以它是以批处理方式进行数据传输，但是 Sqoop 难以实现实时数据的导入和导出。

8-3 为什么选择 Sqoop

8.1.3 为什么选择 Sqoop

Sqoop 是 Apache 的一款开源工具，该项目开始于 2009 年，最早是作为Hadoop的一个第三方模块存在，后来为了让使用者能够快速部署，也为了让开发人员能够更快速地迭代开发，在2013年独立成为Apache的一个顶级开源项目。

Sqoop1的功能结构简单、部署方便，向用户提供了命令行的操作方式，主要适用于系统服务管理人员进行简单的数据迁移操作；Sqoop2的功能更加完善、操作更加简便，同时支持命令行操作、Web访问、Rest API多种访问模式，引入角色安全机制增加了安全性，虽然Sqoop2具有以上优点，但是其结构复杂，配置部署更加烦琐。

Sqoop的特点有以下8个方面。

1）并行导入/导出，当涉及导入和导出数据时，Sqoop使用YARN框架。它可以在并行的基础上提供容错功能。

2）对于主流的RDBMS数据库，Sqoop提供了几乎所有的主流数据库的连接器。

3）导入SQL查询的结果。在HDFS中，可以导入从SQL查询返回的结果。

4）提供增量加载的功能。可以在更新操作时递增加载部分表内容。

5）全部加载，这是Sqoop的重要功能之一，可以通过Sqoop中的单个命令加载整个表的数据。另外，通过使用单个命令，可以加载数据库中所有表的数据。

6）Kerberos安全集成，Sqoop支持Kerberos身份验证。Kerberos是一种计算机网络认证协议。允许用户通过非安全网络进行通信的节点以安全的方式彼此证明自己的身份。

7）数据直接加载到Hive/ HBase中，可以直接将数据加载到Apache Hive中。另外，可以将数据转储到NoSQL数据库的HBase中。

8）数据压缩，通过使用deflate（gzip）算法和-compress参数实现压缩数据。也可以在Apache Hive中加载压缩表。

选择Sqoop通常基于三个方面的考虑。

1）可以高效、可控地利用资源，通过调整任务数来控制任务的并发度，还可以自定义配置数据库的访问时间。

2）可以自动完成数据类型的映射与转换。导入的数据往往是有类型的，Sqoop可以自动根据数据库中的类型转换到Hadoop中，用户也可以自定义类型之间的映射关系。

3）支持多种数据库，比如MySql、Oracle和PostgreSQL等数据库。

8.2 工作原理

Sqoop类似于其他ETL工具，使用元数据模型来判断数据类型，实现数据从数据源迁移到Hadoop时确保类型安全的数据处理。

Sqoop专为批量数据的传输而设计，能够分割数据集并创建Hadoop任务来处理每个分区块，将导入或导出命令翻译成MapReduce程序来实现，在翻译的MapReduce中主要是对Inputformat和Outputformat进行定制。

8-4 导入机制

8.2.1 导入机制

导入工具从关系数据库向HDFS导入单独的表。表中的每一行都被视为HDFS中的记录。所有记录都以文本文件的形式存储在文本文件中或作为Avro和Sequence文件中的二进制数据进行存储。

从传统数据库获取元数据信息(schema、table、field、field type)，把导入功能转换为只有 Map 的 MapReduce 作业，但是在 MapReduce 中存在很多 map，每个 map 又会读取一个分片数据，进而并行地完成数据的复制。

Sqoop 在导入（import）时，需要指定 split-by 参数。

Sqoop 根据不同的 split-by 参数值进行数据切分，然后将切分出来的数据分配到不同 map 中。每个 map 读取数据库中每一行的值，再将读取到的值写入到 HDFS 中。同时，split-by 根据不同的参数类型有不同的数据切分方法，例如比较简单的 int 型，Sqoop 会取最大和最小的 split-by 字段值，然后根据传入的 num-mappers 来确定划分几个区域。

8.2.2 导出机制

8-5 导出机制

导出工具将一组文件从 HDFS 导出到 RDBMS。Sqoop 输入的文件包含若干条记录，这些记录在表中被称为行。读取数据表中的每一行并解析成一组记录，针对每行的不同字段使用用户指定的分隔符进行分隔。

Sqoop export 命令的原理是获取导出表的 schema 和 meta 信息，这些信息与 Hadoop 中的字段匹配；多个 map 作业同时运行，完成将 HDFS 中数据导出到关系型数据库中。

Sqoop 数据导出流程，首先用户输入一个 sqoop export 命令，它会获取关系型数据库的 schema，建立 Hadoop 字段与数据库表中字段的映射关系。然后将输入命令转化为基于 Map 的 MapReduce 作业，这样 MapReduce 作业中有很多 Map 任务，这些 Map 任务并行地从 HDFS 读取数据，并将整个数据复制到数据库中。

与 Sqoop 导入功能相比，Sqoop 导出功能的使用频率相对较低，一般都是将 Hive 的分析结果导出到关系型数据库以后，再提供给数据分析师查看或者生成报表等。

8-6 Sqoop 安装前期准备

8.3 安装

Sqoop 是 Hadoop 的子项目，因此它只能在 Linux 操作系统上运行。在安装 Sqoop 之前需要配置系统的 IP 地址和修改机器的用户名称。

1．前期准备

1）本章案例的 Linux 系统使用的是 CentOS 7，先把网络地址设为静态 IP 地址，再编辑网卡的配置文件，使用的命令如图 8-2 所示。

```
[root@192 ~]# vim /etc/sysconfig/network-scripts/ifcfg-ens33
```

图 8-2 编辑网卡配置文件的命令

2）Ifcfg-ens33 是网卡的配置文件，系统不同，配置文件名称和路径也可能会有所不同。配置文件中修改的内容如图 8-3 所示。

```
TYPE="Ethernet"
PROXY_METHOD="none"
BROWSER_ONLY="no"
BOOTPROTO="static"
DEFROUTE="yes"
IPV4_FAILURE_FATAL="no"
IPV6INIT="yes"
IPV6_AUTOCONF="yes"
IPV6_DEFROUTE="yes"
IPV6_FAILURE_FATAL="no"
IPV6_ADDR_GEN_MODE="stable-privacy"
NAME="ens33"
UUID="606fbf16-cd04-4871-99fd-1962ddd8d391"
DEVICE="ens33"
ONBOOT="yes"
IPADDR=192.168.1.30
NETMASK=255.255.255.0
GATEWAY=192.168.1.3
```

图 8-3 网上配置文件修改的内容

3）编写好配置文件内容以后按〈Esc〉键，输入:wq 实现文件的保存和退出。

4）使用命令 systemctl restart network 重启网卡。

5）使用命令 ifconfig 命令查看静态 IP 是否更改成功，命令执行结果如图 8-4 所示。

```
[root@192 ~]# systemctl restart network
[root@192 ~]# ifconfig
ens33: flags=4163<UP,BROADCAST,RUNNING,MULTICAST>  mtu 1500
        inet 192.168.1.30  netmask 255.255.255.0  broadcast 192.168.1.255
        inet6 fe80::c203:866b:92fd:d937  prefixlen 64  scopeid 0x20<link>
        ether 00:0c:29:f3:39:a1  txqueuelen 1000  (Ethernet)
        RX packets 588  bytes 53874 (52.6 KiB)
        RX errors 0  dropped 0  overruns 0  frame 0
        TX packets 361  bytes 35446 (34.6 KiB)
        TX errors 0  dropped 0 overruns 0  carrier 0  collisions 0

lo: flags=73<UP,LOOPBACK,RUNNING>  mtu 65536
        inet 127.0.0.1  netmask 255.0.0.0
        inet6 ::1  prefixlen 128  scopeid 0x10<host>
        loop  txqueuelen 1000  (Local Loopback)
        RX packets 76  bytes 6588 (6.4 KiB)
        RX errors 0  dropped 0  overruns 0  frame 0
        TX packets 76  bytes 6588 (6.4 KiB)
        TX errors 0  dropped 0 overruns 0  carrier 0  collisions 0

virbr0: flags=4099<UP,BROADCAST,MULTICAST>  mtu 1500
        inet 192.168.122.1  netmask 255.255.255.0  broadcast 192.168.122.255
        ether 52:54:00:ce:09:4f  txqueuelen 1000  (Ethernet)
        RX packets 0  bytes 0 (0.0 B)
        RX errors 0  dropped 0  overruns 0  frame 0
        TX packets 0  bytes 0 (0.0 B)
        TX errors 0  dropped 0 overruns 0  carrier 0  collisions 0
```

图 8-4 ifconfig 命令执行结果

6）使用 hostnamectl set-hostname master 命令，更改系统用户名称为 master。

7）系统用户名称修改成功以后，使用 bash 命令更新系统用户名称，命令执行结果如图 8-5 所示。

```
[root@192 ~]# hostnamectl set-hostname master
[root@192 ~]# bash
[root@master ~]# _
```

图 8-5 bash 命令执行结果

8）为主机用户添加 IP 映射，编辑/etc/hosts 文件，文件更改内容如图 8-6 所示。

```
127.0.0.1     localhost localhost.localdomain localhost4 localhost4.localdomain4
::1           localhost localhost.localdomain localhost6 localhost6.localdomain6
192.168.1.30 master
~
```

图 8-6　更改 hosts 文件内容

9）编写好配置文件内容以后按〈Esc〉键，输入:wq 实现文件的保存和退出。

10）安装 JDK 并配置环境变量。

11）安装 Hadoop 并配置环境变量。

2. 下载 Sqoop

Sqoop 的下载可以使用官网地址，也可以使用其他地址。

官网地址是 http://sqoop.apache.org/，其他地址是 http://mirrors.aliyun.com/apache/sqoop/。

1）在浏览器中输入 Sqoop 的官网地址，官网页面如图 8-7 所示。

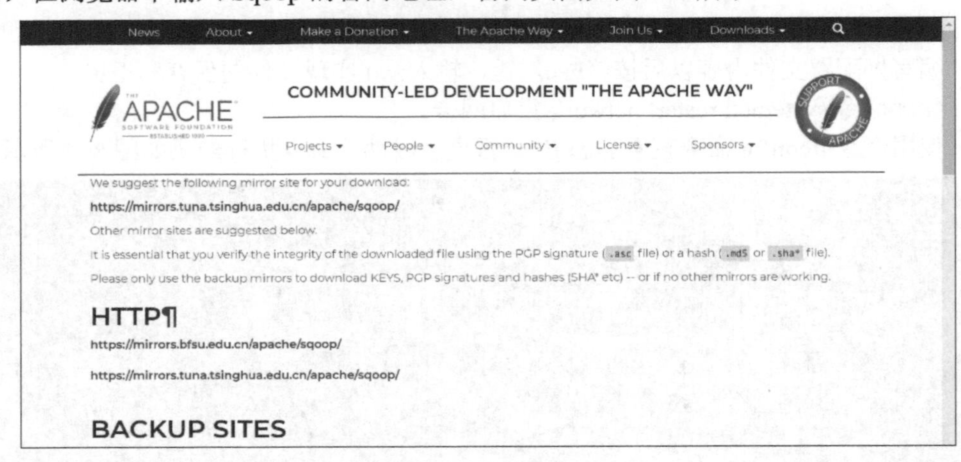

图 8-7　官网页面

2）在官网页面上单击 https://mirrors.tuna.tsinghua.edu.cn/apache/sqoop/链接，Sqoop 版本显示页面如图 8-8 所示。

Index of /apache/sqoop

Name	Last modified	Size	Description
Parent Directory		-	
1.4.7/	2020-07-06 23:20	-	
1.99.7/	2020-07-06 23:20	-	

图 8-8　Sqoop 版本显示页面

3）单击 1.4.7 版的链接，显示如图 8-9 所示。

Index of /apache/sqoop/1.4.7

Name	Last modified	Size	Description
Parent Directory		-	
sqoop-1.4.7.bin__hadoop-2.6.0.tar.gz	2020-07-06 23:19	17M	
sqoop-1.4.7.tar.gz	2020-07-06 23:20	1.1M	

图 8-9　Sqoop 下载链接

4）选择需要的 Sqoop 文件单击即可下载成功。

8-7　安装 Sqoop

3. 安装 Sqoop

1）在系统的 usr 目录下使用 mkdir -p /usr/sqoop 命令创建 Sqoop 的安装目录，安装目录创建成功后使用 cd /usr/sqoop 命令进入 sqoop 目录。命令的执行结果如图 8-10 所示。

```
[root@master usr]# mkdir -p /usr/sqoop
[root@master usr]# cd /usr/sqoop/
[root@master sqoop]#
```

图 8-10　mkdir 和 cd 命令执行结果

2）将成功下载的 Sqoop 文件传输到已经创建的 Sqoop 工作路径下，使用 ls 命令查看上传结果，命令执行结果如图 8-11 所示。

```
[root@master sqoop]# ls
sqoop-1.4.7.bin.tar.gz
```

图 8-11　ls 命令执行结果

3）使用 tar -zxvf sqoop-1.4.7.bin.tar.gz -C /usr/sqoop/命令将 Sqoop 安装包解压到当前目录下，命令执行结果如图 8-12 所示。

```
[root@master sqoop]# tar -zxvf sqoop-1.4.7.bin.tar.gz -C /usr/sqoop/_
```

图 8-12　tar 命令执行结果

4）修改环境变量：使用命令 vim /etc/profile 修改 profile 文件的配置内容。在配置文件中添加如下内容。

```
# # #SQOOP
export SQOOP_HOME=/usr/sqoop/sqoop-1.4.7
export PATH=$PATH:$SQOOP_HOME/bin
```

4. 配置 Sqoop

Sqoop 的使用需要编辑 sqoop-env.sh 文件，该文件放置在$SQOOP_HOME/conf 目录下。重定向到 sqoop/conf 目录并使用以下命令复制模板文件并重新定义为 sqoop-env.sh 文件。命令执行结果如图 8-13 所示。

```
$ cd $SQOOP_HOME/conf#重定向到 conf 目录
$ cp sqoop-env-template.sh sqoop-env.sh  #将 sqoop-env-template.sh 复制为
sqoop-env.sh
```

```
[root@master bin]# cd $SQOOP_HOME/conf
[root@master conf]# ls
oraoop-site-template.xml  sqoop-env-template.sh    sqoop-site.xml
sqoop-env-template.cmd    sqoop-site-template.xml
[root@master conf]# cp sqoop-env-template.sh sqoop-env.sh
[root@master conf]# _
```

图 8-13　执行结果

修改 conf 目录下的 sqoop-env.sh 配置文件，使用 vim 命令打开 sqoop-env.sh 文件，按下〈i〉键进入编辑状态，将 HADOOP_COMMON_HOME 和 HADOOP_MAPRED_HOME 修改

为已经安装的 Hadoop 目录，如图 8-14 所示。

```
# Set Hadoop-specific environment variables here.

#Set path to where bin/hadoop is available
export HADOOP_COMMON_HOME=/usr/hadoop/hadoop-2.7.3

#Set path to where hadoop-*-core.jar is available
export HADOOP_MAPRED_HOME=/usr/hadoop/hadoop-2.7.3

#set the path to where bin/hbase is available
#export HBASE_HOME=

#Set the path to where bin/hive is available
#export HIVE_HOME=

#Set the path for where zookeper config dir is
#export ZOOCFGDIR=
```

图 8-14 sqoop-env.sh 配置文件

8-8 Sqoop 配置和验证

5. **MySQL 驱动包**

下载 mysql-connector-java-5.1.47-bin.jar 驱动包，把 MySQL 的驱动包上传到 sqoop 的 lib 下，使用 ls 命令查看是否上传成功，如图 8-15 所示。

```
[root@master sqoop]# ls
mysql-connector-java-5.1.47-bin.jar  sqoop-1.4.7.bin  sqoop-1.4.7.bin.tar.gz
```

图 8-15 ls 命令查看结果

6. **验证 Sqoop**

使用 sqoop version 命令查看 Sqoop 版本信息，如图 8-16 所示。

```
$ sqoop version    #查看 Sqoop 版本信息
```

```
21/03/03 20:31:14 INFO sqoop.Sqoop: Running Sqoop version: 1.4.7
Sqoop 1.4.7
git commit id 2328971411f57f0cb683dfb79d19d4d19d185dd8
Compiled by maugli on Thu Dec 21 15:59:58 STD 2017
```

图 8-16 查看 Sqoop 版本信息

通过以上步骤实现了 Sqoop 的安装。

8.4 Sqoop 的基本命令

如何将数据从 MySQL 数据库导入到 Hadoop HDFS？“导入工具”从 RDBMS 将单个数据表中的数据导入 HDFS。表中的每一行都被视为 HDFS 中的记录。所有记录均以文本数据的形式存储在文本文件中，或作为 Avro 和 Sequence 文件中的二进制数据存储。

8.4.1 基本操作

Sqoop 是 Apache 的一款“Hadoop 和关系数据库服务器之间传送数据”的工具，本质上是一个命令行工具，核心功能就是导入和导出。

导入数据：将 MySQL 数据导入到 Hadoop 的 HDFS、Hive、HBase 等数据存储系统。

导出数据：从 Hadoop 的文件系统中导出数据到关系数据库 MySQL。

8.4.2 示例

1. 查询 MySQL 中的数据库

使用 list-databases 查询出 MySQL 已经存在的数据库，显示结果如图 8-17 所示。命令格式如下所示。

```
sqoop list-databases --connect jdbc:mysql://master:3306 --username root
--password root
```

参数信息描述如下所示。

--connect：目标数据库地址。

--username：访问数据库的用户名。

--password：用户名密码。

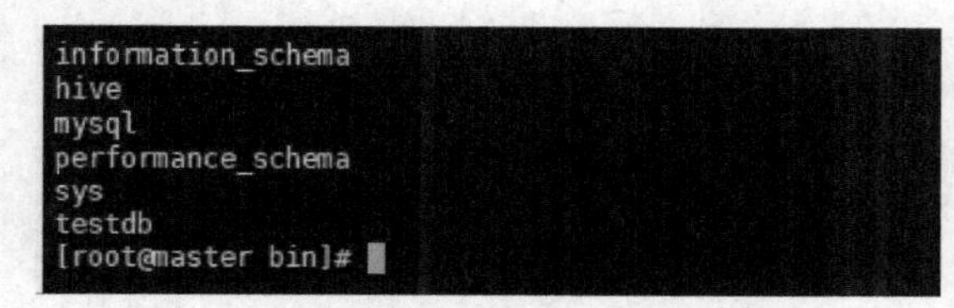

图 8-17 查询数据库结果

2. 将 MySQL 中的数据导入 HDFS

使用 import 实现将 MySQL 中的数据导入到 HDFS，首先需要创建数据库和数据表，向数据表中插入测试数据。示例代码如下所示。

```
create database testdb;
use testdb;
create table user(
id int not null auto_increment,
account varchar(255) default null,
password varchar(255) default null,
primary key(id)
);
```

插入数据代码如下所示。

```
insert into user(account, password) values('aaa', '123');
insert into user(account, password) values('bbb', '123');
insert into user(account, password) values('ccc', '123');
insert into user(account, password) values('ddd', '123');
insert into user(account, password) values('eee', '123');
insert into user(account, password) values('fff', '123');
insert into user(account, password) values('ggg', '123');
insert into user(account, password) values('hhh', '123');
```

（1）导入数据到 HDFS 中

使用 sqoop import 命令将 MySQL 中的数据导入到 HDFS，导入命令执行结果如图 8-18 所示。命令代码如下所示。

```
sqoop import --connect jdbc:mysql://master:3306/testdb --username root
```

```
--password root --table user --target-dir /sqoop/import/user_parquet --delete-target-dir --num-mappers 1 --as-parquetfile
```

```
21/03/04 09:19:27 INFO db.DBInputFormat: Using read commited transaction isolation
21/03/04 09:19:27 INFO mapreduce.JobSubmitter: number of splits:1
21/03/04 09:19:27 INFO mapreduce.JobSubmitter: Submitting tokens for job: job_1614877227262_0001
21/03/04 09:19:28 INFO impl.YarnClientImpl: Submitted application application_1614877227262_0001
21/03/04 09:19:28 INFO mapreduce.Job: The url to track the job: http://master:8088/proxy/application_1614877227262_0001/
21/03/04 09:19:28 INFO mapreduce.Job: Running job: job_1614877227262_0001
21/03/04 09:19:48 INFO mapreduce.Job: Job job_1614877227262_0001 running in uber mode : false
21/03/04 09:19:48 INFO mapreduce.Job:  map 0% reduce 0%
21/03/04 09:20:01 INFO mapreduce.Job:  map 100% reduce 0%
21/03/04 09:20:02 INFO mapreduce.Job: Job job_1614877227262_0001 completed successfully
21/03/04 09:20:03 INFO mapreduce.Job: Counters: 30
        File System Counters
                FILE: Number of bytes read=0
                FILE: Number of bytes written=155464
                FILE: Number of read operations=0
                FILE: Number of large read operations=0
                FILE: Number of write operations=0
                HDFS: Number of bytes read=5928
                HDFS: Number of bytes written=2240
                HDFS: Number of read operations=50
                HDFS: Number of large read operations=0
                HDFS: Number of write operations=10
        Job Counters
                Launched map tasks=1
                Other local map tasks=1
                Total time spent by all maps in occupied slots (ms)=10084
                Total time spent by all reduces in occupied slots (ms)=0
                Total time spent by all map tasks (ms)=10084
                Total vcore-milliseconds taken by all map tasks=10084
                Total megabyte-milliseconds taken by all map tasks=10326016
        Map-Reduce Framework
                Map input records=8
                Map output records=8
                Input split bytes=87
                Spilled Records=0
                Failed Shuffles=0
                Merged Map outputs=0
                GC time elapsed (ms)=170
                CPU time spent (ms)=2390
                Physical memory (bytes) snapshot=135520256
                Virtual memory (bytes) snapshot=2114433024
                Total committed heap usage (bytes)=25563136
        File Input Format Counters
                Bytes Read=0
        File Output Format Counters
                Bytes Written=0
21/03/04 09:20:03 INFO mapreduce.ImportJobBase: Transferred 2.1875 KB in 44.3817 seconds (50.4713 bytes/sec)
21/03/04 09:20:03 INFO mapreduce.ImportJobBase: Retrieved 8 records.
[root@master bin]#
```

图 8-18　sqoop import 命令执行结果

参数信息描述如下所示。

--table：指定 MySQL 中的表。

--target-dir：设置目标目录。

--delete-target-dir：当目标目录存在时删除。

--num-mappers 或--m：设置启动多少个 map，默认 4 个。

--as-sequencefile：将数据导入到一个 sequencefile 文件中。

（2）hive 中创建表

利用导入 HDFS 的数据直接在 hive 中创建表，无需再指定 row format 与 fields terminated by。创建表代码如图 8-19 所示。

```
hive> create external table user_from_mysql(
    > id int,
    > account string,
    > password string)
    > stored as parquet
    > location '/sqoop/import/user_parquet';
OK
Time taken: 7.767 seconds
hive>
```

图 8-19　在 hive 中创建表代码

执行完 create 命令后，使用 select 语句可以查看数据表中的数据，select 语句执行结果如图 8-20 所示。

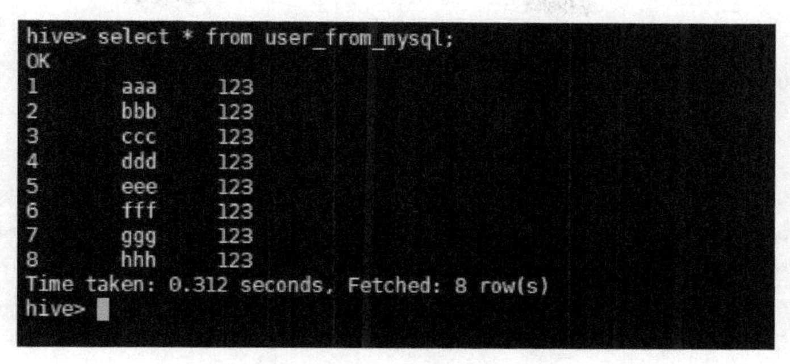

图 8-20 select 语句执行结果

3. 条件导入

在项目应用过程中，往往并不是需要数据表中的所有数据，只是需要数据表中的部分数据，如果还是使用全表的导入命令，执行效率会有所下降，为此应该在导入数据的命令中加入条件。在执行条件导入时可以使用--where 参数减少数据行数，使用--column 减少数据列数。

（1）columns 指定导入的字段

使用 Sqoop 导入工具，通过--column 参数可以限制查询结果中的列数。

通过--column 参数来查找 user 表中 account 和 password 这两个字段的所有数据并导入到 HDFS 中。示例代码如下。

```
    sqoop import --connect jdbc:mysql://master:3306/testdb --username root
--password root --table user -columns account,password --target-dir /sqoop/
import/user_column --delete-target-dir --fields-terminated-by '\t' --num-mappers
1 -direct
```

执行完带有--column 参数的 sqoop import 以后，执行结果如图 8-21 所示。

/sqoop/import Go!

Show 25 entries Search:

Permission	Owner	Group	Size	Last Modified	Replication	Block Size	Name
drwxr-xr-x	root	supergroup	0 B	Mar 05 01:44	0	0 B	user_column
drwxr-xr-x	root	supergroup	0 B	Mar 05 01:19	0	0 B	user_parquet

Showing 1 to 2 of 2 entries Previous 1 Next

Hadoop, 2017.

图 8-21 --column 参数的执行结果

注：account,password 字段之间不能有空格。

（2）where 子句

使用 Sqoop 导入工具，通过--where 参数可以对查询的结果进行筛选，--where 指定的条件在各自的数据库服务器执行相应的 SQL 查询。

通过--where 参数来查找 user 表中 id 字段的值大于 5 且 account 字段值以 f 开头的所有数据并导入到 HDFS 中。示例代码如下。

```
    sqoop import --connect jdbc:mysql://master:3306/testdb --username root
--password root --table user --where 'id > 5 and account like "f%"' --target-dir
/sqoop/import/user_where --delete-target-dir--fields-terminated-by '\t' -m 1
--direct
```

命令执行成功后，在 HDFS 中可以查看到存储的目录，如图 8-22 所示。

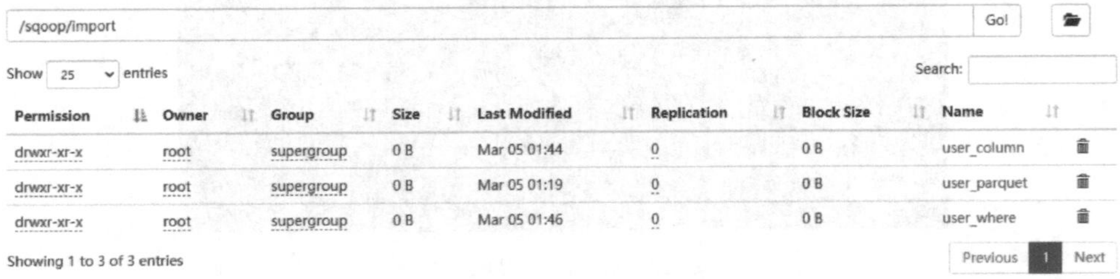

/sqoop/import Go!

Show 25 entries Search:

Permission	Owner	Group	Size	Last Modified	Replication	Block Size	Name
drwxr-xr-x	root	supergroup	0 B	Mar 05 01:44	0	0 B	user_column
drwxr-xr-x	root	supergroup	0 B	Mar 05 01:19	0	0 B	user_parquet
drwxr-xr-x	root	supergroup	0 B	Mar 05 01:46	0	0 B	user_where

Showing 1 to 3 of 3 entries Previous 1 Next

图 8-22 HDFS 存储目录

4. 将 MySQL 中的数据导入 Hive

使用 sqoop import 命令将 MySQL 数据库中的数据直接导入到 Hive 表中。

在 HDFS 集群中创建 Hive 表用来存储 MySQL 导出的数据，创建 Hive 数据表的代码如下所示。

```
drop table if exists hive_company;
create table hive_company(
id int,
account string,
password string)
row format delimited fields terminated by '\t';
```

通过 sqoop import 来查找 user 表中 account 和 password 这两个字段的所有数据并导入到 HDFS 中。导入命令执行结果如图 8-23 所示，查询数据表结果如图 8-24 所示，示例代码如下。

```
    sqoop import --connect jdbc:mysql://master:3306/company --username root
--password root --table staff --hive-import --hive-database default --hive-table
hive_company --delete-target-dir --fields-terminated-by '\t' -m 1
```

图 8-23 导入命令执行结果

```
hive> select * from hive_company;
OK
1       Thomas  Male
2       Catalina        FeMale
Time taken: 1.194 seconds, Fetched: 2 row(s)
hive> _
```

图 8-24 查询命令执行结果

5. 将 MySQL 中的数据增量导入 Hive

数据全量导入功能即一次性将 MySQL 中的数据全部导入 Hive，但是项目开发并不会这样实现，可能会定期从与业务相关的关系型数据库向 Hadoop 导入数据，导入数据仓库后再进行后续离线分析。这种情况下不可能将所有数据重新再导入一遍，所以此时需要数据增量导入。

例如客户端进行用户注册时，MySQL 就增加了一条数据，但是 Hive 中的数据并没有进行更新，而再将数据全部导入一次又完全没有必要。

增量导入数据分为两种方式。

一是基于递增列的增量数据导入（Append 方式），将递增列值大于阈值的所有数据增量导入，只对数据进行附加，不支持更改。

二是基于时间列的数据增量导入（LastModified 方式），将时间列大于或等于阈值的所有数据增量导入，适用于对源数据进行更改，对于变动数据必须记录变动时间。

（1）Append 方式

有一个订单表，里面每个订单有一个唯一标识自增列 ID，在关系型数据库中以主键形式存在，之前已经将 id 为 1～3 的编号的订单导入到了 Hive 中，现在需要将近期产生的新的订单数据（id 为 4、5 的两条数据）导入 Hive，供后续数据仓库进行数据分析。此时只需要指定 -incremental 参数为 append，-last-value 参数为 3 即可。表示只导入记录中 id 值大于 3 的数据。

① MySQL 创建数据表，创建数据表的命令如下所示。

```
    CREATE TABLE 'users_append'  (
      'uid' int(11) NOT NULL AUTO_INCREMENT,
      'uname' varchar(20) CHARACTER SET utf8 COLLATE utf8_general_ci NULL
DEFAULT NULL,
      'created' timestamp NOT NULL DEFAULT CURRENT_TIMESTAMP ON UPDATE
CURRENT_TIMESTAMP,
      PRIMARY KEY ('uid') USING BTREE
    );
```

② 原有数据表中已经存在 10 条记录，向数据表中追加 3 条记录，用来测试增量导入功能，追加记录后数据表中的数据如图 8-25 所示。

```
insert into users_append (uname) values('zs');
insert into users_append (uname) values('ls');
insert into users_append (uname) values('ww');
```

uid	uname	created
1	aa	2021-05-01 09:45:22
2	bb	2021-05-01 09:45:27
3	cc	2021-05-01 09:45:30
4	dd	2021-05-01 09:45:37
5	ee	2021-05-01 09:45:39
6	ff	2021-05-01 09:45:42
7	gg	2021-05-01 09:45:45
8	hh	2021-05-01 09:45:48
9	ii	2021-05-01 09:45:54
10	jj	2021-05-01 09:45:57
11	zs	2021-05-01 09:46:05
12	ls	2021-05-01 09:46:08
13	ww	2021-05-01 09:46:12

图 8-25 追加记录后数据表中的数据（Append 方式）

③ 在 Hive 中创建存储数据的数据表，Hive 中创建数据表的代码如下所示。

```
sqoop create-hive-table \
--connect jdbc:mysql://192.168.200.100:3306/yang\
--username root \
```

```
--password root\
--table users_append \
--hive-table users_append
```

④ 前面已经实现将数据表中的所有数据一次性导入 Hive，增量导入需要设置如下三个参数，参数说明如下所示。

--incremental append：指定导入模式，表示基于递增列的增量导入（将递增列值大于阈值的所有数据增量导入）。

--check-column uid：指定检索列，表示以 id 列为增量标准。

--last-value 10：阈值，从该值所在行开始导入，表示 uid>10 的数据导入 Hive。

--columns '列名 1，列名 2....'：指定导入列，同时导入多列时，列名之间使用逗号分隔。

--where '条件'：设置导入数据的条件。

具体的增量导入语句如下所示。

```
sqoop import \
--connect jdbc:mysql://master:3306/test \
--username root \
--password root \
--table users_append \
--hive-import \
-m 1  \
--hive-table users_append \
--fields-terminated-by '\t' \
--check-column uid \     #以 id 列为标准
--incremental append \  #增量导入方式
--last-value 10 # id = 10 后面一行开始追加
```

（2）LastModified 方式

基于这种方式，要求原数据表中有 time 字段，该字段用来指定一个时间戳，让 Sqoop 把该时间戳之后的数据导入到 Hive 中，因为后续订单的状态可能会发生变化，变化后 time 字段时间戳也会发生变化，此时 Sqoop 依然会将相同状态更改后的订单导入 Hive 中，当然也可以指定 merge-key 参数为 id，表示将后续新的记录与原有记录进行合并。

① 向 users_append 数据表中追加如下四条记录，用来实现 LastModified 方式的功能，追加记录后数据表中的数据如图 8-26 所示。

uid	uname	created
1	aa	2021-05-01 09:45:22
2	bb	2021-05-01 09:45:27
3	cc	2021-05-01 09:45:30
4	dd	2021-05-01 09:45:37
5	ee	2021-05-01 09:45:39
6	ff	2021-05-01 09:45:42
7	gg	2021-05-01 09:45:45
8	hh	2021-05-01 09:45:48
9	ii	2021-05-01 09:45:54
10	jj	2021-05-01 09:45:57
11	zs	2021-05-01 09:46:05
12	ls	2021-05-01 09:46:08
13	ww	2021-05-01 09:46:12
14	zhaoliu	2021-05-01 09:46:58
15	liuer	2021-05-01 09:46:30
16	zhaoqi	2021-05-01 09:46:35
17	wangyi	2021-05-01 09:46:47

图 8-26 追加记录后数据表中的数据（Last Modified 方式）

```
insert into users_append (uname) values('zhaoliu');
insert into users_append (uname) values('liuer');
insert into users_append (uname) values('zhaoqi');
insert into users_append (uname) values('wangyi');
```

② 在 Append 方式的基础上实现 LastModified 方式，需要设置如下三个参数。

--incremental lastmodified：指定导入模式，基于时间列的数据增量导入方式（将时间列值大于阈值的所有数据增量导入）。

--check-column created：指定检索列，表示以 created 列为标准。

--last-value " 2021-05-01 09:46:58 "：阈值，从该值所在行开始导入，表示以 created = 2021-05-01 09:46:58 后面行开始追加。

--merge-key uid：合并列（主键列，合并键值相同的记录）。

具体的 LastModified 方式导入语句如下所示。

```
sqoop import \
--connect jdbc:mysql://master:3306/test \
--username root \
--password root \
--table users_append \
--hive-import \
-m 1  \
--hive-table users_append \
--fields-terminated-by '\t'\
--incremental lastmodified \
--check-column created \
--last-value " 2021-05-01 09:46:58 " \
--merge-key uid
```

注意：如果 last-value 指定的值不在表中，则会对这个值进行比较，导出比这个值大的部分。

6. HDFS/Hive 文本文件数据导出 MySQL

8-12　HDFS/Hive 文本文件数据导出 MySQL

在 MySQL 的数据库中创建数据表,数据表的创建如图 8-27 所示，示例代码如下所示。

```
create table user(uname varchar(255),vnum int(10),fnum int(20));
```

在 Linux 系统中创建 user.txt 文件，文件内容之间使用“\t”分隔，输入内容如图 8-28 所示。

```
mysql> create database sqoop;
Query OK, 1 row affected (0.00 sec)

mysql> use sqoop;
Database changed
mysql> create table user (uname varchar(255), vnum int(10), fnum int(20));
Query OK, 0 rows affected (0.01 sec)

mysql> desc user;
+-------+--------------+------+-----+---------+-------+
| Field | Type         | Null | Key | Default | Extra |
+-------+--------------+------+-----+---------+-------+
| uname | varchar(255) | YES  |     | NULL    |       |
| vnum  | int(10)      | YES  |     | NULL    |       |
| fnum  | int(20)      | YES  |     | NULL    |       |
+-------+--------------+------+-----+---------+-------+
3 rows in set (0.01 sec)

mysql>
```

图 8-27　数据表的创建

使用命令 hadoop fs -put user.txt /将 user.txt 文件上传到 HDFS,使用 hadoop fs -ls /命令查看文件上传后的结果，如图 8-29 所示。

```
tom     10      15
jack    15      68
rose    2       54
~
```

图 8-28　user.txt 文件内容

```
[root@master /]# hadoop fs -put user.txt /
[root@master /]# hadoop fs -ls /
Found 5 items
drwxr-xr-x   - root supergroup          0 2021-04-25 18:18 /hbase
drwxr-xr-x   - root supergroup          0 2021-04-23 21:08 /spark
drwxrwxrwx   - root supergroup          0 2021-04-25 17:38 /tmp
drwxr-xr-x   - root supergroup          0 2021-04-25 18:10 /user
-rw-r--r--   1 root supergroup         31 2021-04-29 01:33 /user.txt
[root@master /]#
```

图 8-29　上传及查看结果

使用 sqoop export 命令将 HDFS 存储的 user.txt 文件导出到 MySQL 数据库中，命令执行结果如图 8-30 所示,示例代码如下所示。

```
sqoop export --connect jdbc:mysql://master:3306/sqoop --username 'root' --password 'root' --table 'user' --export-dir  '/sqoop/import/user_txt' -columns 'uname,vnum,fnum'-mapreduce-job-name 'hdfs tomysql' --input-fields-terminated-by '\t' -input-lines-terminated-by '\n'
```

```
[root@master /]# sqoop export --connect 'jdbc:mysql://master:3306/sqoop' --username 'root' --password 'MyNewPass1!' --table 'user' --export-dir '/user.txt' --columns 'uname,vnum,fnum' --mapreduce-job-name 'hdfs to mysql' --input-fields-termi
nated-by '\t' --input-lines-terminated-by '\n'
Warning: /usr/local/src/sqoop/../hcatalog does not exist! HCatalog jobs will fail.
Please set $HCAT_HOME to the root of your HCatalog installation.
Warning: /usr/local/src/sqoop/../accumulo does not exist! Accumulo imports will fail.
Please set $ACCUMULO_HOME to the root of your Accumulo installation.
Warning: /usr/local/src/sqoop/../zookeeper does not exist! Accumulo imports will fail.
Please set $ZOOKEEPER_HOME to the root of your Zookeeper installation.
21/04/29 01:46:37 INFO sqoop.Sqoop: Running Sqoop version: 1.4.7
21/04/29 01:46:37 WARN tool.BaseSqoopTool: Setting your password on the command-line is insecure. Consider using -P instead.
21/04/29 01:46:37 INFO manager.MySQLManager: Preparing to use a MySQL streaming resultset.
21/04/29 01:46:37 INFO tool.CodeGenTool: Beginning code generation
Thu Apr 29 01:46:38 PDT 2021 WARN: Establishing SSL connection without server's identity verification is not recommended. According to MySQL 5.5.45+, 5.6.26+ and 5.7.6+ requirements SSL connection must be established by default if explicit o
ption isn't set. For compliance with existing applications not using SSL the verifyServerCertificate property is set to 'false'. You need either to explicitly disable SSL by setting useSSL=false, or set useSSL=true and provide truststore for
 server certificate verification.
21/04/29 01:46:39 INFO manager.SqlManager: Executing SQL statement: SELECT t.* FROM `user` AS t LIMIT 1
21/04/29 01:46:39 INFO manager.SqlManager: Executing SQL statement: SELECT t.* FROM `user` AS t LIMIT 1
21/04/29 01:46:39 INFO orm.CompilationManager: HADOOP_MAPRED_HOME is /usr/local/src/hadoop
Note: /tmp/sqoop-root/compile/c326455bf042a17db41ebe0672807bf3/user.java uses or overrides a deprecated API.
Note: Recompile with -Xlint:deprecation for details.
21/04/29 01:46:43 INFO orm.CompilationManager: Writing jar file: /tmp/sqoop-root/compile/c326455bf042a17db41ebe0672807bf3/user.jar
21/04/29 01:46:43 INFO mapreduce.ExportJobBase: Beginning export of user
SLF4J: Class path contains multiple SLF4J bindings.
SLF4J: Found binding in [jar:file:/usr/local/src/hadoop/share/hadoop/common/lib/slf4j-log4j12-1.7.10.jar!/org/slf4j/impl/StaticLoggerBinder.class]
SLF4J: Found binding in [jar:file:/usr/local/src/hbase/lib/slf4j-log4j12-1.7.7.jar!/org/slf4j/impl/StaticLoggerBinder.class]
SLF4J: See http://www.slf4j.org/codes.html#multiple_bindings for an explanation.
SLF4J: Actual binding is of type [org.slf4j.impl.Log4jLoggerFactory]
21/04/29 01:46:43 INFO Configuration.deprecation: mapred.jar is deprecated. Instead, use mapreduce.job.jar
21/04/29 01:46:44 INFO Configuration.deprecation: mapred.reduce.tasks.speculative.execution is deprecated. Instead, use mapreduce.reduce.speculative
21/04/29 01:46:44 INFO Configuration.deprecation: mapred.map.tasks.speculative.execution is deprecated. Instead, use mapreduce.map.speculative
21/04/29 01:46:44 INFO Configuration.deprecation: mapred.map.tasks is deprecated. Instead, use mapreduce.job.maps
21/04/29 01:46:45 INFO client.RMProxy: Connecting to ResourceManager at master/192.168.1.30:8032
21/04/29 01:46:47 INFO input.FileInputFormat: Total input paths to process : 1
21/04/29 01:46:47 INFO input.FileInputFormat: Total input paths to process : 1
21/04/29 01:46:48 INFO mapreduce.JobSubmitter: number of splits:4
21/04/29 01:46:48 INFO Configuration.deprecation: mapred.map.tasks.speculative.execution is deprecated. Instead, use mapreduce.map.speculative
21/04/29 01:46:48 INFO mapreduce.JobSubmitter: Submitting tokens for job: job_1619398319091_0005
21/04/29 01:46:49 INFO impl.YarnClientImpl: Submitted application application_1619398319091_0005
21/04/29 01:46:49 INFO mapreduce.Job: The url to track the job: http://master:8088/proxy/application_1619398319091_0005/
21/04/29 01:46:49 INFO mapreduce.Job: Running job: job_1619398319091_0005
21/04/29 01:47:06 INFO mapreduce.Job: Job job_1619398319091_0005 running in uber mode : false
21/04/29 01:47:06 INFO mapreduce.Job:  map 0% reduce 0%
21/04/29 01:47:40 INFO mapreduce.Job:  map 100% reduce 0%
21/04/29 01:47:41 INFO mapreduce.Job: Job job_1619398319091_0005 completed successfully
```

图 8-30　sqoop export 命令执行结果

项目实现

任务 1　从 RDBMS 导入到 HDFS

1）确定 MySQL 服务启动正常。

2）在 MySQL 中创建数据表 staff，并向数据表中插入数据，如图 8-31 所示。

```
mysql> create database company;
Query OK, 1 row affected (0.02 sec)

mysql> use company;
Database changed
mysql> create table company.staff(id int(4) primary key not null auto_increment, name varchar(255), sex var
char(255));
Query OK, 0 rows affected (0.08 sec)

mysql> insert into company.staff(name, sex) values('Thomas', 'Male');
Query OK, 1 row affected (0.11 sec)

mysql>  insert into company.staff(name, sex) values('Catalina', 'FeMale');
Query OK, 1 row affected (0.00 sec)

mysql> 
```

图 8-31　staff 表的创建及数据

3）执行 Sqoop 导入语句，将 MySQL 数据表的数据导入 HDFS，导入命令如图 8-32 所示。

```
[root@master hadoop]# sqoop import \
> --connect jdbc:mysql://linux01:3306/company \
> --username root \
> --password MyNewPass1! \
> --table staff \
> --target-dir /user/company \
> --delete-target-dir \
> --num-mappers 1 \
> --fields-terminated-by "\t";
```

图 8-32　数据导入命令

4）从 HDFS 文件中可以查看导入成功的目录，如图 8-33 所示。

/user/company　Go!

Permission	Owner	Group	Size	Last Modified	Replication	Block Size	Name
-rw-r--r--	root	supergroup	0 B	2021/4/26上午8:20:34	1	128 MB	_SUCCESS
-rw-r--r--	root	supergroup	32 B	2021/4/26上午8:20:33	1	128 MB	part-m-00000

图 8-33　从 HDFS 文件中查看导入成功的目录

任务 2　从 MySQL 导入到 Hive

1）在 Hive 中创建 MySQL 对应的数据表，如图 8-34 所示。

2）执行 Sqoop 命令，把数据从 MySQL 中导入 Hive 表中，导入命令如图 8-35 所示。

```
hive> show databases;
OK
default
Time taken: 8.802 seconds, Fetched: 1 row(s)
hive> use default;
OK
Time taken: 0.055 seconds
hive> create table default.hive_company(
    > id int,
    > name string,
    > sex string
    > )
    > ROW FORMAT DELIMITED FIELDS TERMINATED BY '\t';
OK
Time taken: 0.837 seconds
hive>
```

图 8-34　Hive 创建数据表

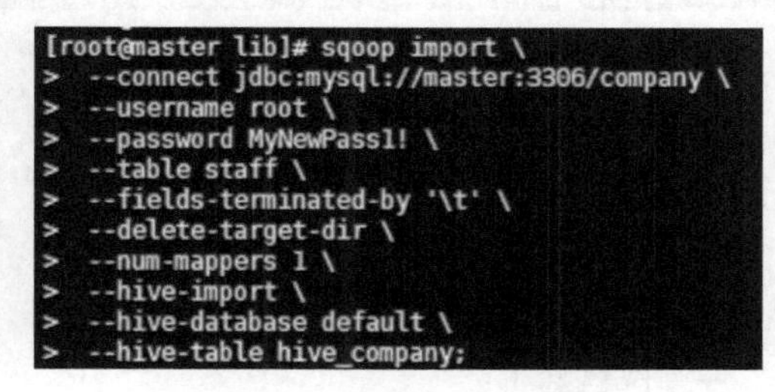

```
[root@master lib]# sqoop import \
>  --connect jdbc:mysql://master:3306/company \
>  --username root \
>  --password MyNewPass1! \
>  --table staff \
>  --fields-terminated-by '\t' \
>  --delete-target-dir \
>  --num-mappers 1 \
>  --hive-import \
>  --hive-database default \
>  --hive-table hive_company;
```

图 8-35　数据导入命令

3）查询 Hive 表中是否存在导入的数据，查询命令的结果如图 8-36 所示。

4）数据导入成功。

```
hive> select * from hive_company;
OK
1       Thomas  Male
2       Catalina        FeMale
Time taken: 2.779 seconds, Fetched: 2 row(s)
hive>
```

图 8-36　查询命令及结果

任务 3　从 MySQL 导入到 HBase

1）在 HBase 创建数据表，创建命令如图 8-37 所示。

```
hbase(main):001:0> create 'sqooptest','stuInfo'
0 row(s) in 1.4850 seconds

=> Hbase::Table - sqooptest
hbase(main):002:0> list
TABLE
sqooptest
1 row(s) in 0.0490 seconds

=> ["sqooptest"]
hbase(main):003:0>
```

图 8-37 数据表创建命令

2）执行 Sqoop 命令，把数据从 MySQL 中导入 HBase 表中，导入命令如图 8-38 所示。

```
[root@master lib]# sqoop import \
> --connect jdbc:mysql://master:3306/company \
> --username root --password MyNewPass1! \
> --table staff \
> --split-by id \
> --hbase-table sqooptest \
> --column-family stuInfo;
```

图 8-38 导入命令

3）查询 HBase 数据中是否存在导入数据，查询结果如图 8-39 所示。

```
hbase(main):004:0> scan 'sqooptest'
ROW                    COLUMN+CELL
 1                     column=stuInfo:name, timestamp=1619400134527, value=Thomas
 1                     column=stuInfo:sex, timestamp=1619400134527, value=Male
 2                     column=stuInfo:name, timestamp=1619400134527, value=Catalina
 2                     column=stuInfo:sex, timestamp=1619400134527, value=FeMale
2 row(s) in 0.3020 seconds

hbase(main):005:0>
```

图 8-39 查询结果

4）数据导入成功。

课后练习

一、选择题

1．Sqoop 的底层实现是（　　）。

A．HDFS　　B．MapReduce

C．HBase　　D．Hadoop

2．Sqoop 不支持下列哪种数据库？（　　）

A．MySQL　　B．Oracle

C．MongoDB　　D．Redis

3．Sqoop 的作用是（　　）。

A．用于传统关系型数据库和 Hadoop 之间传输数据

B．提供对日志数据进行简单处理的能力

C．是 Hadoop 体系中数据存储管理的基础

D．是一个建立在 HDFS 之上，面向列的、针对结构化和半结构化数据的动态数据库

4．下列选择参数是 Sqoop 指令的是（　　）。

A．Import　　　　B．Output
C．Hadoop　　　　D．Input

5．实现 Sqoop 向 HDFS 系统导入数据所使用的命令是（　　）。

A．Sqoop import　　　　B．Sqoop export
C．sqoop connect　　　　D．sqoop jdbc

二、填空题

1．通过 Sqoop 查询出连接 MySQL 数据库中的所有数据库名的命令参数是_____。
2．Sqoop 主要用于在_____和关系型数据库之间进行传输数据。
3．使用______命令可以查看 Sqoop 指令的用法。
4．Sqoop 的迁移方式就是把 Sqoop 的迁移命令转换成______。
5．Sqoop 是一款开源的工具，主要用于在_____与_____间进行数据的传递，可以将一个_____数据库中的数据导入到_____的_____中，也可以将_____的数据导入到_____中。

三、简答题

1．Sqoop 工作的机制。
2．Sqoop 的优点。

项目 9　Hadoop 综合实例——网络交易数据统计

本章将介绍一个大数据项目案例:网络交易数据统计分析项目。通过这个项目，加深读者对 HDFS 分布式文件系统和 MapReduce 分布式并行计算框架的理解，熟练掌握和应用，并且体验大数据企业实战项目的开发过程，积累实际项目开发的经验。该项目主要是根据销售数据进行多维度统计分析，主要包括统计不同品牌手机的销售数量、统计不同品牌手机销售额占比、统计某年每个月的手机销售数量的比例、统计每个月各市区县的手机销售数量、统计购买手机的男女比例等任务。

9.1　项目概述

在这个信息化的时代，网络购物深入到千家万户，已经成为每个人日常消费的重要组成部分，同时能很好地反映出消费者对经济前景的信心。每天每个人都会在网上产生大量的点击流数据，用户的各种信息会被网站的 Web 服务器的日志系统所收集，这些信息在信息时代就是流动的黄金，谁掌握的用户行为信息多，谁掌握的用户信息维度广，谁就是这个大数据时代的先锋。

网络交易数据统计功能可以很好地收集到原始数据，并且处理这些收集到的原始数据，把这些数据中有用的部分清洗、提取、处理，做成需要的指标信息，然后进行数据分析，也可以通过后续做用户画像、广告的精准投放等项目成为基础的数据提供者。

9.1.1　项目实现的思路

利用 Mapper 映射输出所有的数据记录。然后，再写一个 Reduce 统计出商品各自的数量，写入一个 Map 的映射集合中，其中 Key 为商品类型，Value 为商品的数量。同时定义一个成员变量，统计出商品的总和。最后，重写 Reduce 中的 cleanup 方法，在其中计算出商品各自的销售额分布，然后输出到 HDFS 分布式文件系统中。

9.1.2　项目流程

网络交易数据的原型来源于在线网络购物平台的 Hadoop 解决方案，它是一个提供网络交易的在线网站，向用户提供各类商品等服务。利用用户购买商品的相关数据来推断用户的购买行为和关心的商品，向用户推荐相似的商品。

对网站交易的数据进行相应的处理，省略对用户各类商品数据的搜集和推送的相关处理，仅对用户购买的手机数据进行存储与分析，最后得出手机购买记录的相关统计，由此反映出某些手机品牌的受欢迎程度。

设计的运行环境是在 Hadoop 集群之中，采用 HBase 数据库存储网络交易数据，以及使用 MapReduce 进行计算，最终输出文件可被外部的 Web 应用获得并展示这些数据。项目的流程如图 9-1 所示。

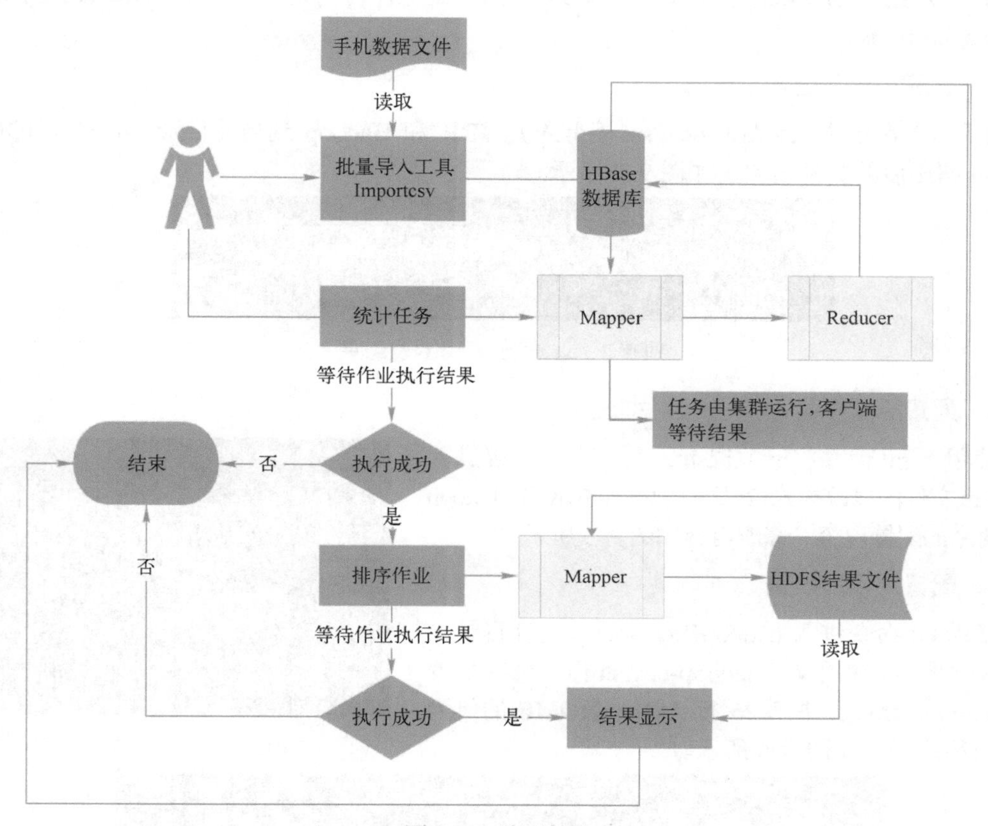

图 9-1　项目流程

9.2 准备工作

操作系统：Ubuntu

虚拟机：VMware

通过 VMware 安装好一台 Ubuntu 虚拟机后，导出或者克隆出另外两台虚拟机。虚拟机的“网络设置”→“连接方式”设置为“桥接网卡”，保证虚拟机的 IP 地址和主机的 IP 地址在同一个 IP 地址段，这样几个虚拟机和主机之间可以相互通信。

配置每个虚拟机的/etc/hosts 文件，保证各个虚拟机之间通过 IP 地址映射的名称可以互相通信，hosts 文件的配置代码如下所示。

```
192.168.0.1  master
192.168.0.2  slave1
192.168.0.3  slave2
```

9.2.1 项目环境的搭建

1．安装 JDK 和 Hadoop

使用安装的 FileZilla 把 JDK 和 Hadoop 两个 tar 文件传输到映射名称为 master 虚拟机的/usr/local/src 目录。

2．解压文件并更名

使用 cd 命令进入到/usr/local/src 目录解压 JDK 和 Hadoop 到当前目录，并修改 JDK 和 Hadoop 解压后的文件名称，如图 9-2 所示。

```
[root@master ~]# cd /usr/local/src
[root@master src]# tar -zxvf jdk-8u231-linux-x64.tar.gz /usr/local/src_
 [root@master src]# tar -zxvf hadoop-2.5.0.tar.gz /usr/local/src_
[root@master src]# mv jdk1.8.0_231 jdk
[root@master src]# mv hadhhp-2.5.0 hadoop
```

图 9-2 tar 和 mv 命令执行结果

3．配置环境变量

使用 vim 命令打开~/.bashrc，按下〈i〉键进入~/.bashrc 文件的修改模式，在文件中添加 JDK 和 Hadoop 环境变量的配置内容，修改内容如图 9-3 所示。

```
[root@master src]# vim ~/.bashrc
# .bashrc

# User specific aliases and functions

alias rm='rm -i'
alias cp='cp -i'
alias mv='mv -i'

# Source global definitions
if [ -f /etc/bashrc ]; then
        . /etc/bashrc
fi
export JAVA_HOME=/usr/local/src/jdk
export PATH=$JAVA_HOME/bin:$PATH
export HADOOP_HOME=/usr/local/src/hadoop
export PATH=$HADOOP_HOME/bin:$HADOOP_HOME/sbin:$PATH
```

图 9-3 .bashrc 文件内容

4．配置文件的设置

使用 cd 命令进入 hadoop/etc/hadoop 文件目录，如图 9-4 所示，使用 vim hadoop-env.sh 命令修改配置文件 hadoop-env.sh 中第 25 行 JAVA_HOME 的值为 JDK 安装路径，如图 9-5 所示。

```
[root@master src]# cd /usr/local/src/hadoop/etc/hadoop/
[root@master hadoop]# ls
capacity-scheduler.xml          hdfs-site.xml                  mapred-site.xml
configuration.xsl               httpfs-env.sh                  slaves
container-executor.cfg          httpfs-log4j.properties        ssl-client.xml.example
core-site.xml                   httpfs-signature.secret        ssl-server.xml.example
hadoop-env.cmd                  httpfs-site.xml                yarn-env.cmd
hadoop-env.sh                   log4j.properties               yarn-env.sh
hadoop-metrics2.properties      mapred-env.cmd                 yarn-site.xml
hadoop-metrics.properties       mapred-env.sh
hadoop-policy.xml               mapred-queues.xml.template
[root@master hadoop]# _
```

图 9-4 cd 命令执行结果

使用 vim core-site.xml 命令修改配置文件 core-site.xml 中的内容，core-site.xml 文件内容如图 9-6 所示。

```
19 # The only required environment variable is JAVA_HO
20 # optional.  When running a distributed configurati
21 # set JAVA_HOME in this file, so that it is correct
22 # remote nodes.
23
24 # The java implementation to use.
25 export JAVA_HOME=/usr/local/src/jdk1.8.0_231
26
27 # The jsvc implementation to use. Jsvc is required
28 # that bind to privileged ports to provide authenti
29 # protocol.  Jsvc is not required if SASL is config
```

图 9-5 hadoop-env.sh 文件内容

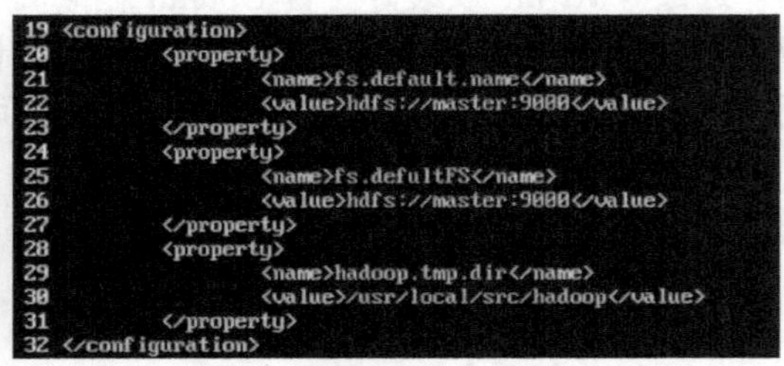

```
19 <configuration>
20         <property>
21                 <name>fs.default.name</name>
22                 <value>hdfs://master:9000</value>
23         </property>
24         <property>
25                 <name>fs.defultFS</name>
26                 <value>hdfs://master:9000</value>
27         </property>
28         <property>
29                 <name>hadoop.tmp.dir</name>
30                 <value>/usr/local/src/hadoop</value>
31         </property>
32 </configuration>
```

图 9-6 core-site.xml 文件内容

使用 vim hdfs-site.xml 命令修改配置文件 hdfs-site.xml 中的内容，hdfs-site.xml 文件内容如图 9-7 所示。

```
17 <!-- Put site-specific property overrides in this file. -->
18
19 <configuration>
20         <property>
21                 <name>dfs.replication</name>
22                 <value>1</value>
23         </property>
24         <property>
25                 <name>dfs.name.dir</name>
26                 <value>/usr/local/src/hadoop/name</value>
27         </property>
28         <property>
29                 <name>dfs.data.dir</name>
30                 <value>/usr/local/src/hadoop/data</value>
31         </property>
32 </configuration>
```

图 9-7　hdfs-site.xml 文件内容

使用 mv 命令将 mapred-site.xml.template 文件更名为 mapred-site.xml，编辑更名后的 mapred-site.xml 文件。mapred-site.xml 文件内容如图 9-8 所示。

使用 vim yarn-site.xml 命令修改配置文件 yarn-site.xml 中的内容，yarn-site.xml 文件内容如图 9-9 所示。

```
19 <configuration>
20         <property>
21                 <name>mapreduce.framework.name</name>
22                 <value>yarn</value>
23         </property>
24 </configuration>
```

图 9-8　mapred-site.xml 文件内容

```
15 <configuration>
16         <property>
17                 <name>yarn.resourcemanager.hostname</name>
18                 <value>master</value>
19         </property>
20         <property>
21                 <name>yarn.nodemanager.aux-services</name>
22                 <value>mapreduce_shuffle</value>
23         </property>
24 </configuration>
```

图 9-9　yarn-site.xml 文件内容

配置文件设置成功以后，使用 hdfs namenode -format 命令对 Hadoop 的名称节点进行初始化，初始化结果如图 9-10 所示。

```
20/10/11 19:29:04 INFO namenode.FSDirectory: GLOBAL serial map: bits=24 maxEntries=16777215
20/10/11 19:29:04 INFO util.GSet: Computing capacity for map INodeMap
20/10/11 19:29:04 INFO util.GSet: VM type       = 64-bit
20/10/11 19:29:04 INFO util.GSet: 1.0% max memory 889 MB = 8.9 MB
20/10/11 19:29:04 INFO util.GSet: capacity      = 2^20 = 1048576 entries
20/10/11 19:29:04 INFO namenode.FSDirectory: ACLs enabled? false
20/10/11 19:29:04 INFO namenode.FSDirectory: XAttrs enabled? true
20/10/11 19:29:04 INFO namenode.NameNode: Caching file names occurring more than 10 times
20/10/11 19:29:04 INFO snapshot.SnapshotManager: Loaded config captureOpenFiles: falseskipCaptureAccessTimeOnlyChan
ge: false
20/10/11 19:29:04 INFO util.GSet: Computing capacity for map cachedBlocks
20/10/11 19:29:04 INFO util.GSet: VM type       = 64-bit
20/10/11 19:29:04 INFO util.GSet: 0.25% max memory 889 MB = 2.2 MB
20/10/11 19:29:04 INFO util.GSet: capacity      = 2^18 = 262144 entries
20/10/11 19:29:04 INFO metrics.TopMetrics: NNTop conf: dfs.namenode.top.window.num.buckets = 10
20/10/11 19:29:04 INFO metrics.TopMetrics: NNTop conf: dfs.namenode.top.num.users = 10
20/10/11 19:29:04 INFO metrics.TopMetrics: NNTop conf: dfs.namenode.top.windows.minutes = 1,5,25
20/10/11 19:29:04 INFO namenode.FSNamesystem: Retry cache on namenode is enabled
20/10/11 19:29:04 INFO namenode.FSNamesystem: Retry cache will use 0.03 of total heap and retry cache entry expiry
time is 600000 millis
20/10/11 19:29:04 INFO util.GSet: Computing capacity for map NameNodeRetryCache
20/10/11 19:29:04 INFO util.GSet: VM type       = 64-bit
20/10/11 19:29:04 INFO util.GSet: 0.029999999329447746% max memory 889 MB = 273.1 KB
20/10/11 19:29:04 INFO util.GSet: capacity      = 2^15 = 32768 entries
20/10/11 19:29:04 INFO namenode.FSImage: Allocated new BlockPoolId: BP-11871807-192.168.137.151-1602415744537
20/10/11 19:29:04 INFO common.Storage: Storage directory /opt/module/hadoop-2.9.2/data/tmp/dfs/name has been succes
sfully formatted.
20/10/11 19:29:04 INFO namenode.FSImageFormatProtobuf: Saving image file /opt/module/hadoop-2.9.2/data/tmp/dfs/name
/current/fsimage.ckpt_0000000000000000000 using no compression
20/10/11 19:29:04 INFO namenode.FSImageFormatProtobuf: Image file /opt/module/hadoop-2.9.2/data/tmp/dfs/name/curren
t/fsimage.ckpt_0000000000000000000 of size 323 bytes saved in 0 seconds .
20/10/11 19:29:04 INFO namenode.NNStorageRetentionManager: Going to retain 1 images with txid >= 0
20/10/11 19:29:04 INFO namenode.NameNode: SHUTDOWN_MSG:
/************************************************************
SHUTDOWN_MSG: Shutting down NameNode at hadoop151/192.168.137
************************************************************/
```

图 9-10　初始化结果

9.2.2 Hadoop+HBase+Hive 集成

1．HBase 安装

将 HBase 安装到名称为 master 机器的/home/hadoop2 目录下，修改目录/home/hadoop2/hbase-1.0.0-cdh5.4.8/conf 下的配置文件。

1）配置 hbase-site.xml

```
<configuration>
  <!-- HBase 存放数据目录 -->
  <property>
    <name>hbase.rootdir</name>
    <value>file:///data/soft/hbase-2.2.1/hbase</value>
  </property>

  <!-- zookeeper 数据文件路径 -->
  <property>
    <name>hbase.zookeeper.property.dataDir</name>
    <value>/data/soft/hbase-2.2.1/zookeeper</value>
  </property>

  <property>
    <name>hbase.unsafe.stream.capability.enforce</name>
    <value>false</value>
    <description>
      Controls whether HBase will check for stream capabilities
(hflush/hsync).

      Disable this if you intend to run on LocalFileSystem, denoted by a
rootdir
      with the 'file://' scheme, but be mindful of the NOTE below.

      WARNING: Setting this to false blinds you to potential data loss and
      inconsistent system state in the event of process and/or node failures.If
      HBase is complaining of an inability to use hsync or hflush it's most
      likely not a false positive.
    </description>
  </property>
</configuration>
```

2）配置 hbase-env.sh 脚本，修改脚本的 JAVA_HOME 为当前系统的 JAVA_HOME。

```
export JAVA_HOME=/data/soft/jdk1.8.0_181/
```

3）配置 regionservers，同步程序文件到从节点，在 master 将上面配好的文件复制到各个节点对应的目录。

```
scp -r /home/hadoop2/hbase-1.0.0-cdh5.4.8 root@slave1:/home/hadoop2/
hbase-1.0.0-cdh5.4.8/
scp -r /home/hadoop2/hbase-1.0.0-cdh5.4.8 root@slave2:/home/hadoop2/
hbase-1.0.0-cdh5.4.8/
scp -r /home/hadoop2/hbase-1.0.0-cdh5.4.8 root@slave3:/home/hadoop2/
hbase-1.0.0-cdh5.4.8/
```

4）启动 HBase 集群。

```
start-hbase.sh
```

2. Hive 安装

将 Hive 安装到名称为 master 机器的/home/hadoop2 目录下。

1）修改目录/home/hadoop2/hive-0.13.1-cdh5.3.2/conf 下的 hive-site.xml 配置文件。

```
<property>
<name>hive.exec.scratchdir</name>
<value>/root/hive</value>
</property>
<!-- 该属性为空表示嵌入模式或本地模式，否则为远程模式 -->
<property>
<name>hive.metastore.uris</name>
<value></value>
</property>
<!-- 指定 mysql 的连接 -->
<property>
<name>javax.jdo.option.ConnectionURL</name>
<value>jdbc:mysql://master:3306/hive?createDatabaseIfNotExist=true</va
lue>
</property>
<!-- 指定驱动类 -->
<property>
<name>javax.jdo.option.ConnectionDriverName</name>
<value>com.mysql.jdbc.Driver</value>
</property>
<!-- 指定用户名 -->
<property>
<name>javax.jdo.option.ConnectionUserName</name>
<value>root</value>
</property>
<!-- 指定密码 -->
<property>
<name>javax.jdo.option.ConnectionPassword</name>
<value>root</value>
</property>
<property>
<name>hive.metastore.schema.verification</name>
<value>false</value>
<description>
</description>
</property>
```

2）配置 hive-env.sh 脚本文件。

```
export  HADOOP_HOME=/opt/hadoop/hadoop2.8
export  HIVE_CONF_DIR=/opt/hive/hive2.1/conf
export  HIVE_AUX_JARS_PATH=/opt/hive/hive2.1/lib
```

3）启动 hive。

进入/home/hadoop2/hive-0.13.1-cdh5.3.2/bin 目录输入下面的命令。

```
nohup  bin/hive --service hiveserver2  &
```

9.2.3 HBase 数据库设计原则

通过对网络交易数据的统计分析可以发现，在 HBase 和关系型数据库的操作使用上存在很大的差别。比如 HBase 中没有 Join 的概念，但可以通过特定的行关键字将需要 Join 的数据合并在一起；又如以手机品牌或 ID 为前缀、以交易日期为后缀作为行键，使得同一 ID 的交易记录聚集存放在同一聚簇内并按时间排序。所以，适当的 HBase 的模式设计可以使其具有 HBase 本身不具备的功能，并且使其执行效率得到成倍提高。

1. 列族的设计

建议将 HBase 列族的数量设置得越少越好。对于两个或者两个以上的列族，HBase 并不能处理得很好。当一个列族所存储的数据达到某个阈值时，该表中的所有列族会同时将内存中的数据写入磁盘，这会带来不必要的 I/O 开销。

2. 行键的设计

应避免使用时序或单调递增（递减）的行键。因为当数据库到来的时候，HBase 首先需要根据记录的行键来确定存储的位置，而连续到来的数据将会被分配到同一个 Region 中，而其他 Region 却处于空闲状态，这不利于负载均衡。解决这类问题的办法就是为行键添加合适的前缀。

3. 尽量最小化行键和列族的大小

在 HBase 中，一个具体的单元值由存储该值的行键、对应的列以及该值的时间戳定位。HBase 中的索引是为了加快随机访问的速度，该索引的创建是基于“行键+列族+列+时间戳+值”，如果行键和列族过大，甚至超过值本身的大小，那么将增加索引的大小。

4. 版本的数量

HBase 在进行数据存储的时候，新的数据并不会直接覆盖旧的数据，而是进行追加操作，不同的数据通过时间戳进行区分。默认第二行数据存储 3 个版本，建议不要设置得过大。

9.2.4 数据概况

本项目涉及的数据项包括省、市、区县、品牌、单价、数量、总价、日期、性别和年龄信息，共计 1000000 条记录，部分数据信息如图 9-11 所示。

1	省	市	区县	品牌	单价	数量	总价	日期	性别	年龄
2	吉林省	白山市	江源区	小米	2830	3	8490	2020/5/15	1	48
3	吉林省	吉林市	桦甸市	VIVO	4896	10	48960	2020/1/20	1	37
4	吉林省	白山市	靖宇县	华为	1452	7	10164	2020/4/9	1	43
5	吉林省	辽源市	东辽县	VIVO	2533	1	2533	2020/4/10	1	58
6	吉林省	辽源市	东辽县	VIVO	5978	4	23912	2020/5/22	0	56
7	吉林省	白城市	镇赉县	VIVO	4244	3	12732	2020/9/8	0	64
8	吉林省	通化市	集安市	OPPO	5897	6	35382	2020/8/21	0	30
9	吉林省	辽源市	东丰县	小米	3199	9	28791	2020/1/7	0	29
10	吉林省	白城市	洮北区	OPPO	5188	9	46692	2020/10/24	1	26
11	吉林省	长春市	绿园区	小米	4091	7	28637	2020/2/5	1	24
12	吉林省	白山市	浑江区	小米	3912	10	39120	2020/8/15	0	20
13	吉林省	白城市	洮北区	VIVO	5964	8	47712	2020/5/8	1	36
14	吉林省	长春市	绿园区	OPPO	2876	2	5752	2020/11/10	1	63
15	吉林省	松原市	前郭尔罗斯	华为	2623	2	5246	2020/11/16	1	33
16	吉林省	松原市	扶余市	华为	3029	1	3029	2020/4/16	0	34
17	吉林省	通化市	辉南县	小米	4036	9	36324	2020/8/1	0	38
18	吉林省	白山市	江源区	华为	4983	10	49830	2020/8/19	0	46
19	吉林省	辽源市	龙山区	OPPO	4542	1	4542	2020/6/15	1	60
20	吉林省	辽源市	西安区	OPPO	4122	1	4122	2020/8/12	0	21
21	吉林省	白山市	长白朝鲜族	小米	2081	7	14567	2020/8/2	1	28
22	吉林省	白山市	靖宇县	VIVO	2318	6	13908	2020/3/24	0	33

图 9-11 数据文件部分内容

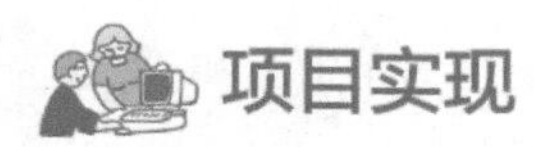

项目实现

任务 1　POJO 类编写

首先，编写网络交易数据统计项目的 POJO 类，代码如下所示。

```
import java.util.Date;
public class TelPhone {
    private String province;
    private String city;
    private String county;
    private String category;
    private float price;
    private int sum;
    private float pricesum;
    private Date date;
    private int sex;
    private int age;
    public String getProvince() {
        return province;
    }
    public void setProvince(String province) {
        this.province = province;
    }
    public String getCity() {
        return city;
    }
    public void setCity(String city) {
        this.city = city;
    }
    public String getCounty() {
        return county;
    }
    public void setCounty(String county) {
        this.county = county;
    }
    public String getCategory() {
        return category;
    }
    public void setCategory(String category) {
        this.category = category;
    }
    public float getPrice() {
        return price;
    }
    public void setPrice(float price) {
        this.price = price;
    }
    public int getSum() {
        return sum;
    }
    public void setSum(int sum) {
        this.sum = sum;
    }
```

```
            public float getPricesum() {
                return pricesum;
            }
            public void setPricesum(float pricesum) {
                this.pricesum = pricesum;
            }
            public Date getDate() {
                return date;
            }
            public void setDate(Date date) {
                this.date = date;
            }
            public int getSex() {
                return sex;
            }
            public void setSex(int sex) {
                this.sex = sex;
            }
            public int getAge() {
                return age;
            }
            public void setAge(int age) {
                this.age = age;
            }
            public TelPhone(String province, String city, String county, String
category, float price, int sum, float pricesum,
                    Date date, int sex, int age) {
                super();
                this.province = province;
                this.city = city;
                this.county = county;
                this.category = category;
                this.price = price;
                this.sum = sum;
                this.pricesum = pricesum;
                this.date = date;
                this.sex = sex;
                this.age = age;
            }
            public TelPhone() {
                super();
            }
            @Override
            public String toString() {
                return "TelPhone [province=" + province + ", city=" + city + ",
county=" + county + ", category=" + category
                        + ", price=" + price + ", sum=" + sum + ", pricesum=" +
pricesum + ", date=" + date + ", sex=" + sex
                        + ", age=" + age + "]";
            }
        }
```

任务 2　统计不同品牌手机的销售数量

首先，写一个 Mapper 映射用来输出所有的手机销售数量记录。然后，写一个 Reduce 统计出不同手机品牌的销售数量。同时，定义一个成员变量，统计同一种手机品牌销售的总和。

程序的代码如下所示。

```
package cn.edu.cvit.xm9.two;

import org.apache.hadoop.mapreduce.Mapper;
import java.io.IOException;
import org.apache.commons.lang.StringUtils;
import org.apache.hadoop.io.LongWritable;
import org.apache.hadoop.io.Text;


public class CountMapper extends Mapper<LongWritable, Text, Text,
LongWritable>{
//  1.LongWritable：表示 worder 传入 KEY 的数据类型，默认是一行起始偏移量
//  2.Text：表示 worder 传入 VALUE 的数据类型，默认是下一行的文本内容
//  3.Text：表示 map 方法产生的结果数据类型 KEY
//  4.FlowBean:表示 map 方法产生的结果数据的 VALUE 类型
    @Override
    protected void map(LongWritable key, Text value, Mapper<LongWritable,
Text, Text, LongWritable>.Context context)
            throws IOException, InterruptedException {
        // TODO Auto-generated method stub
        //一行数据
        String  line=new  String(value.getBytes(),0,value.getLength(),
"GBK"); //GBK 编码处理
        //切分成各个字段
        String[] fields=StringUtils.split(line,",");
        String telName=fields[3];
        long sum=Long.parseLong(fields[5]);
        //封装数据为 kv 并输出
        context.write(new Text(telName), new LongWritable(sum));
    }

}
package cn.edu.cvit.xm9.two;

import java.io.IOException;
import java.util.HashMap;
import java.util.Map;
import java.util.Set;

import org.apache.commons.lang.StringUtils;
import org.apache.hadoop.io.DoubleWritable;
import org.apache.hadoop.io.LongWritable;
import org.apache.hadoop.io.Text;
import org.apache.hadoop.mapreduce.Reducer;

public class CountReducer extends  Reducer<Text, LongWritable, Text,
LongWritable>{

    long sum=0;
    @Override
    protected void reduce(Text key, Iterable<LongWritable> value, Context
context)
            throws IOException, InterruptedException {
        // TODO Auto-generated method stub
        long sum_counter=0;
        long count=0;
```

```
        for (LongWritable sum : value) {
                sum_counter+=sum.get();
        }
        context.write(new Text(key), new LongWritable(sum_counter));
    }
}
package cn.edu.cvit.xm9.two;

import java.util.Map;
import java.util.Set;

import org.apache.hadoop.conf.Configuration;
import org.apache.hadoop.conf.Configured;
import org.apache.hadoop.fs.FileSystem;
import org.apache.hadoop.fs.Path;
import org.apache.hadoop.io.DoubleWritable;
import org.apache.hadoop.io.LongWritable;
import org.apache.hadoop.io.NullWritable;
import org.apache.hadoop.io.Text;
import org.apache.hadoop.mapreduce.Job;
import org.apache.hadoop.mapreduce.lib.input.FileInputFormat;
import org.apache.hadoop.mapreduce.lib.output.FileOutputFormat;
import org.apache.hadoop.util.Tool;
import org.apache.hadoop.util.ToolRunner;

import cn.edu.cvit.twosort1.CourseScoreBean;
import cn.edu.cvit.twosort1.SecondarySortMapper;
import cn.edu.cvit.twosort1.SecondarySortReducer;
import cn.edu.cvit.twosort1.TestRunner;

public class CountRunner {

      public static void main(String[] args) throws Exception {
    Configuration conf = new Configuration();
        Path outfile = new Path("D:\\CountFile2");
        FileSystem fs = outfile.getFileSystem(conf);
        if(fs.exists(outfile)){
            fs.delete(outfile,true);
        }
        Job job = Job.getInstance(conf);
        job.setJarByClass(CountRunner.class);
        job.setJobName("Count");
        job.setMapperClass(CountMapper.class);
        job.setReducerClass(CountReducer.class);

        job.setMapOutputKeyClass(Text.class);
        job.setMapOutputValueClass(LongWritable.class);

        job.setOutputKeyClass(Text.class);
        job.setOutputValueClass(LongWritable.class);

        FileInputFormat.addInputPath(job, new Path("D:\\TEL.csv"));
        FileOutputFormat.setOutputPath(job,outfile);

        System.exit(job.waitForCompletion(true)?0:1);
    }

}
```

程序运行结果如图 9-12 所示。

OPPO	137109
VIVO	136505
华为	138480
小米	136637

图 9-12　统计不同品牌手机的销售数量程序的运行结果

任务 3　统计不同品牌手机销量和销售额占比

首先，写一个 Mapper 映射用来输出所有的手机销售记录。然后，写一个 Reduce 统计出各种手机品牌的数量，写入一个 Map 的映射集合中，其中 Key 为手机品牌，Value 为手机品牌销售的数量。同时，定义一个成员变量，统计同一种手机品牌销售的总和。最后，重写 Reduce 中的 cleanup 方法，在其中计算出手机品牌各自的销售额分布，然后输出到 HDFS 分布式文件系统中。程序代码如下所示。

```
package cn.edu.cvit.xm9.three;
import org.apache.hadoop.mapreduce.Mapper;
import java.io.IOException;
import org.apache.commons.lang.StringUtils;
import org.apache.hadoop.io.LongWritable;
import org.apache.hadoop.io.Text;
public class CountMapper extends Mapper<LongWritable, Text, Text, Text>{
//  1.LongWritable：表示 worder 传入 KEY 的数据类型，默认是一行起始偏移量
//  2.Text：表示 worder 传入 VALUE 的数据类型，默认是下一行的文本内容
//  3.Text：表示 map 方法产生的结果数据类型 KEY
//  4.FlowBean:表示 map 方法产生的结果数据的 VALUE 类型
    @Override
    protected void map(LongWritable key, Text value, Mapper<LongWritable, 
Text, Text, Text>.Context context)
            throws IOException, InterruptedException {
        // TODO Auto-generated method stub
        //一行数据
        String line=new String(value.getBytes(),0,value.getLength(),"GBK"); 
//GBK 编码处理
        //切分成各个字段
        String[] fields=StringUtils.split(line,",");
        String telName=fields[3];
        long sum=Long.parseLong(fields[5]);
        long sumprice=Long.parseLong(fields[6]);
        //封装数据为 kv 并输出
        context.write(new Text(telName), new Text(String.valueOf(sum)+",
"+String.valueOf(sumprice)));
    }
}
package cn.edu.cvit.xm9.three;

import java.io.IOException;
import java.util.HashMap;
import java.util.Map;
import java.util.Set;
import org.apache.commons.lang.StringUtils;
import org.apache.hadoop.io.DoubleWritable;
import org.apache.hadoop.io.Text;
```

```
import org.apache.hadoop.mapreduce.Reducer;

public class CountReducer extends  Reducer<Text, Text, Text, Text>{

    double sum=0,sumprice=0;
    Map<String,Double> mapsum = new HashMap<String,Double>();
    Map<String,Double> mapsumprice = new HashMap<String,Double>();
    @Override
   protected void reduce(Text key, Iterable<Text> value, Context context)
          throws IOException, InterruptedException {
       // TODO Auto-generated method stub
       double sum_counter=0;
       double sumprice_counter=0;
       long count=0;
       for (Text text : value) {
        //String  line=new  String(text.getBytes(),0,text.getLength(),
"GBK");
          String[] fields=StringUtils.split(text.toString(),",");
          for(String str:fields){
             sum_counter+=Long.parseLong(fields[0]);
             sumprice_counter+=Long.parseLong(fields[1]);
          }
       }
       sum+=sum_counter;
       sumprice+=sumprice_counter;
       mapsum.put(key.toString(), sum_counter);
       mapsumprice.put(key.toString(), sumprice_counter);
    }
    @Override
   protected void cleanup(Reducer<Text, Text, Text, Text>.Context context)
throws IOException, InterruptedException {
        // TODO Auto-generated method stub
        Set<String> keySet = mapsum.keySet();
        for(String str : keySet) {
            double sum_counter = mapsum.get(str);
            double sumprice_counter = mapsumprice.get(str);
            double  percentsum = sum_counter/sum;
            double  percentsumprice = sumprice_counter/sumprice;
            context.write(new   Text(str),   new   Text(String.valueOf
(percentsum)+"\t"+String.valueOf(percentsumprice)));
        }
    }
}
package cn.edu.cvit.xm9.three;

import java.util.Map;
import java.util.Set;

import org.apache.hadoop.conf.Configuration;
import org.apache.hadoop.conf.Configured;
import org.apache.hadoop.fs.FileSystem;
import org.apache.hadoop.fs.Path;
import org.apache.hadoop.io.DoubleWritable;
import org.apache.hadoop.io.NullWritable;
import org.apache.hadoop.io.Text;
import org.apache.hadoop.mapreduce.Job;
import org.apache.hadoop.mapreduce.lib.input.FileInputFormat;
import org.apache.hadoop.mapreduce.lib.output.FileOutputFormat;
```

```
import org.apache.hadoop.util.Tool;
import org.apache.hadoop.util.ToolRunner;
import cn.edu.cvit.twosort1.CourseScoreBean;
import cn.edu.cvit.twosort1.SecondarySortMapper;
import cn.edu.cvit.twosort1.SecondarySortReducer;
import cn.edu.cvit.twosort1.TestRunner;
public class CountRunner {

      public static void main(String[] args) throws Exception {
    Configuration conf = new Configuration();
        Path outfile = new Path("D:\\CountFile");
        FileSystem fs = outfile.getFileSystem(conf);
        if(fs.exists(outfile)){
            fs.delete(outfile,true);
        }
        Job job = Job.getInstance(conf);
        job.setJarByClass(CountRunner.class);
        job.setJobName("Count");
        job.setMapperClass(CountMapper.class);
        job.setReducerClass(CountReducer.class);

        job.setMapOutputKeyClass(Text.class);
        job.setMapOutputValueClass(Text.class);

        job.setOutputKeyClass(Text.class);
        job.setOutputValueClass(DoubleWritable.class);

        FileInputFormat.addInputPath(job, new Path("D:\\TEL.csv"));
        FileOutputFormat.setOutputPath(job,outfile);

        System.exit(job.waitForCompletion(true)?0:1);
    }
}
```

程序运行结果如图 9-13 所示。

VIVO	0.2487648775082873	0.24865688136966313
OPPO	0.24986559899112679	0.24916839414598532
华为	0.25236409096624757	0.25321629256727357
小米	0.24900543253433832	0.248958431917078

图 9-13　不同品牌手机销量和销售额占比

任务 4　统计某年每个月的手机销售数量的比例

首先，写一个 Mapper 映射用来输出所有手机每月销售数量记录。然后，写一个 Reduce 统计出不同手机品牌的每月销售数量。同时，定义一个成员变量，统计手机销售的总和，使用每月手机销售数量除以手机销售的总和。程序的代码如下所示。

```
package cn.edu.cvit.xm9.four;
import org.apache.hadoop.mapreduce.Mapper;
import java.io.IOException;
import org.apache.commons.lang.StringUtils;
import org.apache.hadoop.io.LongWritable;
import org.apache.hadoop.io.Text;
public class CountMapper extends Mapper<LongWritable, Text, Text,
LongWritable>{
```

```
    //  1.LongWritable：表示worder传入KEY的数据类型，默认是一行起始偏移量
    //  2.Text：表示worder传入VALUE的数据类型，默认是下一行的文本内容
    //  3.Text：表示map方法产生的结果数据类型KEY
    //  4.FlowBean:表示map方法产生的结果数据的VALUE类型
        @Override
        protected void map(LongWritable key, Text value, Mapper<LongWritable, 
Text, Text, LongWritable>.Context context)
                throws IOException, InterruptedException {
            // TODO Auto-generated method stub
            //一行数据
            String  line=new  String(value.getBytes(),0,value.getLength(), 
"GBK");//GBK编码处理
            //切分成各个字段
            String[] fields=StringUtils.split(line,",");
            String telName=fields[3];
            long sum=Long.parseLong(fields[5]);
            String date_str=fields[7];
            String    month_str=date_str.substring(date_str.indexOf("/")+1, 
date_str.lastIndexOf("/"));
            //封装数据为kv并输出
            context.write(new Text(month_str+"-"+telName), new LongWritable
(sum));
        }
    }
    package cn.edu.cvit.xm9.four;
    import java.io.IOException;
    import java.util.HashMap;
    import java.util.Map;
    import java.util.Set;
    import org.apache.commons.lang.StringUtils;
    import org.apache.hadoop.io.DoubleWritable;
    import org.apache.hadoop.io.LongWritable;
    import org.apache.hadoop.io.Text;
    import org.apache.hadoop.mapreduce.Reducer;
    public class CountReducer extends  Reducer<Text, LongWritable, Text, 
DoubleWritable>{
        double sum=0;
        Map<String,Double> mapsum = new HashMap<String,Double>();
        @Override
        protected void reduce(Text key, Iterable<LongWritable> value, Context 
context)
                throws IOException, InterruptedException {
            // TODO Auto-generated method stub
            double sum_counter=0;
            for (LongWritable s : value) {
                sum_counter+=s.get();
            }
            sum+=sum_counter;
            mapsum.put(key.toString(), sum_counter);
        }
    //  统计手机销量和销售额占比
        @Override
        protected   void   cleanup(Reducer<Text,   LongWritable,   Text, 
DoubleWritable>. Context context) throws IOException, InterruptedException {
            // TODO Auto-generated method stub
            Set<String> keySet = mapsum.keySet();
            for(String str : keySet) {
                double sum_counter = mapsum.get(str);
```

```
            double  percentsum = sum_counter/sum;
            context.write(new Text(str), new DoubleWritable(percentsum));
        }
    }
}
package cn.edu.cvit.xm9.four;

import java.util.Map;
import java.util.Set;

import org.apache.hadoop.conf.Configuration;
import org.apache.hadoop.conf.Configured;
import org.apache.hadoop.fs.FileSystem;
import org.apache.hadoop.fs.Path;
import org.apache.hadoop.io.DoubleWritable;
import org.apache.hadoop.io.LongWritable;
import org.apache.hadoop.io.NullWritable;
import org.apache.hadoop.io.Text;
import org.apache.hadoop.mapreduce.Job;
import org.apache.hadoop.mapreduce.lib.input.FileInputFormat;
import org.apache.hadoop.mapreduce.lib.output.FileOutputFormat;
import org.apache.hadoop.util.Tool;
import org.apache.hadoop.util.ToolRunner;

import cn.edu.cvit.twosort1.CourseScoreBean;
import cn.edu.cvit.twosort1.SecondarySortMapper;
import cn.edu.cvit.twosort1.SecondarySortReducer;
import cn.edu.cvit.twosort1.TestRunner;

public class CountRunner {

      public static void main(String[] args) throws Exception {
    Configuration conf = new Configuration();
        Path outfile = new Path("D:\\CountFile4");
        FileSystem fs = outfile.getFileSystem(conf);
        if(fs.exists(outfile)){
            fs.delete(outfile,true);
        }
        Job job = Job.getInstance(conf);
        job.setJarByClass(CountRunner.class);
        job.setJobName("Count");
        job.setMapperClass(CountMapper.class);
        job.setReducerClass(CountReducer.class);

        job.setMapOutputKeyClass(Text.class);
        job.setMapOutputValueClass(LongWritable.class);

        job.setOutputKeyClass(Text.class);
        job.setOutputValueClass(DoubleWritable.class);

        FileInputFormat.addInputPath(job, new Path("D:\\TEL.csv"));
        FileOutputFormat.setOutputPath(job,outfile);

        System.exit(job.waitForCompletion(true)?0:1);
    }
}
```

程序运行结果如图 9-14 所示。

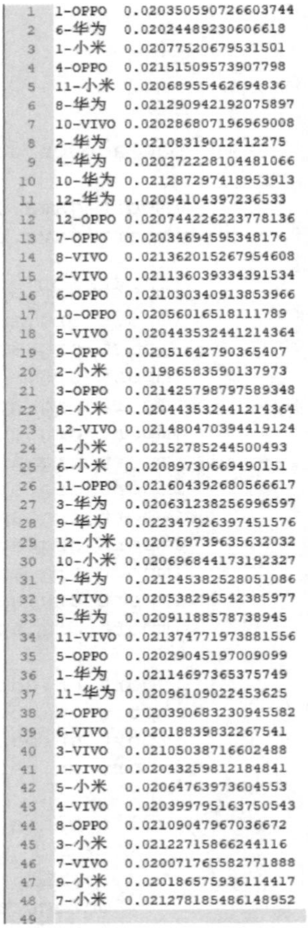

```
1   1-OPPO   0.020350590726603744
2   6-华为    0.02024489230606618
3   1-小米    0.02077520679531501
4   4-OPPO   0.02151509573907798
5   11-小米   0.02068955462694836
6   8-华为    0.021290942192075897
7   10-VIVO  0.020286807196969008
8   2-华为    0.02108319012412275
9   4-华为    0.020272228104481066
10  10-华为   0.021287297418953913
11  12-华为   0.02094104397236533
12  12-OPPO  0.020744226223778136
13  7-OPPO   0.02034694595348176
14  8-VIVO   0.021362015267954608
15  2-VIVO   0.021136039334391534
16  6-OPPO   0.021030340913853966
17  10-OPPO  0.02056016518111789
18  5-VIVO   0.020443532441214364
19  9-OPPO   0.02051642790365407
20  2-小米    0.01986583590137973
21  3-OPPO   0.021425798797589348
22  8-小米    0.020443532441214364
23  12-VIVO  0.021480470394419124
24  4-小米    0.02152785244500493
25  6-小米    0.02089730669490151
26  11-OPPO  0.021604392680566617
27  3-华为    0.020631238256996597
28  9-华为    0.022347926397451576
29  12-小米   0.020769739635632032
30  10-小米   0.020696844173192327
31  7-华为    0.021245382528051086
32  9-VIVO   0.020538296542385977
33  5-华为    0.02091188578738945
34  11-VIVO  0.021374771973881556
35  5-OPPO   0.02029045197009099
36  1-华为    0.02114697365375749
37  11-华为   0.02096109022453625
38  2-OPPO   0.020390683230945582
39  6-VIVO   0.02018839832267541
40  3-VIVO   0.02105038716602488
41  1-VIVO   0.02043259812184841
42  5-小米    0.02064763973604553
43  4-VIVO   0.020399795163750543
44  8-OPPO   0.02109047967036672
45  3-小米    0.02122715866244116
46  7-VIVO   0.020071765582771888
47  9-小米    0.020186575936114417
48  7-小米    0.021278185486148952
49
```

图 9-14　每个月的手机销售数量的比例

任务 5　统计每个月份各市区县的手机销售数量

首先，写一个 Mapper 映射用来输出所有的手机每月各市各区(县)销售数量记录。然后，写一个 Reduce 统计出每月各市各区（县）销售数量。程序的代码如下所示。

```
        package cn.edu.cvit.xm9.five;
        import org.apache.hadoop.mapreduce.Mapper;
        import java.io.IOException;
        import org.apache.commons.lang.StringUtils;
        import org.apache.hadoop.io.LongWritable;
        import org.apache.hadoop.io.Text;
        public   class   CountMapper   extends   Mapper
<LongWritable, Text, Text, LongWritable>{
        //  1.LongWritable：表示 worder 传入 KEY 的数据类型，
默认是一行起始偏移量
        //  2.Text：表示 worder 传入 VALUE 的数据类型，默认是下
一行的文本内容
        //  3.Text：表示 map 方法产生的结果数据类型 KEY
        //  4.FlowBean:表示map方法产生的结果数据的VALUE类型
            @Override
            protected void map(LongWritable key, Text value,
Mapper<LongWritable, Text, Text, LongWritable>.Context
context)
                    throws IOException, InterruptedException {
                // TODO Auto-generated method stub
                //一行数据
                String line=new String(value.getBytes(),
0,value.getLength(), "GBK");//GBK 编码处理
                //切分成各个字段
                String[] fields=StringUtils.split(line,",");
                String city=fields[1];
                String county=fields[2];
                long count=Long.parseLong(fields[5]);
                String date_str=fields[7];
                String month_str=date_str.substring(date_str.indexOf("/")+1, date_
str.lastIndexOf("/"));
                //封装数据为 kv 并输出
                context.write(new    Text(month_str+"-"+city+"-"+county),    new
LongWritable(count));
            }
        }
        package cn.edu.cvit.xm9.five;
        import java.io.IOException;
        import java.util.HashMap;
        import java.util.Map;
        import java.util.Set;
        import org.apache.commons.lang.StringUtils;
        import org.apache.hadoop.io.DoubleWritable;
        import org.apache.hadoop.io.LongWritable;
        import org.apache.hadoop.io.Text;
        import org.apache.hadoop.mapreduce.Reducer;
        public class CountReducer extends  Reducer<Text, LongWritable, Text,
LongWritable>{
```

```
        double sum=0;
        Map<String,Double> mapsum = new HashMap<String,Double>();
        @Override
       protected void reduce(Text key, Iterable<LongWritable> value, Context
context)
              throws IOException, InterruptedException {
           // TODO Auto-generated method stub
           long sum_counter=0;
           for (LongWritable s : value) {
                sum_counter+=s.get();
           }
           context.write(new Text(key), new LongWritable(sum_counter));
       }
    }
    package cn.edu.cvit.xm9.five;

    import java.util.Map;
    import java.util.Set;

    import org.apache.hadoop.conf.Configuration;
    import org.apache.hadoop.conf.Configured;
    import org.apache.hadoop.fs.FileSystem;
    import org.apache.hadoop.fs.Path;
    import org.apache.hadoop.io.DoubleWritable;
    import org.apache.hadoop.io.LongWritable;
    import org.apache.hadoop.io.NullWritable;
    import org.apache.hadoop.io.Text;
    import org.apache.hadoop.mapreduce.Job;
    import org.apache.hadoop.mapreduce.lib.input.FileInputFormat;
    import org.apache.hadoop.mapreduce.lib.output.FileOutputFormat;
    import org.apache.hadoop.util.Tool;
    import org.apache.hadoop.util.ToolRunner;

    import cn.edu.cvit.twosort1.CourseScoreBean;
    import cn.edu.cvit.twosort1.SecondarySortMapper;
    import cn.edu.cvit.twosort1.SecondarySortReducer;
    import cn.edu.cvit.twosort1.TestRunner;

    public class CountRunner {

         public static void main(String[] args) throws Exception {
        Configuration conf = new Configuration();
            Path outfile = new Path("D:\\CountFile5");
            FileSystem fs = outfile.getFileSystem(conf);
            if(fs.exists(outfile)){
                fs.delete(outfile,true);
            }
            Job job = Job.getInstance(conf);
            job.setJarByClass(CountRunner.class);
            job.setJobName("Count");
            job.setMapperClass(CountMapper.class);
            job.setReducerClass(CountReducer.class);

            job.setMapOutputKeyClass(Text.class);
            job.setMapOutputValueClass(LongWritable.class);

            job.setOutputKeyClass(Text.class);
            job.setOutputValueClass(LongWritable.class);
```

```
            FileInputFormat.addInputPath(job, new Path("D:\\TEL.csv"));
            FileOutputFormat.setOutputPath(job,outfile);

            System.exit(job.waitForCompletion(true)?0:1);
        }
    }
```

程序运行结果如图 9-15 所示。

1	1-吉林市-丰满区 573
2	1-吉林市-昌邑区 574
3	1-吉林市-桦甸市 595
4	1-吉林市-永吉县 479
5	1-吉林市-磐石市 570
6	1-吉林市-舒兰市 500
7	1-吉林市-船营区 498
8	1-吉林市-蛟河市 469
9	1-吉林市-龙潭区 507
10	1-四平市-伊通满族自治县 832
11	1-四平市-公主岭市 792
12	1-四平市-双辽市 1028
13	1-四平市-梨树县 947
14	1-四平市-铁东区 627
15	1-四平市-铁西区 902
16	1-延边州-和龙市 588
17	1-延边州-图们市 595

图 9-15 每个月份各市区县的手机销售数量

任务 6 统计购买手机的男女比例

首先，写一个 Mapper 用来映射出男性和女性各自的销售记录。然后，写一个 Reduce 统计出男性和女性各自的销售数量以及男性和女性的销售数据总和。最后，用男性和女性销售数量分别除以总销售数量就可以计算出男女比例。程序的代码如下所示。

```
package cn.edu.cvit.xm9.six;
import org.apache.hadoop.mapreduce.Mapper;
import java.io.IOException;
import org.apache.commons.lang.StringUtils;
import org.apache.hadoop.io.LongWritable;
import org.apache.hadoop.io.Text;
public class CountMapper extends Mapper<LongWritable, Text, Text, 
LongWritable>{
//  1.LongWritable：表示 worder 传入 KEY 的数据类型，默认是一行起始偏移量
//  2.Text：表示 worder 传入 VALUE 的数据类型，默认是下一行的文本内容
//  3.Text：表示 map 方法产生的结果数据类型 KEY
//  4.FlowBean:表示 map 方法产生的结果数据的 VALUE 类型
    @Override
    protected void map(LongWritable key, Text value, Mapper<LongWritable, 
Text, Text, LongWritable>.Context context)
            throws IOException, InterruptedException {
        // TODO Auto-generated method stub
        //一行数据
        String line=new String(value.getBytes(),0,value.getLength(),
"GBK");//GBK 编码处理
        //切分成各个字段
        String[] fields=StringUtils.split(line,",");
        String sex=fields[8];
        //封装数据为 kv 并输出
        context.write(new Text(sex), new LongWritable(1));
    }
}
package cn.edu.cvit.xm9.six;
import java.io.IOException;
import java.util.HashMap;
import java.util.Map;
import java.util.Set;
import org.apache.hadoop.io.DoubleWritable;
import org.apache.hadoop.io.LongWritable;
import org.apache.hadoop.io.Text;
import org.apache.hadoop.mapreduce.Reducer;
public class CountReducer extends  Reducer<Text, LongWritable, Text, 
```

```
DoubleWritable>{
            long sum=0;
            double total=0;
            Map<String, Long> maps=new HashMap<String,Long>();
            @Override
            protected void reduce(Text key, Iterable<LongWritable> value, Context
context)
                    throws IOException, InterruptedException {
                // TODO Auto-generated method stub

                long sum_counter=0;
                for (LongWritable sum : value) {
                       sum_counter+=sum.get();
                }
                total+=sum_counter;
                maps.put(key.toString(), sum_counter);
            }
            protected void cleanup(Context context) throws java.io.IOException,
InterruptedException {
                 Set<String> keySet = maps.keySet();
                 for (String str : keySet) {
                     long value = maps.get(str);
                     //求出比例
                     double percent=value/total;
                     if(str.equals("1")) {
                         str="男";
                     }
                     else {
                         str="女";
                     }
                     context.write(new Text(str), new DoubleWritable(percent));
                 }
            }
        }
        package cn.edu.cvit.xm9.six;
        import java.util.Map;
        import java.util.Set;
        import org.apache.hadoop.conf.Configuration;
        import org.apache.hadoop.conf.Configured;
        import org.apache.hadoop.fs.FileSystem;
        import org.apache.hadoop.fs.Path;
        import org.apache.hadoop.io.DoubleWritable;
        import org.apache.hadoop.io.LongWritable;
        import org.apache.hadoop.io.NullWritable;
        import org.apache.hadoop.io.Text;
        import org.apache.hadoop.mapreduce.Job;
        import org.apache.hadoop.mapreduce.lib.input.FileInputFormat;
        import org.apache.hadoop.mapreduce.lib.output.FileOutputFormat;
        import org.apache.hadoop.util.Tool;
        import org.apache.hadoop.util.ToolRunner;
        import cn.edu.cvit.twosort1.CourseScoreBean;
        import cn.edu.cvit.twosort1.SencondarySortMapper;
        import cn.edu.cvit.twosort1.SencondarySortReducer;
        import cn.edu.cvit.twosort1.TestRunner;
        public class CountRunner {
              public static void main(String[] args) throws Exception {
            Configuration conf = new Configuration();
                Path outfile = new Path("D:\\CountFile6");
```

```
            FileSystem fs = outfile.getFileSystem(conf);
            if(fs.exists(outfile)){
                fs.delete(outfile,true);
            }
            Job job = Job.getInstance(conf);
            job.setJarByClass(CountRunner.class);
            job.setJobName("Count");
            job.setMapperClass(CountMapper.class);
            job.setReducerClass(CountReducer.class);

            job.setMapOutputKeyClass(Text.class);
            job.setMapOutputValueClass(LongWritable.class);

            job.setOutputKeyClass(Text.class);
            job.setOutputValueClass(DoubleWritable.class);

            FileInputFormat.addInputPath(job, new Path("D:\\TEL.csv"));
            FileOutputFormat.setOutputPath(job,outfile);

            System.exit(job.waitForCompletion(true)?0:1);
        }
    }
```

程序运行结果如图 9-16 所示。

part-r-00000 - 记事本

文件(F) 编辑(E) 格式(O) 查看(V) 帮助(H)

女　　0.501

男　　0.499

图 9-16　购买手机的男女比例

任务 7　统计不同手机品牌购买用户的年龄区间人数

首先，写一个 Mapper 映射用来输出不同品牌手机不同年龄区间的销售记录。然后，写一个 Reduce 统计出不同品牌手机不同年龄区间的数量。程序的代码如下所示。

```
    package cn.edu.cvit.xm9.seven;
    import org.apache.hadoop.mapreduce.Mapper;
    import java.io.IOException;
    import org.apache.commons.lang.StringUtils;
    import org.apache.hadoop.io.LongWritable;
    import org.apache.hadoop.io.Text;
    public class CountMapper extends Mapper<LongWritable, Text, Text, 
LongWritable>{
    //  1.LongWritable：表示 worder 传入 KEY 的数据类型，默认是一行起始偏移量
    //  2.Text：表示 worder 传入 VALUE 的数据类型，默认是下一行的文本内容
    //  3.Text：表示 map 方法产生的结果数据类型 KEY
    //  4.FlowBean:表示 map 方法产生的结果数据的 VALUE 类型
      @Override
      protected void map(LongWritable key, Text value, Context context)
            throws IOException, InterruptedException {
         // TODO Auto-generated method stub
         //一行数据
         String  line=new  String(value.getBytes(),0,value.getLength(),
```

```
"GBK"); //GBK 编码处理
                //切分成各个字段
                String[] fields=StringUtils.split(line,",");
                String telname=fields[3];
                long age = Long.parseLong(fields[9]);
                long rangestart=age/10*10;
                long rangeend=rangestart+10;
                //封装数据为 kv 并输出
                context.write(new  Text(telname+","+(rangestart+"--"+rangeend)),
new LongWritable(1));
            }
        }
        package cn.edu.cvit.xm9.seven;
        import java.io.IOException;
        import java.util.HashMap;
        import java.util.Map;
        import java.util.Set;
        import org.apache.hadoop.io.DoubleWritable;
        import org.apache.hadoop.io.LongWritable;
        import org.apache.hadoop.io.Text;
        import org.apache.hadoop.mapreduce.Reducer;
        public class CountReducer extends  Reducer<Text, LongWritable, Text,
LongWritable>{
            long sum=0;
            double total=0;
            Map<String, Long> maps=new HashMap<String,Long>();
            @Override
            protected void reduce(Text key, Iterable<LongWritable> value, Context
context)
                    throws IOException, InterruptedException {
                // TODO Auto-generated method stub

                long sum_counter=0;
                for (LongWritable sum : value) {
                        sum_counter+=sum.get();
                }
                context.write(new Text(key), new LongWritable(sum_counter));
            }
        }
        package cn.edu.cvit.xm9.seven;
        import java.util.Map;
        import java.util.Set;
        import org.apache.hadoop.conf.Configuration;
        import org.apache.hadoop.conf.Configured;
        import org.apache.hadoop.fs.FileSystem;
        import org.apache.hadoop.fs.Path;
        import org.apache.hadoop.io.DoubleWritable;
        import org.apache.hadoop.io.LongWritable;
        import org.apache.hadoop.io.NullWritable;
        import org.apache.hadoop.io.Text;
        import org.apache.hadoop.mapreduce.Job;
        import org.apache.hadoop.mapreduce.lib.input.FileInputFormat;
        import org.apache.hadoop.mapreduce.lib.output.FileOutputFormat;
        import org.apache.hadoop.util.Tool;
        import org.apache.hadoop.util.ToolRunner;
        import cn.edu.cvit.twosort1.CourseScoreBean;
        import cn.edu.cvit.twosort1.SencondarySortMapper;
        import cn.edu.cvit.twosort1.SencondarySortReducer;
```

```
import cn.edu.cvit.twosort1.TestRunner;
public class CountRunner {
      public static void main(String[] args) throws Exception {
    Configuration conf = new Configuration();
        Path outfile = new Path("D:\\CountFile7");
        FileSystem fs = outfile.getFileSystem(conf);
        if(fs.exists(outfile)){
            fs.delete(outfile,true);
        }
        Job job = Job.getInstance(conf);
        job.setJarByClass(CountRunner.class);
        job.setJobName("Count");
        job.setMapperClass(CountMapper.class);
        job.setReducerClass(CountReducer.class);

        job.setMapOutputKeyClass(Text.class);
        job.setMapOutputValueClass(LongWritable.class);

        job.setOutputKeyClass(Text.class);
        job.setOutputValueClass(LongWritable.class);

        FileInputFormat.addInputPath(job, new Path("D:\\TEL.csv"));
        FileOutputFormat.setOutputPath(job,outfile);

        System.exit(job.waitForCompletion(true)?0:1);
    }
}
```

程序的运行结果如图 9-17 所示。

```
OPPO,10--20     1003
OPPO,20--30     5072
OPPO,30--40     4996
OPPO,40--50     4942
OPPO,50--60     4991
OPPO,60--70     3947
VIVO,10--20     1010
VIVO,20--30     4956
VIVO,30--40     4903
VIVO,40--50     4969
VIVO,50--60     4973
VIVO,60--70     4062
华为,10--20     1007
华为,20--30     5079
华为,30--40     5030
华为,40--50     5082
华为,50--60     4954
华为,60--70     4024
小米,10--20     985
小米,20--30     5051
小米,30--40     5000
小米,40--50     4967
小米,50--60     4920
小米,60--70     4077
```

图 9-17　不同手机品牌购买用户的年龄区间人数

课后练习

在机器上完成上述项目的每一个需求开发流程。